普.通.高.等.学.校
计算机教育"十二五"规划教材

# SQL Server 2008
# 数据库应用教程
## （第 2 版）

SQL SERRVER 2008
DATABASE APPLICATION
(2$^{nd}$ edition)

邱李华 李晓黎 任华 冉兆春 ◆ 编著

U0390257

人民邮电出版社
北京

**图书在版编目（CIP）数据**

SQL Server 2008数据库应用教程 / 邱李华等编著
. -- 2版. -- 北京：人民邮电出版社，2012.8（2022.11重印）
普通高等学校计算机教育"十二五"规划教材
ISBN 978-7-115-28493-8

Ⅰ. ①S⋯ Ⅱ. ①邱⋯ Ⅲ. ①关系数据库－数据库管
理系统－高等学校－教材 Ⅳ. ①TP311.138

中国版本图书馆CIP数据核字(2012)第126706号

## 内 容 提 要

本书以介绍 SQL Server 2008 数据库管理系统为主，同时介绍一定的数据库基础知识和数据库应用
程序开发等方面的知识。全书共分 14 章，内容包括：SQL Server 2008 数据库系统简介、服务器与客户
端配置、Transact-SQL 基础、数据库管理、表和视图管理、存储过程和触发器管理、游标管理、维护
数据库、SQL Server 安全管理、SQL Server 代理服务以及使用 Visual C#程序设计和开发数据库应用程序。

本书由多年讲授数据库原理及应用、SQLServer 数据库管理系统的教师及多年从事 SQL Server 数据
库应用系统开发的工程师联合编写。全书包含大量示例，每章后都附有大量的理论练习题和上机练习题，
练习题内容重点突出，且知识点覆盖全面。

本书还为教师配备了电子教案，每章后的理论练习题和上机练习题参考答案，以及第 14 章介绍的
Visual C#数据库应用程序的源程序，为教师开展教学提供了方便。

本书可作为大学本科有关课程教材，也可供大专、高职使用，或作为广大 SQL Server 2008 数据库
管理员和开发人员的参考资料。

普通高等学校计算机教育"十二五"规划教材

**SQL Server 2008 数据库应用教程（第 2 版）**

♦ 编　著　邱李华　李晓黎　任　华　冉兆春
　　责任编辑　邹文波

♦ 人民邮电出版社出版发行　　北京市丰台区成寿寺路 11 号
　　邮编　100164　电子邮件　315@ptpress.com.cn
　　网址　http://www.ptpress.com.cn
　　北京九州迅驰传媒文化有限公司印刷

♦ 开本：787×1092　1/16
　　印张：22.25　　　　　　　2012 年 8 月第 2 版
　　字数：583 千字　　　　　2022 年 11 月北京第 19 次印刷

ISBN 978-7-115-28493-8

定价：42.00 元

读者服务热线：(010)81055256　印装质量热线：(010)81055316
反盗版热线：(010)81055315

# 第 2 版前言

数据库技术是数据管理的最新技术，是计算机科学中发展最快的领域之一。随着网络技术的迅猛发展，以及数据库技术与网络技术的紧密结合，数据库技术已经广泛应用于各种领域，小到工资管理、人事管理，大到企业信息的管理等，数据库技术已经成为计算机系统应用最广的技术之一。同时，数据库技术及其应用也成为国内外高等学校计算机专业和许多非计算机专业的必修或选修内容。

SQL Server 2008 是当今深受欢迎的关系数据库管理系统，是一个杰出的数据库平台，它建立在成熟而强大的关系数据模型的基础之上，可以很好地支持客户机/服务器模式，可用于大型联机事务处理、数据仓库以及电子商务等，能够满足各种类型的企事业单位构建网络数据库的要求，是目前各类学校学习大型数据库管理系统的首选对象。

本教材以介绍 SQL Server 2008 关系数据库管理系统为主，全书内容可以分为三大部分。第一部分（第 1 章）为数据库基础知识部分，比较全面而简洁地介绍数据库系统的基本概念和基本原理，使得没有学过数据库基础知识的读者可以快速了解数据库的基本概念和基本原理，为系统学习后面的 SQL Server 2008 关系数据库管理系统打下基础。第二部分介绍 SQL Server 2008 关系数据库管理系统的主要功能及其使用，由第 2 章到第 12 章组成，包括 SQL Server 2008 数据库系统简介、服务器与客户端配置、Transact-SQL 基础、数据库管理、表和视图管理、存储过程和触发器管理、游标管理、维护数据库、SQL Server 安全管理、SQL Server 代理服务。第三部分（第 13、14 章）介绍如何使用 Visual C#开发基于 SQL Server 2008 数据库的应用程序。这一部分内容介绍了如何将数据库设计与应用程序设计结合起来，开发出完整的数据库应用程序。

本教材在内容的选择、深度的把握上力求做到深入浅出、循序渐进。教材结合了大量的示例，为概念的理解提供了捷径。为适应多媒体教学的需要，我们为使用本教材的教师制作了配套的电子教案，并为教师提供各章后的练习题参考答案，以及最后一章的数据库应用实例的数据库和源程序。另外，我们还为需要使用 ASP.NET 技术开发数据库应用程序的教师和其他读者提供了相关的参考内容及实例，如有需要，可以通过人民邮电出版社的网站 http://www.ptpedu.com.cn 下载。

由于作者水平有限，书中难免存在错误或不足之处，敬请读者批评指正。

编　者

2012 年 7 月

# 目 录

# 第1章
# 数据库基础

随着科学技术和社会经济的飞速发展，人们掌握的信息量急剧增加，要充分地开发和利用这些信息资源，就必须有一种新技术能对大量的信息进行识别、存储、处理与传播。随着计算机软硬件技术的发展，20 世纪 60 年代末，数据库技术应运而生，并从 70 年代起得到了迅速的发展和广泛的应用。数据库技术主要研究如何科学地组织和存储数据，如何高效地获取和处理数据。数据库技术作为数据管理的最新技术，目前已广泛应用于各个领域。对于一个国家来说，数据库的建设规模、数据库信息量的大小和使用频度已经成为衡量这个国家信息化程度的重要标志。

## 1.1 数据库系统基本概念

### 1. 信息

信息是人脑对现实世界中的客观事物以及事物之间联系的抽象反映，它向我们提供了关于现实世界实际存在的事物及其联系的有用知识。

### 2. 数据

数据是人们用各种物理符号，把信息按一定格式记载下来的有意义的符号组合。广义地讲，数据并不仅仅是数字，它还可以是文字、图像、声音等各种表现形式，这些形式的数据经过数字化后都可以存入计算机中。数据是数据库中存储的基本对象。

数据和它的语义是不可分割的。例如，对于数据：

(李明，78)

我们可以赋予它一定的语义，它表示李明的期末考试平均成绩为 78 分。如果不了解其语义，则无法对其进行正确解释，甚至解释为李明的年龄为 78。

### 3. 数据处理

数据处理是指对各种形式的数据进行收集、整理、加工、存储和传播的一系列活动的总和。其目的之一是从大量的原始数据中提取出对人们有价值的信息，作为行动和决策的依据；目的之二是为了借助计算机科学地保存和管理大量的复杂的数据，以便人们能方便地充分利用这些信息资源。

### 4. 数据库

数据库（DataBase，DB），简单地讲就是存放数据的仓库。不过，数据库不是数据的简单堆积，而是以一定的方式保存在计算机存储设备上的相互关联的数据的集合。也就是说，数据库中的数据并不是相互孤立的，数据和数据之间是有关联的。

**5. 数据库管理系统**

数据库管理系统（Database Management System，DBMS）是一种系统软件，介于应用程序和操作系统之间，用于帮助我们管理输入到计算机中的大量数据。例如，用于创建数据库，向数据库中存储数据，修改数据库中的数据，从数据库中提取信息等。具体来说，一个数据库管理系统应具备如下功能。

（1）数据定义功能：可以定义数据库的结构，定义数据库中数据之间的联系，定义对数据库中数据的各种约束等。

（2）数据操纵功能：可以实现对数据库中数据的添加、删除、修改，可以对数据库进行备份、恢复等。

（3）数据查询功能：可以以各种方式提供灵活的查询功能，使用户可以方便地使用数据库中的数据。

（4）数据控制功能：可以完成对数据库中数据的安全性控制、完整性控制、多用户环境下的并发控制等多方面的控制。

（5）数据库通信功能：在分布式数据库或提供网络操作功能的数据库中还必须提供数据库的通信功能。

数据库管理系统在计算机系统中的地位可以用图 1-1 来表示。它运行在一定的硬件和操作系统平台上。人们可以使用一定的开发工具，利用 DBMS 提供的功能，创建满足实际需求的数据库应用系统。

根据对信息的组织方式的不同，数据库管理系统又可以分为关系、网状和层次 3 种类型。目前使用最多的数据库管理系统是关系型数据库管理系统（RDBMS），如 SQL Server、Oracle、Sybase、Visual FoxPro、DB2、Informix、Ingres 等都是目前常见的关系型数据库管理系统。

**6. 数据库管理员**

应当指出的是，数据库的建立、使用和维护只靠 DBMS 是不够的，还需要有专门的人员来完成，这些人员称为数据库管理员。

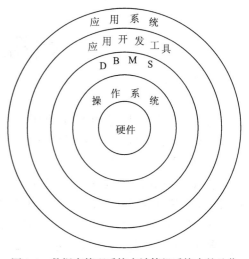

图 1-1　数据库管理系统在计算机系统中的地位

**7. 数据库系统**

数据库系统（DataBase System，DBS）是指在计算机系统中引入数据库的系统，除了相关的硬件之外，数据库系统还包括数据库、数据库管理系统、应用系统、数据库管理员和用户。

可以看出，数据库、数据库管理系统和数据库系统是 3 个不同的概念，数据库强调的是数据，数据库管理系统是系统软件，而数据库系统强调的是系统。

# 1.2　数据管理技术的发展

随着计算机硬件和软件技术的发展，数据管理技术的发展大致经历了人工管理阶段、文件系统阶段和数据库系统阶段。

### 1. 人工管理阶段

在计算机发展的初级阶段，计算机硬件本身还不具备像磁盘这样的可直接存取的存储设备，因此也无法实现对大量数据的保存，也没有用来管理数据的相应软件，计算机主要用于科学计算。这个阶段的数据管理是以人工管理的方式进行的，人们还没有形成一套数据管理的完整的概念。其主要特点如下。

（1）数据不保存。因为计算机主要用于科学计算，一般只是在需要进行某个计算或课题时才将数据输入，计算结果也不保存。

（2）还没有文件的概念。数据由每个程序的程序员自行组织和安排。

（3）一组数据对应一个程序。每组数据和一个应用程序相对应，即使两个应用程序要使用相同的一组数据，也必须各自定义和组织数据，数据无法共享。因此，可能导致大量的数据重复。

（4）没有形成完整的数据管理的概念，更没有对数据进行管理的软件系统。这个时期的每个程序都要包括数据存取方法、输入/输出方法和数据组织方法，程序直接面向存储结构，因此存储结构的任何修改都将导致程序的修改。程序和数据不具有独立性。

人工管理阶段的特点可以用图 1-2 来描述。

### 2. 文件系统阶段

随着计算机软硬件技术的发展，如直接存储设备的产生，操作系统、高级语言及数据管理软件的出现，计算机不仅用于科学计算，也开始大量用于信息管理。数据可以以文件的形式长期独立地保存在磁盘上，且可以由多个程序反复使用；

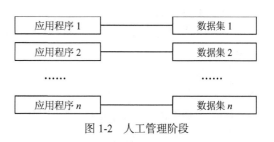

图 1-2　人工管理阶段

操作系统及高级语言或数据管理软件提供了对数据的存取和管理功能，这就是文件系统阶段。这个阶段的数据管理具有以下特点。

（1）数据可以长期保存在磁盘上，因此可以重复使用。数据不再仅仅属于某个特定的程序，而可以由多个程序反复使用。

（2）数据的物理结构和逻辑结构有了区别，但较简单。程序开始通过文件名和数据打交道，不必关心数据的物理存放位置，对数据的读/写方法由文件系统提供。

（3）程序和数据之间有了一定的独立性。应用程序通过文件系统对数据文件中的数据进行存取和加工，程序员不必过多地考虑数据的物理存储细节，因此可以把更多的精力集中在算法的实现上。并且，数据在存储上的改变不一定反映在程序上，这可以大大节省维护程序的工作量。

（4）出现了多种文件存储形式，因而，相应地有多种对文件的访问方式，但文件之间是独立的，它们之间的联系要通过程序去构造，文件的共享性也还比较差。数据的存取基本上以记录为单位。

文件系统阶段的特点及程序和数据之间的关系可以用图 1-3 来表示。

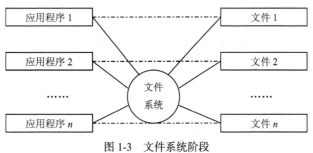

图 1-3　文件系统阶段

虽然文件系统比人工管理有了长足的进步，但是文件系统所能提供的数据存取方法和操作数据的手段还是非常的有限。例如，文件结构的设计仍然是基于特定的用途，基本上是一个数据文件对应于一个或几个应用程序；程序仍然是基于特定的物理结构和存取方法编制的。因此，数据的存储结构和程序之间的依赖关系并未根本改变；文件系统数据冗余大，同样的数据往往在不同的地方重复出现，浪费存储空间；数据的重复以及数据之间没有建立起相互联系还会造成数据的不一致性。

随着信息时代的到来，人们要处理的信息量急剧增加，对数据的处理要求也越来越复杂，文件系统的功能已经不能适应新的需求，而数据库技术也正是在这种需求的推动下逐步产生的。

### 3. 数据库系统阶段

数据库系统阶段使用数据库技术来管理数据。数据库技术自 20 世纪 60 年代后期产生以来就受到了广大用户的欢迎，并得到了广泛的应用。数据库技术发展至今已经是一门非常成熟的技术，它克服了文件系统的不足，并增强了许多新功能。在这一阶段，数据由数据库管理系统统一控制，数据不再面向某个应用而是面向整个系统，因此数据可以被多个用户、多个应用共享，概括起来具有以下主要特征。

（1）数据库能够根据不同的需要按不同的方法组织数据，以最大限度地提高用户或应用程序访问数据的效率。

（2）数据库不仅能够保存数据本身，还能保存数据之间的相互联系，保证了对数据修改的一致性。

（3）在数据库中，相同的数据可以共享，从而降低了数据的冗余度。

（4）数据具有较高的独立性，数据的组织和存储方法与应用程序相互独立，互不依赖，从而大大降低了应用程序的开发代价和维护代价。

（5）提供了一整套的安全机制来保证数据的安全、可靠。

（6）可以给数据库中的数据定义一些约束条件来保证数据的正确性（也称完整性）。

数据库系统阶段应用程序和数据库之间的关系可以用图 1-4 来表示。

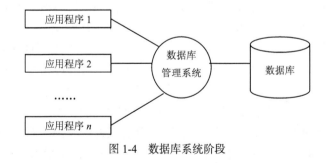

图 1-4 数据库系统阶段

# 1.3 数 据 模 型

数据库是某个企业、组织或部门所涉及的数据的综合，它不仅要反映数据本身的内容，而且要反映数据之间的联系。由于计算机不可能直接处理现实世界中的具体事物，所以人们必须事先把具体事物转换成计算机能够处理的数据。在数据库技术中使用数据模型来抽象、表示现实世界中的数据和信息。

现实世界中的数据要进入到数据库中，需要经过人们的认识、理解、整理、规范和加工。可以把这一过程划分成 3 个主要阶段，即现实世界阶段、信息世界阶段和机器世界阶段。现实世界中的数据经过人们的认识和抽象，形成信息世界；在信息世界中用概念模型来描述数据及其联系，概念模型按用户的观点对数据和信息进行建模，不依赖于具体的机器，独立于具体的数据库管理系统，是对现实世界的第一层抽象；根据所使用的具体机器和数据库管理系统，需要对概念模型进行进一步转换，形成在具体机器环境下可以实现的数据模型。这 3 个阶段的相互关系可以用图 1-5 来表示。

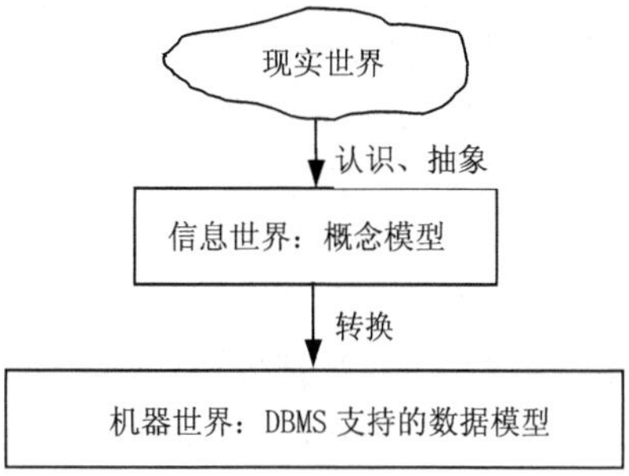

数据在每一个阶段都有其相应的概念和术语。

图 1-5　对现实世界数据的抽象过程

## 1.3.1　现实世界

在现实世界阶段，我们把现实世界中客观存在并可以相互区分的事物称为实体。实体可以是实际存在的东西，也可以是抽象的。例如，学生、课程、零件、仓库、项目、案件等都是实体。

每一个实体都具有一定的特征。例如，对于"学生"实体，它具有学号、姓名、性别、出生日期等特征；对于"零件"实体，它具有名称、规格型号、生产日期、单价等特征。

具有相同特征的一类实体的集合构成了实体集。例如，所有的学生构成了"学生"实体集；所有的职员构成了"职员"实体集；所有的部门构成了"部门"实体集，等等。

在一个实体集中，用于区分实体的特征称为标识特征。例如，对于学生实体，学号可以作为其标识特征，因为通过不同的学号可以区分不同的学生实体，而性别则不能作为其标识特征，因为通过性别"男"并不能识别出具体是哪个学生。

## 1.3.2　信息世界

人们对现实世界的对象进行抽象，并对其进行命名、分类，在信息世界用概念模型来对其进行描述。信息世界涉及的主要概念如下。

（1）实体：对应于现实世界的实体。例如，一个学生、一门课程、一个仓库、一个零件等。

（2）属性：对应于实体的特征。一个实体可以由若干个属性来刻画。例如，学生实体可以有学号、姓名、性别、班级、年龄等属性；课程实体可以有课程编号、课程名称、学分等属性。

（3）码：对应于实体的标识特征，是唯一标识实体的属性。例如，学生实体可以用学号来唯一标识，因此学号可以作为学生实体的码。

（4）域：属性的取值范围称为该属性的域。例如，姓名的域为字符串集合；年龄的域为不小于零的整数；性别的域为（男，女）。

（5）实体型：具有相同属性的实体必然具有相同的特征和性质。用实体名及其属性名集合来描述实体，称为实体型。例如，学生实体型描述为

学生（学号，姓名，性别，年龄）

课程实体型可以描述为

课程（课程号，课程名，学分）

（6）实体集：同型实体的集合构成了实体集。例如，全体学生构成了学生实体集。

（7）联系：现实世界中的事物之间通常都是有联系的，这些联系在信息世界中反映为实体内部的联系和实体之间的联系。实体内部的联系通常指组成实体的各属性之间的联系；实体之间的

联系通常指不同实体集之间的联系。这些联系总的来说可以划分为一对一联系、一对多（或多对一）联系以及多对多联系。

● 一对一联系：如果实体集 A 与实体集 B 之间存在联系，并且对于实体集 A 中的任意一个实体，在实体集 B 中至多只有一个实体与之对应；而对于实体集 B 中的任意一个实体，在实体集 A 中也至多只有一个实体与之对应，则称实体集 A 和实体集 B 之间存在着一对一的联系（表示为 1:1）。

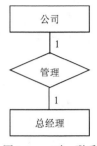

图 1-6　一对一联系

例如，"公司"是一种实体，"总经理"也是一种实体。如果按照语义，一个公司只能有一个总经理，而一个总经理只能管理某一个公司，则"公司"和"总经理"实体之间的联系就是一对一的联系。这种关系可以用图 1-6 来表示，这里把公司和总经理之间的关系称为"管理"关系。

● 一对多联系：如果实体集 A 与实体集 B 之间存在联系，并且对于实体集 A 中的任意一个实体，在实体集 B 中可以有多个实体与之对应；而对于实体集 B 中的任意一个实体，在实体集 A 中至多只有一个实体与之对应，则称实体集 A 到实体集 B 的联系是一对多的联系（表示为 1:$n$）。

例如，"部门"是一种实体，"职工"也是一种实体。如果按照语义，一个部门可以有多个职工，而一个职工只能归属于一个部门，则"部门"实体和"职工"实体的联系就是一对多的联系，如图 1-7 所示。这里把部门和职工之间的关系称为"属于"关系。

● 多对多联系：如果实体集 A 与实体集 B 之间存在联系，并且对于实体集 A 中的任意一个实体，在实体集 B 中可以有多个实体与之对应；而对于实体集 B 中的任意一个实体，在实体集 A 中也可以有多个实体与之对应，则称实体集 A 到实体集 B 的联系是多对多的联系（表示为 $m:n$）。

例如，"学生"是一种实体，"课程"也是一种实体。"学生"实体和"课程"实体的联系就是多对多的联系。因为一个学生可以学习多门课程，而一门课程又可以有多个学生来学习。它们之间的关系如图 1-8 所示。这里把课程和学生之间的关系称为"选修"关系。

两个以上的实体之间也存在一对一、一对多和多对多的联系。例如，"邮局"是一种实体，"邮票"是一种实体，"顾客"是一种实体，这 3 个实体之间存在着一种关系，这里称之为"购买"。它表示，一个顾客可以在多个邮局中买多种邮票；一个邮局可以把多种邮票出售给多个顾客；一种邮票可以在多个邮局中被多个顾客所购买。这样的三元关系可以表示成如图 1-9 所示。

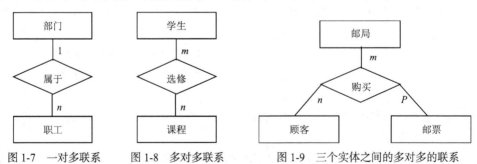

图 1-7　一对多联系　　图 1-8　多对多联系　　图 1-9　三个实体之间的多对多的联系

（8）概念模型：概念模型是对信息世界的建模，因此，概念模型应该能够方便、准确地表示出上述信息世界中的常用概念。概念模型有多种表示方法，其中，最常用的是"实体—联系方法"（Entity Relationship Approach），简称 E-R 方法。E-R 方法用 E-R 图来描述现实世界的概念模型，E-R 图提供了表示实体、属性和联系的方法，具体如下。

● 实体型：用矩形表示，在矩形内写明实体名。图 1-10 所示为学生实体和课程实体。

● 属性：用椭圆形表示，并用无向边将其与实体连接起来。例如，学生实体及其属性用 E-R 图表示如图 1-11 所示。

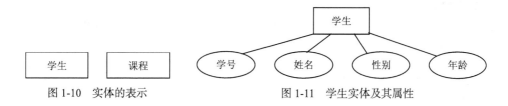

图 1-10　实体的表示　　　　图 1-11　学生实体及其属性

- 联系：用菱形表示，在菱形框内写明联系的名称，并用无向边将其与有关的实体连接起来，同时在无向边旁标上联系的类型。例如，前面的图 1-6、图 1-7 和图 1-8 分别表示了一对一、一对多和多对多的联系。需要注意的是，联系本身也是一种实体型，也可以有属性。如果一个联系具有属性，则这些属性也要用无向边与该联系连接起来。例如，图 1-12 表示了学生实体和课程实体之间的联系"选修"，每个学生选修某一门课程会产生一个成绩，因此，"选修"联系有一个属性"成绩"，学生和课程实体之间是多对多的联系。

用 E-R 图表示的概念模型独立于具体的 DBMS 所支持的数据模型，是各种数据模型的共同基础，因此比数据模型更一般、更抽象、更接近现实世界。

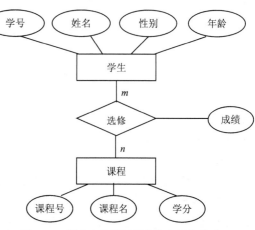

图 1-12　学生实体及课程实体之间的联系

### 1.3.3　机器世界

当信息进入计算机后，则进入机器世界范畴。概念模型是独立于机器的，需要转换成具体的 DBMS 所能识别的数据模型，才能将数据和数据之间的联系保存到计算机上。在计算机中可以用不同的方法来表示数据与数据之间的联系，把表示数据与数据之间的联系的方法称为数据模型。数据库领域常见的数据模型有以下 4 种：

（1）层次模型（Hierarchical Model）；

（2）网状模型（Network Model）；

（3）关系模型（Relational Model）；

（4）面向对象的模型（Object Oriented Model）。

其中，关系模型是目前使用最广泛的数据模型，其他数据模型在 20 世纪 70 年代至 80 年代初比较流行，现在已经逐步被关系模型的数据库系统所取代。因此，本书将只讨论关系模型。需要注意的是，以下介绍的关系模型是用户眼中看到的数据模型，实际上关系模型是可以在某种 DBMS 的支持下、用某种语言进行描述的，通过 DBMS 提供的功能实现对其进行存储和实施各种操作。我们把支持关系模型的数据库管理系统称为关系数据库管理系统，简称 RDBMS。

# 1.4　关系数据库

## 1.4.1　关系模型

关系模型由关系数据结构、关系操作集合和关系完整性约束 3 部分组成。

**1. 关系数据结构**

在用户观点下，关系模型中数据的逻辑结构是一张二维表，它由行和列组成。

例如，表 1-1 所示的学生信息表。

（1）关系（Relation）：一个关系对应于一张二维表，每个关系都有一个关系名。如表 1-1 所示的学生信息表可以取名为"学生信息"。

表 1-1　　　　　　　　　　　　　学生信息表

| 学　号 | 姓　名 | 性　别 | 年　龄 |
|---|---|---|---|
| 980010101 | 张涛 | 男 | 18 |
| 980010102 | 李明 | 男 | 18 |
| 980010103 | 刘心 | 女 | 19 |
| …… | …… | …… | …… |

（2）元组（Tuple）：表中的一行称为一个元组，对应于存储文件中的一个记录。

（3）属性（Attribute）：表中的一列称为一个属性，给每个属性起一个名字，称为属性名。属性对应于存储文件中的字段。

（4）候选码（Candidate key）：如果在一个关系中，存在多个属性（或属性组合）都能用来唯一标识该关系的元组，这些属性（或属性组合）都称为该关系的候选码（或候选关键字）。例如，假设以上"学生信息"关系中的姓名没有重名现象，则学号和姓名都是候选码。

（5）主码（Primary key）：在一个关系的若干个候选码中指定作为码的属性（或属性组合）称为该关系的主码（或主关键字）。例如，可以以将以上"学生信息"关系的学号作为该关系的主码。

（6）主属性（Primary Attribute）：包含在候选码中的属性称为主属性。例如，学号和姓名（假设无重名）都是主属性。

（7）非主属性（Nonprimary Attribute）：不包含在任何候选码中的属性称为非码属性或非主属性。例如，性别和年龄都是非主属性。

（8）关系模式（Relation Schema）：对关系的描述称为关系模式，一般表示为

关系名（属性 1，属性 2，…，属性 n）

例如，以上的"学生信息"表是一个关系，其关系模式为

学生信息（学号，姓名，性别，年龄）

（9）全码（All-key）：如果一个关系模型的所有属性一起构成这个关系的码，则称其为全码。

（10）域（Domain）：属性的取值范围称为域。例如，性别的域是（男、女），年龄的域是大于 0 的整数。

（11）分量（Component）：元组中的一个属性值称为分量。例如，表 1-1 中的"李明"。

在关系模型中，实体和实体之间的联系都是用关系来表示的。例如，图 1-12 所表示的概念模型中的学生、课程和选修关系可以表示为以下 3 个关系模式：

学生信息（学号，姓名，性别，年龄）

课程（课程号，课程名，学分）

选修（学号，课程号，成绩）

**2. 关系操作**

关系操作主要包括查询、插入、修改和删除数据，这些操作的操作对象和操作结果都是关系，也就是元组的集合。

### 3. 关系的完整性约束

关系的完整性约束主要包括 3 类：实体完整性、参照完整性和用户定义的完整性。其中，实体完整性和参照完整性是关系模型必须满足的完整性约束条件，用户定义的完整性是指针对具体应用需要自行定义的约束条件。

（1）实体完整性

一个基本关系通常对应于现实世界的一个实体集。例如，学生关系对应于学生的集合。现实世界中的实体是可区分的，即它们具有某种唯一性标识。相应地，关系模型中以主码作为唯一性标识。主码中的属性即主属性不能取空值。所谓空值就是"不知道"或"无意义"的值。如果主属性取空值，就说明存在某个不可标识的实体，即存在不可区分的实体，这与现实世界的应用环境相矛盾，因此这个实体一定不是一个完整的实体。这就是实体的完整性规则。

实体完整性定义：若属性 $A$ 是基本关系 $R$ 的主属性，则属性 $A$ 不能取空值。

（2）参照完整性

在关系模型中，实体及实体间的联系都是用关系来描述的，这样就需要在关系与关系之间通过某些属性建立起它们之间的联系。

例如，对于"部门"实体和"职工"实体，可以用下面的关系来表示：

职工（职工编号，职工姓名，年龄，性别，部门编号）

部门（部门编号，部门名称）

这两个关系之间通过"部门编号"属性建立了联系。显然，职工关系中的"部门编号"值必须是确实存在的部门的部门编号，即在部门关系中要有该记录。也就是说，职工关系中的"部门编号"属性的取值需要参照部门关系的"部门编号"的属性取值。这里称职工关系引用了部门关系的主码"部门编号"。

又如，对于以下 3 个关系模式：

学生信息（学号，姓名，性别，年龄）

课程（课程号，课程名，学分）

选修（学号，课程号，成绩）

"学生信息"关系的主码是学号，"课程"关系的主码是课程号，而"选修"关系的主码是（学号，课程号），选修关系中的学号必须是一个在学生信息关系中存在的学号，而选修关系中的课程号也必须是一个在课程关系中存在的课程号。

参照完整性定义：设 $F$ 是基本关系 $R$ 的一个或一组属性，但不是关系 $R$ 的码，如果 $F$ 与基本关系 $S$ 的主码 $Ks$ 相对应，则称 $F$ 是基本关系 $R$ 的外码（Foreign Key），并称基本关系 $R$ 为参照关系（Referencing Relation），基本关系 $S$ 为被参照关系（Referenced Relation）。关系 $R$ 和 $S$ 不一定是不同的关系。

例如，设有以下两个关系模式：

职工（职工编号，姓名，性别，部门编号）

部门（部门编号，名称，地址，简介）

在"职工"关系中，主码为职工编号，在"部门"关系中，主码为部门编号，所以"职工"关系中的部门编号是该关系的外码。

这里，"职工"关系为参照关系，"部门"关系为被参照关系。

参照完整性规则：若属性（或属性组）$F$ 是基本关系 $R$ 的外码，它与基本关系 $S$ 的主码 $Ks$ 相对应（基本关系 $R$ 和 $S$ 不一定是不同的关系），则对于 $R$ 中每个元组在 $F$ 上的值必须为：

- 或者取空值（$F$ 的每个属性值均为空值）；
- 或者等于 $S$ 中某个元组的主码值。

参照完整性规则就是定义外码与主码之间的引用规则。

（3）用户定义的完整性

实体完整性和参照完整性适用于任何关系数据库系统。除此之外，不同的关系数据库系统根据其应用环境的不同，往往还需要一些特殊的约束条件。用户定义的完整性就是针对某一具体应用所涉及的数据必须满足的语义要求，对关系数据库中的数据定义的约束条件。关系模型应提供定义和检验这类完整性的机制，以便用统一的系统的方法处理它们，而不要由应用程序承担这一功能。

#### 4. 对关系的限制

上面提到，在用户观点下，关系模型中数据的逻辑结构是一张二维表，但并不是所有的二维表都是关系，关系数据库对关系是有一定限制的，归纳起来有以下几个方面。

（1）表中的每一个数据项必须是单值的，每一个属性必须是不可再分的基本数据项。这是关系数据库对关系最基本的限制。例如，表 1-2 就是一个不满足该要求的表，因为工资不是最小的数据项，它还可以再分解为基本工资、职务工资和工龄工资。

表 1-2　　　　　　　　　　　　　　具有可再分割属性的表

| 职 工 编 号 | 姓　　　名 | 工　　　资 | | |
| --- | --- | --- | --- | --- |
| | | 基 本 工 资 | 职 务 工 资 | 工 龄 工 资 |
| 001 | 赵军 | 2000 | 500 | 500 |
| 002 | 刘娜 | 1800 | 400 | 300 |
| 003 | 李东 | 2300 | 700 | 800 |
| …… | …… | …… | …… | …… |

（2）每一列中的数据项具有相同的数据类型，来自同一个域。

（3）每一列的名称在一个表中是唯一的。

（4）列次序可以是任意的。

（5）表中的任意两行（即元组）不能相同。

（6）行次序可以是任意的。

## 1.4.2　关系数据库的规范化理论

数据库设计的问题可以简单描述为，如果要把一组数据存储到数据库中，如何为这些数据设计一个合适的逻辑结构呢？如在关系数据库系统中，针对一个具体问题，应该构造几个关系？每个关系由哪些属性组成？使数据库系统无论是在数据存储方面，还是在数据操纵方面都有较好的性能。这就是关系数据库规范化理论要研究的主要问题。

E-R 模型的方法讨论了实体与实体之间的数据联系，而关系规范化理论主要讨论实体内部属性与属性之间的数据的联系，其目标是要设计一个"好"的关系数据库模型。

#### 1. 问题的提出

设有以下关系"学生"：

学生（学号，姓名，性别，课程号，课程名称，成绩）

该关系表示了学生选修各门课程的成绩。假设记录内容如表 1-3 所示。

表1-3　　　　　　　　　　　　　　　　　　"学生"关系

| 学　　号 | 姓　　名 | 性　　别 | 课　程　号 | 课 程 名 称 | 成　绩 |
|---|---|---|---|---|---|
| 0601001 | 张军 | 男 | 001 | 数据库应用 | 78 |
| 0601002 | 李辉 | 男 | 002 | 程序设计 | 89 |
| 0601003 | 赵心 | 女 | 003 | 管理信息系统 | 85 |
| 0601004 | 林梅 | 女 | 004 | 数据结构 | 79 |
| 0601004 | 林梅 | 女 | 001 | 数据库应用 | 90 |
| 0601004 | 林梅 | 女 | 002 | 程序设计 | 78 |

可以看出，"学生"关系的主码应该是（学号，课程号）。该关系存在以下问题。

（1）数据冗余

所谓数据冗余就是数据的重复出现。当一个学生选修多门课程时，学生信息重复出现，导致了数据冗余的现象。例如，以上关于"林梅"的信息就出现了3次；同样，一门课程有多个学生选修，也导致了该课程信息的冗余。例如，"数据库应用"课程被"林梅"和"张军"选修了，因此，其课程名称出现了2次。显然，数据冗余会导致数据库存储性能的下降，同时还会带来数据的不一致性问题。

（2）不一致性

由于存在着数据冗余，因此，如果某个数据需要修改，则可能会因为其多处存在而导致在修改时不能全部修改过来，产生数据的不一致。例如，假设有40名学生选修了"数据库应用"这门课，则在关系表中就会有40条记录包含有课程名称"数据库应用"，如果该课程名称需要改成"数据库原理及应用"，则可能会只修改了其中的一些记录，而其他记录没有修改。这就是数据的不一致，也叫更新异常。

（3）插入异常

如果新生刚刚入校，还没有选修课程，则学生信息就无法插入到表中，因为课程号为空，而主码为（学号，课程号），根据关系模型的实体完整性规则，主码不能为空或部分为空，因此无法插入新生数据，这就是插入异常。又如，学校计划下学期开一门新课"计算机组成原理"，该课程信息也不能马上添加到表中，因为还没有学生选修该课程，无法知道学生的信息。简单来说，插入异常就是该插入的数据不能正常插入。

（4）删除异常

当学生毕业时，需要删除相关的学生记录，于是就会删除对应的课程号、课程名信息。这就是删除异常。例如，在"学生"关系表中要删除学生记录（060103，赵心，女，003，管理信息系统，85），则会丢失课程号为"003"，课程名为"管理信息系统"的课程信息。简单来说，删除异常就是不该删除的数据被异常地删除了。

为了克服以上问题，可以将"学生"关系分解为如下的3个关系：

学生基本信息（学号，姓名，性别）　　　主码为学号

课程（课程号，课程名称）　　　　　　　主码为课程号

选修（学号，课程号，成绩）　　　　　　主码为（学号，课程号）

首先，这样分解后的关系在一定程度上解决了数据冗余。例如，如果一门课程被100个学生选修，则该课程名称在"课程"关系中只会出现一次（在选修关系中只需要存储这100名学生的学号和该课程的课程号及成绩信息，但课程名称不会重复出现）。数据的不一致性是由于数据冗余

产生的，解决了数据的冗余问题，不一致性问题就自然解决了。

其次，由于学生基本信息和课程信息是分开存储的，如果新生刚刚入校，也可以将新生信息插入到"学生基本信息"关系中，只是在"选修"关系中没有该学生的相应成绩记录，因此不存在插入异常问题。

同样，当学生毕业时，要删除相关的学生信息，则只需要删除"学生基本信息"关系中的相关记录和"选修"关系中的相关成绩记录，不会删除课程信息，因此解决了删除异常的问题。

为什么对"学生"关系进行以上分解之后，可以消除所有异常呢？这是因为"学生"关系中的某些属性之间存在数据依赖，这种数据依赖会造成数据冗余、插入异常、删除异常等问题。数据依赖是对属性间数据的相互关系的描述。

**2．函数依赖**

函数依赖是数据依赖的一种描述形式。

**定义 1**　设 $R(U)$ 是属性集 $U$ 上的关系模式。$X$，$Y$ 是 $U$ 的子集。如果对于 $R(U)$ 的任意一个可能的关系 $r$，$r$ 中不可能存在两个元组在 $X$ 上的属性值相等，而在 $Y$ 上的属性值不等，则称"$X$ 函数确定 $Y$"或"$Y$ 函数依赖于 $X$"，记作 $X \rightarrow Y$。

简单地说，如果属性 $X$ 的值决定属性 $Y$ 的值（如果知道 $X$ 的值就可以获得 $Y$ 的值），则属性 $Y$ 函数依赖于属性 $X$。

若 $X \rightarrow Y$，并且 $Y \rightarrow X$，则记为 $X \longleftrightarrow Y$。

若 $Y$ 函数不依赖于 $X$，则记为 $X \nrightarrow Y$。

例如，设有以下关系模式：

商品（商品名称，价格）

如果知道商品名称，就可以知道该商品的价格，也就是说，不存在商品名称相同而价格不同的记录，则可以说，"价格"函数依赖于"商品名称"，即商品名称→价格。

又如，设有以下关系模式：

学生（学号，姓名，年龄，性别，专业）

学生关系中有唯一的标识号"学号"，每个学生有且只有一个专业，则学号决定专业的值，因此，"专业"函数依赖于"学号"，也就是：学号→专业。

对于选修关系：

选修（学号，课程号，成绩）

可以看出学号与课程号共同决定一个成绩，因此"成绩"函数依赖于属性组（学号，课程号），也就是：（学号，课程号）→成绩。

需要注意的是，函数依赖是语义范畴的概念。只能根据数据的语义来确定函数依赖。例如，"姓名→年龄"这个函数依赖只有在不允许有同名人的条件下才成立。

**定义 2**　在关系模式 $R(U)$ 中，对于 $U$ 的子集 $X$ 和 $Y$，如果 $X \rightarrow Y$，但 $Y \nsubseteq X$，则称 $X \rightarrow Y$ 是非平凡的函数依赖。若 $X \rightarrow Y$，但 $Y \subseteq X$，则称 $X \rightarrow Y$ 是平凡的函数依赖。

例如，对于关系：

选修(学号，课程号，成绩)

存在非平凡函数依赖：(学号，课程号)→成绩。

存在平凡函数依赖：(学号，课程号)→学号；(学号，课程号)→课程号。

对于任一关系模式，平凡函数依赖都是必然成立的，它不反映新的语义，因此若不特别声明，一般总是讨论非平凡的函数依赖。

**定义 3**　在关系模式 $R(U)$ 中，如果 $X{\rightarrow}Y$，并且对于 $X$ 的任何一个真子集 $X'$，都有 $X'{\nrightarrow}Y$，则称 $Y$ 完全函数依赖于 $X$，记作 $X\xrightarrow{f}Y$。若 $X{\rightarrow}Y$，但 $Y$ 不完全函数依赖于 $X$，则称 $Y$ 部分函数依赖于 $X$，记作 $X\xrightarrow{p}Y$。

例如，对于关系：

选修（学号，课程号，成绩）

由于学号 $\nrightarrow$ 成绩，课程号 $\nrightarrow$ 成绩，而（学号，课程号）$\rightarrow$ 成绩，因此：

（学号，课程号）$\xrightarrow{f}$ 成绩

又如，对于本小节开始提到的关系：

学生（学号，姓名，性别，课程号，课程名称，成绩）

由于有：（学号，课程号）$\rightarrow$ 姓名，同时有：学号 $\rightarrow$ 姓名，因此存在部分函数依赖：

（学号，课程号）$\xrightarrow{p}$ 姓名

**定义 4**　在关系模式 $R(U)$ 中，如果 $X{\rightarrow}Y$，$Y{\rightarrow}Z$，且 $Y\nsubseteq X$，$Y\nrightarrow X$，则称 $Z$ 传递函数依赖于 $X$。注意，如果 $Y{\rightarrow}X$，即 $X\longleftrightarrow Y$，则 $Z$ 直接函数依赖于 $X$。

例如，设有关系模式：

学生信息(学号，姓名，所在系，系主任)

经分析有：学号 $\rightarrow$ 所在系，所在系 $\rightarrow$ 系主任，因此，"系主任" 传递函数依赖于"学号"。

### 3. 范式和规范化

规范化理论用于改造关系模式，通过分解关系模式来消除其中不合适的数据依赖，以解决数据冗余、插入异常、删除异常等问题。

所谓规范化，就是用形式更为简洁、结构更加规范的关系模式取代原有关系的过程。

要设计一个好的关系，必须使关系满足一定的约束条件，这种约束条件已经形成规范，分成几个等级，一级比一级要求更严格。满足最低一级要求的关系称为属于第一范式（Normal Form，NF），在此基础上如果进一步满足某种约束条件，达到第二范式标准，则称该关系属于第二范式，如此等等，直到第五范式。显然，满足较高范式条件的关系必须满足较低范式的条件。一个较低的范式，可以通过关系的无损分解转换为若干个较高级范式的关系，这一过程叫做关系的规范化。

（1）第一范式（1NF）

**定义：** 如果一个关系模式 $R$ 的所有属性都是不可分的基本数据项，则 $R$ 属于 1NF。

第一范式是对关系模式的最起码的要求。不满足第一范式的数据库模式不能称为关系数据库。例如，表 1-4 的"学生"关系满足第一范式。

表 1-4　　　　　　　　　　　　属于第一范式的"学生"表

| 学　号 | 姓　　名 | 性　别 | 课程号 | 课程名称 | 成　绩 |
|---|---|---|---|---|---|
| 0601001 | 张军 | 男 | 001 | 数据库应用 | 78 |
| 0601002 | 李辉 | 男 | 002 | 程序设计 | 89 |
| 0601003 | 赵心 | 女 | 003 | 管理信息系统 | 85 |
| 0601004 | 林梅 | 女 | 004 | 数据结构 | 79 |
| 0601004 | 林梅 | 女 | 001 | 数据库应用 | 90 |
| 0601004 | 林梅 | 女 | 002 | 程序设计 | 78 |

而表 1-5 所示的"工资"表具有组合数据项，是非规范化的表，不属于第一范式。

表 1-5　　　　　　　　　　　　　　具有组合数据项的"工资"表

| 职 工 编 号 | 姓　　名 | 工　　资 | | |
| --- | --- | --- | --- | --- |
| | | 基 本 工 资 | 职 务 工 资 | 工 龄 工 资 |
| 001 | 赵军 | 2000 | 500 | 500 |
| 002 | 刘娜 | 1800 | 400 | 300 |
| 003 | 李东 | 2300 | 700 | 800 |
| …… | …… | …… | …… | …… |

表 1-6 所示的"职工信息"表具有多值数据项，因此不是规范化的表，不属于第一范式。

表 1-6　　　　　　　　　　　　具有多值数据的"职工信息"表

| 职 工 编 号 | 姓　　名 | 学　　历 | 学　　位 |
| --- | --- | --- | --- |
| 001 | 张三 | 大学<br>研究生 | 硕士 |
| …… | …… | …… | …… |

将表 1-5 和表 1-6 规范化为满足第一范式，分别如表 1-7 和表 1-8 所示。

表 1-7　　　　　　　　　　　　　属于第一范式的"工资"表

| 职 工 编 号 | 姓　　名 | 基 本 工 资 | 职 务 工 资 | 工 龄 工 资 |
| --- | --- | --- | --- | --- |
| 001 | 赵军 | 2000 | 500 | 500 |
| 002 | 刘娜 | 1800 | 400 | 300 |
| 003 | 李东 | 2300 | 700 | 800 |
| …… | …… | …… | …… | …… |

表 1-8　　　　　　　　　　　　属于第一范式的"职工信息"表

| 职 工 编 号 | 姓　　名 | 学　　历 | 学　　位 |
| --- | --- | --- | --- |
| 001 | 张三 | 大学 | 硕士 |
| 001 | 张三 | 研究生 | 硕士 |
| …… | …… | …… | …… |

满足第一范式的关系模式不一定就是一个好的关系模式。例如，对于表 1-4 的"学生"关系，本小节开始时已经分析过，它存在数据冗余、插入异常、删除异常等问题。

（2）第二范式（2NF）

定义：若关系模式 $R$ 是 1NF，并且每一个非主属性都完全函数依赖于 $R$ 的码，则 $R$ 属于 2NF。

例如，对于学生关系：

学生（学号，姓名，性别，课程号，课程名称，成绩）

我们已经知道该关系的码是（学号，课程号），因此，学号、课程号是主属性，性别、课程名称、成绩是非主属性。该关系存在以下部分函数依赖：

学号→姓名

学号→性别

课程号→课程名称

也就是存在非主属性对码的部分函数依赖，因此该关系不是 2NF。改进的方法是对该关系进行分解，生成若干关系，以消除部分函数依赖。实际上，这里就是把描述不同主题的内容分别用不同的关系来表示，形成以下 3 个关系：

学生基本信息（学号，姓名，性别）　　主码为学号

课程（课程号，课程名称）　　　　　　主码为课程号

选修（学号，课程号，成绩）　　　　　主码为（学号，课程号）

可以看出，在这 3 个关系中不存在部分函数依赖，因此问题得到了解决。

（3）第三范式（3NF）

**定义**：如果关系模式 *R* 是第二范式，且每个非主属性都不传递函数依赖于主码，则 *R* 属于 3NF。

也可以说，如果关系 *R* 的每一个非主属性既不部分函数依赖于主码，也不传递函数依赖于主码，则 *R* 属于 3NF。

例如，表 1-9 的关系 Housing 是学生住宿收费表，SID 为学生编号，Sname 为学生姓名，Building 为楼的编号，Fee 为每季度需支付的费用。假设一个学生只住在一个大楼里，一个大楼只有一种收费标准。

表 1-9　　　　　　　　　　　　　　　　"Housing" 关系

| SID | Sname | Building | Fee |
| --- | --- | --- | --- |
| 10 | Tom | A | 1100 |
| 11 | Jerry | A | 1100 |
| 12 | Kate | B | 1200 |
| 13 | Tony | B | 1200 |
| 14 | John | C | 1300 |
| 15 | Mary | D | 1400 |

可以看出，每一个 SID 可以唯一确定一条记录，SID 是关系 Housing 的主码。按照语义 "一个学生只住在一个大楼里，一个大楼只有一种收费标准。" 可知，存在以下函数依赖：

SID→Building

Building→Fee

即存在非主属性 Fee 对码 SID 的传递函数依赖，因此关系 Housing 不是第三范式。该关系存在插入异常、删除异常等问题。例如，如果 SID 为 15 的学生退学了，则不仅删除了该学生的信息，同时删除了 D 楼的收费信息，出现了删除异常。如果新建了一个大楼，还没有学生入住，则该新楼的信息也无法插入到表中，也就是出现了插入异常。同样，如果有 400 名学生住在同一个楼里，则该楼的信息就要重复 400 次，因此也存在数据冗余问题。

可以将关系 Housing 分解为表 1-10 和表 1-11 所示的两个关系。

表 1-10　　　　　　　　　　　　　　　　"Stu-Housing" 关系

| SID | Sname | Building |
| --- | --- | --- |
| 10 | Tom | A |
| 11 | Jerry | A |
| 12 | Kate | B |
| 13 | Tony | B |
| 14 | John | C |
| 15 | Mary | D |

表 1-11                               "Housing-Fee" 关系

| Building | Fee |
| --- | --- |
| A | 1100 |
| B | 1200 |
| C | 1300 |
| D | 1400 |

可以看出，分解后的关系解决了以上的插入异常、删除异常、数据冗余的问题。

在对关系进行规范化的过程中，一般要将一个关系分解为若干个关系。实际上，规范化的本质是把表示不同主题的信息分解到不同的关系中，如果某个关系包含有两个或两个以上的主题，就应该将它分解为多个关系，使每个关系只包含一个主题，但是，在分解关系之后，关系数目增多，需要注意建立起关系之间的关联约束（参照完整性约束）。关系变得更加复杂，对关系的使用也会变得复杂，因此并不是分解得越细越好。一般来说，用户的目标是第三范式（3NF）数据库，因为在大多数情况下，这是进行规范化功能与易用程度的最好平衡点。在理论上和一些实际使用的数据库中，有比 3NF 更高的等级，如 BCNF、4NF、5NF，但其对数据库设计的关心已经超过了对功能的关心，本书只讨论到 3NF。

# 1.5   数据库系统的体系结构

数据库系统的体系结构是数据库系统的一个总的框架。尽管实际的数据库系统软件产品多种多样，它们支持的数据模型也不一定相同，使用不同的数据库语言，建立在不同的操作系统之上，数据的存储结构也各不相同，但是绝大多数数据库系统在总的体系结构上都具有三级模式的结构特征。

## 1.5.1   数据库系统的三级模式结构

数据库系统的三级模式结构由外模式、模式和内模式组成，如图 1-13 所示。这三级模式

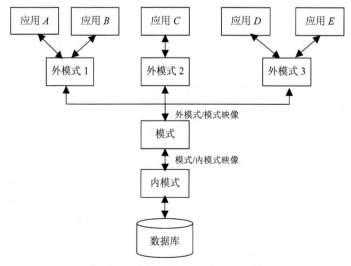

图 1-13   数据库系统的三级模式结构

是对数据的 3 个抽象级别，它把数据的具体组织留给 DBMS 管理，使用户能逻辑地抽象地处理数据，而不必关心数据在计算机中的表示和存储。为了实现这 3 个抽象层次的联系和转换，数据库系统在这三级模式中提供了两层映像：外模式/模式映像；模式/内模式映像。

### 1. 模式

模式也称为逻辑模式，是数据库中全体数据的逻辑结构和特性的描述，是所有用户的公共数据视图。它是数据库系统模式结构的中间层，既不涉及数据的物理存储细节和硬件环境，也与具体的应用程序和开发工具无关。

模式实际上是数据库数据在逻辑级上的视图，一个数据库只有一个模式，数据库模式以某一种数据模型为基础，综合考虑了所有用户的需求，并将这些需求有机地整合成一个逻辑整体。

模式不仅仅要定义数据的逻辑结构，而且要定义与数据有关的安全性、完整性要求；不仅要定义数据记录内部的结构，而且要定义这些数据项之间的联系，以及不同记录之间的联系。

数据库管理系统提供模式数据描述语言（模式 DDL）来描述模式。

### 2. 外模式

外模式也称子模式或用户模式，是数据库用户看到的数据视图，它是与某一应用有关的数据的逻辑表示。

外模式通常是模式的子集，它是各个用户的数据视图。由于不同的用户其需求不同，看待数据的方式不同，对数据的要求不同，使用的程序设计语言也可以不同，因此不同用户的外模式描述是不同的。即使对模式中同一数据，在外模式中的结构、类型、长度、保密级别等都可以不同。

数据库管理系统提供外模式数据描述语言（外模式 DDL）来描述外模式。

### 3. 内模式

内模式是全体数据库数据的内部表示或者低层描述，用来定义数据的存储方式和物理结构。内模式通常用内模式数据描述语言（内模式 DDL）来描述和定义。

## 1.5.2 数据库的二级映像与数据的独立性

### 1. 外模式/模式映像

对应于同一个模式，可以有任意多个外模式。外模式/模式的映像定义某一个外模式和模式之间的对应关系。当模式改变时，外模式/模式的映像要作相应的改变（由 DBA 负责）以保证外模式保持不变。

### 2. 模式/内模式映像

模式/内模式的映像定义数据的逻辑结构和存储结构之间的对应关系，它说明逻辑记录和字段在内部是如何表示的。这样当数据库的存储结构改变时，可相应修改模式/内模式的映像，从而使模式保持不变。

正是由于上述这二级映像功能，才使得数据库系统中的数据具有较高的逻辑独立性和物理独立性。数据库这种多层次的结构体系可进一步阐述如下。

（1）在定义一个数据库的各层次结构时，全局逻辑结构，即模式，应该首先定义，因为它独立于数据库的其他所有结构描述。

（2）内模式（存储模式）是依赖于全局逻辑结构的，其目的是具体地将数据库模式中所定义的全部数据及其联系进行适当的组织并加以存储，以实现较高的时空运行效率。存储模式独立于任何一个用户的局部逻辑结构描述（外模式）。

（3）用户的外模式独立于存储模式和存储设备，它必须在数据库的全局逻辑结构描述（模式）

的基础上定义。一个子模式一旦被定义，则除非模式结构的变化使得子模式中的某些数据无法再从数据库中导出，否则子模式将不必改变。通过调整外模式/模式映像可实现这一点。这就是子模式对于模式的相对独立性，即逻辑数据独立性。

（4）应用程序是在子模式的数据结构上编制的，因此，它必然依赖于特定的子模式。但是，在一个完善的数据库系统中，它是独立于存储设备和存储模式的，并且只要数据库全局逻辑模式的变化不导致其对应的子模式的改变，则应用程序也是独立于数据库模式的。

# 1.6　数据库系统设计简介

数据库系统的设计包括数据库的设计和数据库应用系统的设计。数据库设计是指设计数据库的结构特性，即为特定的应用环境构造最优的数据模型；数据库应用系统的设计是指设计出满足各种用户对数据库应用需求的应用程序。用户通过应用程序来访问和操作数据库。

按照规范设计的方法，考虑到数据库及其应用系统开发的全过程，将数据库设计分为以下 6 个阶段：

- 需求分析阶段；
- 概念结构设计阶段；
- 逻辑结构设计阶段；
- 物理结构设计阶段；
- 数据库实施阶段；
- 数据库运行和维护阶段。

需要指出的是，以上设计步骤既是数据库设计的过程，也包括数据库应用系统的设计过程。在设计过程中只有将这两方面有机地结合起来，互相参照、互为补充，才可以设计出性能良好的数据库应用系统。

## 1．需求分析阶段

需求分析阶段是数据库设计的第一步，也是最困难、最耗时的一步。需求分析的任务是要准确了解并分析用户对系统的要求，确定所要开发的应用系统的目标，收集和分析用户对数据与处理的要求。需求分析主要是考虑"做什么"，而不是考虑"怎么做"。需求分析做得是否充分、准确，将决定以后各设计步骤能否顺利进行。如果需求分析做得不好，会影响整个系统的性能，甚至会导致整个数据库设计的返工。

需求分析阶段需要重点调查的是用户的信息要求、处理要求、安全性与完整性要求。信息要求是指用户需要从数据库中获得信息的内容与性质；由用户的信息要求可以导出数据要求，即在数据库中需要存储哪些数据；处理要求包括对处理功能的要求，对处理的响应时间的要求，对处理方式（如批处理、联机处理）的要求等。

需求分析的结果是产生用户和设计者都能接受的需求说明书，作为下一步数据库概念结构设计的基础。

## 2．概念结构设计阶段

需求分析阶段描述的用户需求是面向现实世界的具体需求。将需求分析得到的用户需求抽象为信息结构即概念模型的过程就是概念结构设计。概念结构是独立于支持数据库的 DBMS 和使用的硬件环境的。

人们提出了多种概念结构设计的表达工具，其中，最常用、最有名的是 E-R 模型。

在概念结构设计阶段，首先要对需求分析阶段收集到的数据进行分类、组织，形成实体、实体的属性，标识实体的码，确定实体之间的联系类型（1:1，1:$n$，$m$:$n$），针对各个局部应用设计局部视图（如分 E-R 图）。各个局部视图建立好后，还需要对它们进行合并，通过消除各局部视图的属性冲突、命名冲突、结构冲突、数据冗余等，最终集成为一个全局视图（如整体的 E-R 图）。

概念结构具有丰富的语义表达能力，能表达用户的各种需求，反映现实世界中各种数据及其复杂的联系，以及用户对数据的处理要求等。由于概念结构独立于具体的 DBMS，因此易于理解，用它可以和不熟悉计算机的用户交换意见。

设计概念模型的最终目的是向某种 DBMS 支持的数据模型转换，因此，概念模型是数据库逻辑设计的依据，是整个数据库设计的关键。

### 3. 逻辑结构设计阶段

逻辑结构设计的任务是将概念结构进一步转化为某一 DBMS 支持的数据模型，包括数据库模式和外模式。

在逻辑结构设计阶段，首先需要将概念结构转化为一般的关系、网状、层次模型；然后将转化后的关系、网状、层次模型向特定 DBMS 支持下的数据模型转换，转换的主要依据是所选用的 DBMS 的功能及限制，没有通用规则。对于关系模型来说，这种转换通常都比较简单，最后对数据模型进行优化。

对于 E-R 图向关系模型的转换，需要解决的问题是如何将实体、实体的属性和实体之间的联系转化为关系模型。

得到初步数据模型后，还应该适当地修改、调整数据模型的结构，以进一步提高数据库应用系统的性能。关系数据模型的优化通常以规范化理论为指导。

这一阶段可能还需要设计用户子模式（外模式），即用户可直接访问的数据模式。前面已经提到过，同一系统中，不同用户可以有不同的外模式。外模式来自逻辑模式，但在结构和形式上可以不同于逻辑模式，所以它不是逻辑模式简单的子集。外模式的作用主要有：通过外模式对逻辑模式的屏蔽，为应用程序提供了一定的逻辑独立性；可以更好地适应不同用户对数据的需求；为用户划定了访问数据的范围，有利于数据的安全保密等。

定义用户外模式时应该更注重考虑用户的习惯与方便，主要包括以下 3 个方面。

（1）使用更符合用户习惯的别名。

（2）针对不同级别的用户定义不同的外模式，以满足系统对安全性的要求。

（3）如果某些局部应用中经常要使用某些很复杂的查询，为了方便用户，可以将这些复杂查询定义为外模式（视图），以简化用户对系统的使用。

### 4. 物理结构设计阶段

数据库的物理结构设计阶段用于为逻辑数据模型选取一个最适合应用环境的物理结构，包括数据库在物理设备上的存储结构和存取方法。由于不同的数据库产品所提供的物理环境、存取方法和存储结构各不相同，供设计人员使用的设计变量、参数范围也各不相同，所以数据库的物理结构设计没有通用的设计方法可以遵循。

数据库设计人员都希望自己设计的物理数据库结构能满足事务在数据库上运行时响应时间少、存储空间利用率高和事务吞吐率大的要求。为此，设计人员需要对要运行的事务进行详细的分析，获得物理数据库设计所需要的参数，并且全面了解给定的 DBMS 的功能、所提供的物理环境和工具，尤其是存储结构和存取方法。在确定数据存取方法时，必须清楚以下 3 种相关信息。

（1）数据库查询事务的信息，包括查询所需要的关系、查询条件所涉及的属性、查询连接条件所涉及的属性、查询结果所涉及的属性等。

（2）数据更新事务的信息，包括被更新的关系、每个关系上的更新操作所涉及的属性、修改操作要改变的属性值等。

（3）每个事务在各关系上运行的频率和性能要求。

关系数据库物理设计的内容主要包括：为关系模式选择存取方法和存储结构，包括设计关系、索引等数据库文件的物理存储结构、确定系统配置参数等。

在初步完成物理结构的设计之后，还需要对物理结构进行评价，评价的重点是时间和空间效率。如果评价结果满足原设计要求，则可以进入到物理实施阶段，否则，就需要重新设计或修改物理结构，有时甚至要返回到逻辑设计阶段，修改数据模型。

### 5. 数据库实施阶段

完成数据库物理设计之后，设计人员就要用 DBMS 提供的数据定义语言和其他实用程序将数据库逻辑设计和物理设计结果严格地描述出来，成为 DBMS 可以接受的源代码，再经过调试产生目标模式，然后就可以组织数据入库了，这就是数据库实施阶段，具体包括以下内容。

（1）用所选用的 DBMS 提供的数据定义语言（Data Definition Language，DDL）来严格描述数据库结构。

（2）组织数据入库。数据库结构建立好后，就可以向数据库中装载数据了。组织数据入库是数据库实施阶段最主要的工作。对于小型系统，可以选择使用人工方法装载数据。对于中、大型系统，可以使用计算机辅助数据入库，如使用数据录入子系统提供录入界面，对数据进行检验、转换、综合、存储等。

需要装入数据库中的数据通常分散在各个部门的数据文件或原始凭证中，所以首先必须把需要入库的数据筛选出来。对于筛选出来的数据，其格式往往不符合数据库要求，还需要进行一定的转换，这种转换有时可能很复杂。最后才可以将转换好的数据输入到计算机中。

（3）编制与调试应用程序。数据库应用程序的设计应该与数据库设计并行进行。因此，在部分数据录入到数据库中之后，就可以开始对应用程序进行调试了。调试应用程序时由于数据入库尚未完成，可以先使用模拟数据，模拟数据应该具有一定的代表性，足够测试系统的多数功能。应用程序的设计、编码和调试方法、步骤应遵循软件工程的规范。

（4）数据库试运行。应用程序调试完成，并且已有一小部分数据入库后，就可以开始数据库的试运行了。数据库试运行也称为联合调试，其主要工作如下。

● 功能测试：实际运行应用程序，执行对数据库的各种操作，测试应用程序的各种功能是否满足设计要求。

● 性能测试：测试系统的性能指标，分析其是否达到设计目标。如果结果不符合设计目标，则需要返回物理设计阶段，调整物理结构，修改参数。有时甚至需要返回逻辑设计阶段，调整逻辑结构。

需要注意的是，组织数据入库工作量非常大，如果在数据库试运行后还要修改数据库设计，则可能需要重新组织数据入库。所以可以采用分期输入数据的方法，先输入小批量数据供前期的联合调试使用，待试运行基本合格后再输入大批量数据，逐步增加数据量，逐步完成运行评价。

在数据库试运行阶段，系统还不稳定，硬件和软件的故障随时都可能发生。系统的操作人员对新系统还不熟悉，不可避免地会发生一些误操作。因此，必须首先做好数据库的转储和恢复工作，一旦发生故障，能使数据库尽快恢复，尽量减少对数据库的破坏。

### 6. 数据库运行和维护阶段

数据库试运行结果符合设计目标后，数据库就可以投入正式运行了。数据库投入运行标志着开发任务的基本完成和维护工作的开始。由于应用环境在不断变化，数据库运行过程中物理存储会不断变化，因此，对数据库设计进行评价、调整、修改等维护工作是一个长期的任务，也是设计工作的继续和提高。

在数据库运行阶段，对数据库经常性的维护工作主要是由 DBA 完成的。这一阶段的工作主要包括以下几点。

（1）数据库的转储和恢复。转储和恢复是系统正式运行后最重要的维护工作之一。DBA 要针对不同的应用要求制订不同的转储计划，定期对数据库和有关文件进行备份。一旦系统发生故障，可以尽快对数据库进行恢复。

（2）数据库的安全性、完整性控制。在数据库运行过程中，由于应用环境的变化，对安全性的要求也会发生变化，DBA 需要根据实际情况的变化修改原有的安全性控制，根据用户的实际需要授予不同的操作权限。

由于应用环境的变化，数据库的完整性约束条件也会变化，也需要 DBA 不断修正，以满足用户要求。

（3）数据库性能的监督、分析和改进。在数据库运行过程中，DBA 必须监督系统运行，对监测数据进行分析，找出改进系统性能的方法。

有些 DBMS 提供检测系统性能工具，可以利用该工具获取系统运行过程中一系列性能参数的值。通过仔细分析这些数据，判断当前系统是否处于最佳运行状态。如果不是，则需要通过调整某些参数来进一步改进数据库性能。

（4）数据库的重组织和重构造。数据库运行一段时间后，由于记录的不断增、删、改，会使数据库的物理存储变坏，从而降低数据库存储空间的利用率和数据的存取效率，使数据库的性能下降。因此，需要对数据库进行重新组织（全部重组织或部分重组织），以提高系统的性能。

# 练 习 题

## 一、单项选择题

1.（    ）是长期存储在计算机内的相互关联的数据的集合。

    A．数据库管理系统               B．数据库系统

    C．数据库                           D．文件

2.（    ）是位于用户与操作系统之间的一层数据管理软件。

    A．数据库管理系统                B．数据库系统

    C．数据库                           D．数据库应用系统

3. 数据库管理系统能实现对数据库数据的添加、修改、删除等操作，这种功能称为（    ）。

    A．数据定义功能    B．数据管理功能    C．数据操纵功能    D．数据控制功能

4. 数据库管理系统（DBMS）是一种（    ）。

    A．数学软件        B．应用软件        C．操作系统        D．系统软件

5. 数据库系统不仅包括数据库本身，还要包括相应的硬件、软件和（    ）。

    A．数据库管理系统                B．数据库应用系统

C．相关的计算机系统　　　　　　D．各类相关人员

6．数据库的建立、使用和维护只靠 DBMS 是不够的，还需要有专门的人员来完成，这些人员称为（　　　）。

　　A．高级用户　　　　B．数据库管理员　　C．数据库用户　　　　D．数据库设计员

7．数据库（DB）、数据库系统（DBS）和数据库管理系统（DBMS）3 者之间的关系是（　　　）。

　　A．DBS 包括 DB 和 DBMS　　　　　　B．DBMS 包括 DB 和 DBS

　　C．DB 包括 DBS 和 DBMS　　　　　　D．DBS 就是 DB，也就是 DBMS

8．在人工管理阶段，数据是（　　　）。

　　A．有结构的　　　　　　　　　　　　B．无结构的

　　C．整体无结构，记录内有结构　　　　D．整体结构化的

9．在文件系统阶段，数据（　　　）。

　　A．无独立性　　　　　　　　　　　　B．独立性差

　　C．具有物理独立性　　　　　　　　　D．具有逻辑独立性

10．产生数据不一致的根本原因是（　　　）。

　　A．数据存储量太大　　　　　　　　　B．没有严格地保护数据

　　C．未对数据进行完整性控制　　　　　D．数据冗余

11．在数据库中存储的是（　　　）。

　　A．数据　　　　　　　　　　　　　　B．数据模型

　　C．数据以及数据之间的联系　　　　　D．信息

12．数据库不仅能够保存数据本身，还能保存数据之间的相互联系，保证了对数据修改的（　　　）。

　　A．一致性　　　　B．独立性　　　　C．安全性　　　　D．共享性

13．数据库系统阶段，数据（　　　）。

　　A．没有独立性　　　　　　　　　　　B．具有一定的独立性

　　C．具有高度独立性　　　　　　　　　D．独立性差

14．数据库系统和文件系统的主要区别是（　　　）。

　　A．数据库系统复杂，而文件系统简单

　　B．文件系统不能解决数据冗余和数据独立性问题，而数据库系统能够解决

　　C．文件系统只能管理文件，而数据库系统还能管理其他类型的数据

　　D．文件系统只能用于小型、微型机，而数据库系统还能用于大型机

15．在数据管理技术的发展过程中，数据独立性最高的是（　　　）阶段。

　　A．数据库系统　　　B．文件系统　　　C．人工管理　　　D．数据项管理

16．在用户观点下，关系模型中数据的逻辑结构是（　　　）。

　　A．一个 E-R 图　　B．一张二维表　　C．层次结构　　D．网状结构

17．在一个关系中如果有这样一个属性存在，它的值能唯一地标识关系中的每一个元组，称这个属性为（　　　）。

　　A．候选码　　　　B．数据项　　　　C．主属性　　　　D．主属性值

18．关系模型结构单一，现实世界中的实体以及实体之间的各种联系均以（　　　）的形式来表示。

　　A．实体　　　　　B．属性　　　　　C．元组　　　　　D．关系

19. 在一个关系中, 不能有相同的 (　　　)。
    A. 数据项　　　　B. 属性　　　　C. 分量　　　　D. 域

20. 以下关于关系的说法错误的是 (　　　)。
    A. 一个关系中的列次序可以是任意的
    B. 一个关系的每一列中的数据项可以有不同的数据类型
    C. 关系中的任意两行 (即元组) 不能相同
    D. 关系中行的次序可以是任意的

21. 关系规范化中的删除操作异常是指 (　　　), 插入操作异常是指 (　　　)。
    A. 不该删除的数据被删除　　　　B. 不该插入的数据被插入
    C. 应该删除的数据未被删除　　　　D. 应该插入的数据未被插入

22. 关系数据库规范化是为解决关系数据库中的 (　　　) 问题而引入的。
    A. 插入、删除异常和数据冗余　　　　B. 查询速度
    C. 数据操作的复杂性　　　　D. 数据的安全性和完整性

23. 数据依赖讨论的问题是 (　　　)。
    A. 关系之间的数据关系　　　　B. 元组之间的数据关系
    C. 属性之间的数据关系　　　　D. 函数之间的数据关系

24. 函数依赖是 (　　　)。
    A. 对函数关系的描述　　　　B. 对元组之间关系的一种描述
    C. 对数据库之间关系的一种描述　　　　D. 对数据依赖的一种描述

25. 规范化理论是关系数据库进行逻辑设计的理论依据。根据这个理论, 关系数据库中的关系必须满足: 每一个属性都是 (　　　)。
    A. 不相关的　　　B. 不可分解的　　　C. 长度可变的　　　D. 有关联的

26. 消除了非主属性对码的部分函数依赖的 1NF 的关系模式必定是 (　　　)。
    A. 1NF　　　　B. 2NF　　　　C. 3NF　　　　D. 4NF

27. 2NF (　　　) 规范为 3NF。
    A. 消除非主属性对码的部分函数依赖 B. 消除非主属性对码的传递函数依赖
    C. 消除主属性对码的部分函数依赖　　D. 消除主属性对码的传递函数依赖

28. 在数据库的三级模式结构中, 描述数据库中全体数据的全局逻辑结构和特征的是 (　　　)。
    A. 外模式　　　　B. 内模式　　　　C. 存储模式　　　　D. 模式

29. 子模式是 (　　　)。
    A. 模式的副本　　　　B. 模式的逻辑子集
    C. 多个模式的集合　　　　D. 存储模式

30. 数据库系统的数据独立性是指 (　　　)。
    A. 不会因为数据的变化而影响应用程序
    B. 不会因为系统数据存储结构与数据逻辑结构的变化而影响应用程序
    C. 不会因为存储策略的变化而影响存储结构
    D. 不会因为某些存储结构的变化而影响其他的存储结构

**二、填空题**

1. 对现实世界进行第一层抽象的模型, 称为_____模型; 对现实世界进行第二层抽象的模型, 称为_____模型。

2. 在信息世界中，用_____来表示实体的特征。

3. _____是用来唯一标识实体的属性。

4. 实体之间的联系可以有_____、_____和_____3 种。

5. 如果在一个关系中，存在多个属性（或属性组合）都能用来唯一标识该关系的元组，这些属性（或属性组合）都称为该关系的_____。

6. 包含在_____中的属性称为主属性。

7. 关系模式一般表示为_____。

8. 关系模型由_____、_____和_____3 部分组成。

9. 关系模型允许定义的 3 类完整性约束是：_____完整性、_____完整性和_____完整性。其中，_____完整性和_____完整性是关系模型必须满足的完整性约束条件。

10. 实体完整性要求主码中的主属性不能为：_____。

11. 数据库设计过程的 6 个阶段是指：_____
_____。

12. 需求分析要完成的主要任务是：_____
_____。

13. 概念结构设计要完成的主要任务是：_____
_____。

14. 逻辑结构设计要完成的主要任务是：_____
_____。

15. 数据库物理设计要完成的主要任务是：_____
_____。

三、指出以下各缩写的英文意思和中文意思

1. DB：_____。

2. DBMS：_____。

3. RDBMS：_____。

4. DBS：_____。

5. DBA：_____。

6. NF：_____。

7. DDL：_____。

四、按题目要求回答问题

1. 设某商业集团数据库中有 3 个实体集：一是"公司"实体集，属性有公司编号、公司名、地址；二是"仓库"实体集，属性有仓库编号、仓库名、地址；三是"职工"实体集，属性有职工编号、姓名、性别。

设：公司与仓库之间存在"隶属"联系，每个公司管辖若干仓库，每个仓库只能属于一个公司管辖；公司与职工之间存在"聘用"联系，每个公司可聘用多个职工，每个职工只能在一个公司工作，公司聘用职工有聘期和工资。

试画出 E-R 图，并在图上注明属性、联系的类型。

2. 某体育运动锦标赛由来自世界各国运动员组成的体育代表团参赛各类比赛项目。假设：

● 对于每个代表团，包含的信息有：团编号，地区，住所；

● 对于每个运动员，包含的信息有：编号，姓名，年龄，性别；

- 对于每个比赛项目，包含的信息有：项目编号，项目名称，级别；
- 对于每一个比赛类别，包含的信息有：类别编号，类别名称，主管。

　　每个代表团有多个运动员，而每个运动员只属于一个代表团；一个运动员可以参加多个比赛项目，每个比赛项目有多个运动员参加；一种比赛类别中包含多个比赛项目，一个比赛项目只属于一种比赛类别。每个运动员参加某个比赛项目具有"比赛时间"和"得分"信息。

　　试为该锦标赛各个代表团、运动员、比赛项目、比赛类别设计 E-R 图，并在图上注明属性、联系的类型。

　　3. 设有如表 1-12 所示的关系 $R$。

表 1-12　　　　　　　　　　　　　　关系 $R$（教师课程表）

| 课　程　名 | 教　师　名 | 教　师　地　址 |
|---|---|---|
| 数据库 | 刘辉 | Add1 |
| 程序设计基础 | 赵兰 | Add2 |
| 软件工程 | 陈信 | Add1 |
| 计算机基础 | 刘辉 | Add1 |

　　（1）关系 $R$ 为第几范式？为什么？

　　（2）关系 $R$ 是否存在删除操作异常？若存在，说明是在什么情况下发生的？

　　（3）将关系 $R$ 分解为高一级范式，分析分解后的关系是如何解决分解前可能存在的删除操作异常的。

　　4. 设有表 1-13 所示的关系 $R$。

表 1-13　　　　　　　　　　　　　　关系 $R$（职工信息表）

| 职　工　号 | 职　工　名 | 年　　龄 | 性　　别 | 单　位　号 | 单　位　名 |
|---|---|---|---|---|---|
| 01 | 赵高 | 20 | 男 | D3 | 计算机 |
| 02 | 高军 | 25 | 男 | D1 | 土木工程 |
| 03 | 董林 | 38 | 男 | D3 | 计算机 |
| 04 | 林梅 | 25 | 女 | D3 | 计算机 |

　　问：$R$ 是否属于 3NF？为什么？若不是，它属于第几范式？并如何规范化为 3NF？

　　5. 表 1-14 所示的关系 Stock（Counter，Goods，Price）表示某商店某柜台所进货物及其价格。Counter 为柜台号，Goods 为商品名称，Price 为商品的价格（假设一种商品只有一个价格）。

表 1-14　　　　　　　　　　　　　　关系 Stock

| Counter | Goods | Price |
|---|---|---|
| 1 | Pen | 55 |
| 1 | Ink | 4 |
| 2 | Envelop | 1 |
| 3 | Bag | 40 |
| 3 | Pen | 55 |

　　分析以上关系为第几范式，说明该关系是否存在插入和删除异常，将其规范化为更高级的范式。

# 第2章
# SQL Server 简介

## 2.1 概　　述

　　SQL Server 2008 是微软公司于 2008 年 3 月推出的数据库产品，是一种基于客户机/服务器模式的关系数据库管理系统，它采用 Transact-SQL 在客户机和服务器之间传递信息，扮演着后端数据库的角色，是数据的汇总与管理中心。SQL Server 在电子商务、数据仓库和数据库解决方案等应用中起着重要的作用，为企业的数据管理提供强大的支持。

### 2.1.1　SQL Server 的发展

　　SQL Server 最初由 Microsoft、Sybase 和 Ashton-Tate 3 家公司共同开发，并于 1988 年推出了第一个 OS/2 版本；1990 年，Ashton-Tate 公司中途退出了 SQL Server 的开发；1992 年，SQL Server 移植到 Windows NT 上之后，Microsoft 公司成了这个项目的主导者；从 1994 年开始，Microsoft 公司专注于开发、推广 SQL Server 的 Windows NT 版本，Sybase 公司则较专注于 SQL Server 在 UNIX 操作系统上的应用；1996 年，Microsoft 公司推出了 SQL Server 6.5 版本；1998 年 SQL Server 7.0 版本和用户见面；2000 年推出的 SQL Server 2000 是最经典的、拥有大量用户的 SQL Server 数据库版本，它可跨越从运行 Windows 95/98 的膝上型电脑到运行 Windows 2000/2003 的大型多处理器等多种平台。

　　Microsoft 公司于 2005 年推出了 SQL Server 2005，并于 2008 年 3 月推出 SQL Server 2008。

### 2.1.2　SQL Server 的客户机/服务器体系结构

　　SQL Server 是一个客户机/服务器系统，其结构可以划分为客户机（Client）和服务器（Server）两部分。从客户机和服务器之间通信的概念来看，客户机/服务器结构可以表示为图 2-1 所示，其特点是客户机通过发送一条消息或一个操作来启动与服务器之间的交互，而服务器通过返回消息进行响应。

　　客户机/服务器结构把整个任务划分为客户机上的任务和服务器上的任务。客户机上的任务主要如下。

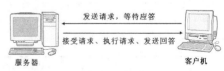

图 2-1　客户机/服务器结构

- 建立和断开与服务器的连接。
- 提交数据访问请求。
- 等待服务通告，接受请求结果或错误。

- 处理数据库访问结果或错误，包括重发请求和终止请求。
- 提供应用程序的友好用户界面。
- 数据输入/输出及验证。

服务器上的任务主要如下。

- 为多用户管理一个独立的数据库。
- 管理和处理接收到的数据访问请求，包括管理请求队列、管理缓存、响应服务、管理结果和通知服务完成。
- 管理用户账号、控制数据库访问权限和其他安全性。
- 维护数据库，包括数据库备份和恢复。
- 保证数据库数据的完整或为客户提供完整性控制手段。

SQL Server 的客户机/服务器体系结构可以采用灵活的部署方案，主要方案有两层结构、三层结构和桌面系统。

（1）两层结构

两层结构如图 2-2 所示。在两层结构中，SQL Server 安装在一个中心服务器上，数据库存储在该服务器上，该服务器称为数据库服务器，可以被多台客户机访问。众多的客户机通过网络直接访问数据库服务器，客户机运行处理业务的程序和显示处理结果的程序。两层结构比较适合于用户量较少的情况，当用户量较大时，数据库服务器的性能会显著下降。

（2）三层结构

三层结构如图 2-3 所示。

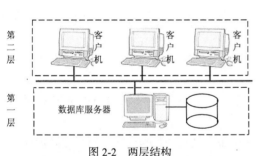

图 2-2　两层结构

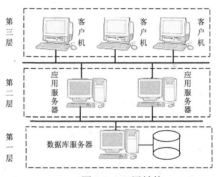

图 2-3　三层结构

在三层结构中引入了一层应用服务器。客户机只运行向应用服务器发送请求和显示请求结果的程序，客户机没有处理业务的程序，应用服务器运行处理业务的程序，多个客户机可以同时访问应用服务器，应用服务器负责访问数据库服务器，并取回处理结果，将结果返回给客户机。三层结构适用于客户量较大的情况。

三层体系结构应用程序的优势在于以下几个方面。

- 将整个系统清晰地划分为 3 个逻辑块，即客户机、应用服务器和数据库服务器。开发人员分工协作，分头开发。因为客户端程序不直接访问数据库，所以即使是不了解数据库编程的开发人员，也可以参与到数据库应用程序的团队开发中。
- 在客户端不需要处理业务逻辑，只用于表现用户界面。这不仅可以提供客户端程序的运行效率，而且当业务逻辑发生变化时，只要用户界面不变，就不需要修改客户端程序，从而大大提高了系统模块的重用性，缩短了开发周期，降低了维护费用。

- 系统的扩展性大大增强。模块化使得系统很容易在纵向和水平两个方向拓展，一方面可以将系统升级为更大、更有力的平台，同时也可以适当增加规模来增强系统的网络应用。

（3）桌面系统

在桌面系统中，数据库服务器和客户机程序被安装在同一台计算机中，整个系统只有一台计算机，这台计算机既是服务器，也是客户机，因此不需要有网络连接，客户机只需要建立一个本地连接来访问本机上的数据库服务器。桌面系统适合于只有一个用户，或者有几个用户但共用一台计算机的情形。

数据库系统采用客户机/服务器结构的好处主要有以下几个方面。

- 数据集中存储。数据集中存储在服务器上，而不是分开存储在各客户机上。
- 所有用户都可以访问到相同的数据。
- 业务逻辑和安全规则可以在服务器上定义一次，而后被所有的客户机使用。
- 数据库服务器仅返回应用程序所需要的数据，这样可以减少网络流量。
- 节省硬件开销，因为数据都存储到服务器上，不需在客户机上存储数据，所以客户机硬件不需要具备存储和处理大量数据的能力。同样，服务器不需要具备数据表示的功能。
- 由于数据集中存储在服务器上，所以备份和恢复数据变得非常容易。

客户机/服务器结构的最大优势在于提高了使用和处理数据的能力。SQL Server 在客户端和服务器端的良好表现，使它成为了一个优秀的客户机/服务器系统。

# 2.2　SQL Server 2008 的安装

在安装 SQL Server 2008 之前，首先要根据具体需要选择 SQL Server 2008 的版本，并提供相应版本所需要的安装环境，包括硬件环境和软件环境。

## 2.2.1　SQL Server 2008 的版本

为了满足用户在性能、运行时间以及价格等因素上的不同需求，SQL Server 2008 提供了不同版本的系列产品，具体如下。

（1）企业版（Enterprise Edition）：满足企业联机事务处理和数据仓库应用程序高标准要求的综合数据平台。提供企业级的可扩展性、高可用性和高安全性，用于运行企业关键业务应用。该版本能够支持操作系统支持的最大 CPU 数。

（2）标准版（Standard Edition）：一个完整的数据管理和商业智能平台，为部门级应用程序提供一流的易用性和易管理性支持。该版本最多支持 4 个 CPU。

（3）工作组版（Workgroup Edition）：一个可靠的数据管理和报表平台，为各分支应用程序提供安全、远程同步和管理等功能。

（4）网络版（Web Edition）：为客户提供低成本、大规模、高度可用的 Web 应用程序或主机解决方案。

（5）移动版（Compact）：可以免费下载，为所有 Windows 平台上的移动设备、桌面和 Web 客户端构建单机应用程序和偶尔连接的应用程序。

（6）免费版（Express）：可以免费下载，适用于学习以及构建桌面和小型服务器应用程序。

本书内容基于 SQL Server 2008 企业版。

## 2.2.2  SQL Server 2008 的系统要求

在安装 SQL Server 2008 之前，首先应该考虑下列事项。

- 确保计算机硬件满足安装 SQL Server 2008 的要求。
- 确保计算机的操作系统满足安装 SQL Server 2008 的要求。
- 确保计算机上安装的软件满足安装 SQL Server 2008 的要求。
- 确保计算机的网络配置满足安装 SQL Server 2008 的要求。
- 检查所有 SQL Server 安装选项，并准备在运行安装程序时做适当的选择。
- 确定 SQL Server 的安装位置。

### 1. 硬件要求

安装不同版本的 SQL Server 2008，其对服务器的硬件要求也不相同。安装 SQL Server 2008 企业版的硬件要求如下。

- 处理器：最低需要 Pentium III 兼容或更高速度的处理器，处理器速度最低为 1.0GHz，建议使用 2.0GHz 或更快的处理器。
- 内存（RAM）：至少需要 512 MB，建议 2.0GB 或更大。
- 定位设备：Microsoft 鼠标或兼容设备。
- 监视器：SQL Server 2008 图形工具需要使用 VGA，分辨率至少为 $1024 \times 768$ 像素。
- CD 或 DVD 驱动器：通过 CD 或 DVD 媒体进行安装时需要相应的 CD 或 DVD 驱动器。

### 2. 软件要求

SQL Server 2008 安装程序需要 Windows Installer 4.5 或更高版本。安装 SQL Server 2008 时还需要安装以下软件组件：

- .NET Framework 3.5 SP1；
- SQL Server Native Client；
- Microsoft SQL Server 安装程序支持文件。

### 3. 操作系统要求

安装 SQL Server 2008 各种版本或组件对操作系统的要求如表 2-1 所示。此表中没有列出每个操作系统的具体版本信息。

表 2-1　　　　　　　　　　安装 SQL Server 2008 的操作系统要求

| SQL Server 版本或组件 | 操作系统要求 |
|---|---|
| 32 位企业版 | Windows Server 2003 SP2 及以上版本、Windows Server 2008 的各种版本 |
| 32 位标准版 | Windows XP SP2 及以上版本、Windows Server 2003 SP2 及以上版本、Windows Vista 的各种版本、Windows Server 2008 的各种版本 |
| 32 位开发版 | Windows XP SP2 及以上版本、Windows Server 2003 SP2 及以上版本、Windows Vista 的各种版本、Windows Server 2008 的各种版本 |
| 32 位工作组版 | Windows XP SP2 及以上版本、Windows Server 2003 SP2 及以上版本、Windows Vista 的各种版本、Windows Server 2008 的各种版本 |
| 32 位网络版 | Windows XP SP2 及以上版本、Windows Server 2003 SP2 及以上版本、Windows Vista 的各种版本、Windows Server 2008 的各种版本 |
| 32 位免费版 | Windows XP SP2 及以上版本、Windows Server 2003 SP2 及以上版本、Windows Vista 的各种版本、Windows Server 2008 的各种版本 |

#### 4. 网络配置要求

SQL Server 2008 是网络数据库产品，因此安装时对系统的网络环境有着特殊的要求。独立的命名实例和默认实例支持的网络协议包括 Shared Memory、Named Pipes、TCP/IP 和 VIA。

所有 SQL Server 2008 的安装都应安装 Internet Explorer 6.0 SP1 或更高版本，因为 Microsoft 管理控制台（MMC）、SQL Server Management Studio、Business Intelligence Development Studio、Reporting Services 的报表设计器组件和 HTML 帮助都需要安装 Internet Explorer 6.0 SP1 或更高版本。

### 2.2.3 SQL Server 2008 的安装

用户在安装过程中，可能会面临很多情况，本书不能对这些情况都进行详细描述，只介绍在本地计算机第一次安装 SQL Server 2008 数据库服务器的过程，而对于其他可能出现的情况，只在出现安装选项时做简单说明。

首先，用户应该确定自己的计算机在软、硬件条件上符合安装 SQL Server 2008 的条件。然后，将 SQL Server 2008 的安装光盘放入到光驱中（或者运行下载的 SQL Server 2008 安装程序），并按照以下过程安装。

在安装 SQL Server 2008 之前，首先需要安装 Windows Installer 4.5 和 .Net Framework。如果当前系统中没有安装这些软件，SQL Server 2008 安装程序会自动进行安装。

运行 setup.exe，打开 SQL Server 安装中心。单击"安装"，如图 2-4 所示。

在此界面中，可以选择不同的安装方法。

图 2-4　SQL Server 安装中心

这里选择"全新 SQL Server 独立安装或向现有安装添加功能"。安装程序首先对安装 SQL Server 2008 需要遵循的规则进行检测，如图 2-5 所示。

在"安装程序规则检查"窗口中单击"确定"按钮，打开"输入产品密钥"窗口，如图 2-6 所示。

图 2-5　安装程序规则检查

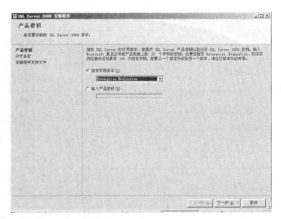

图 2-6　输入产品密钥

如果选择 Enterprise Evaluation 版本，就不需要输入产品密钥；如果需要安装正式版，则选择"输入产品密钥"单选钮，并在下面的文本框中输入 SQL Server 2008 的产品密钥。

配置完成后，单击"下一步"按钮，打开"许可条款"窗口，如图 2-7 所示。

选择"我接受许可协议"复选框，然后单击"下一步"按钮，打开"安装程序支持文件"窗口，如图 2-8 所示。

单击"安装"按钮，可以安装"安装程序支持文件"。若要安装或更新 SQL Server 2008，这些文件是必需的。安装完成后，打开"安装程序支持规则"窗口，如图 2-9 所示。

如果安装程序支持文件已经安装成功，则可以单击"下一步"按钮，选择要安装 SQL Server 2008 版本的功能模块，如图 2-10 所示。这里可以选择"数据库引擎服务"、"客户端工具连接"、"SQL Server 联机丛书"、"管理工具"等。

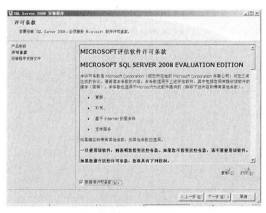

图 2-7　许可条款窗口

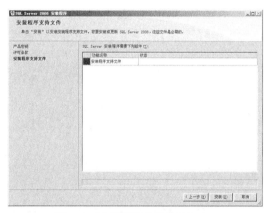

图 2-8　"安装程序支持文件"窗口

图 2-9　"安装程序支持规则"窗口

图 2-10　选择安装的功能模块

选择完成后，单击"下一步"按钮，打开"实例配置"窗口，如图 2-11 所示。在这里可以设置数据库实例 ID、实例根目录。配置完成后，单击"下一步"按钮，打开"磁盘空间要求"窗口，如图 2-12 所示。

可以在"磁盘空间要求"窗口中检查系统是否有足够的空间来安装 SQL Server。单击"下一步"按钮，打开"服务器配置"窗口，如图 2-13 所示。在此窗口中，用户需要为 SQL Server 代理服务、SQL Server Database Engine 服务和 SQL Server Browser 服务指定对应系统账户，并指定不同服务的启动状态。配置完成后，单击"下一步"按钮，打开"数据库引擎配置"窗口，如图 2-14 所示。

图 2-11　配置数据库实例　　　　　　　　　　图 2-12　"磁盘空间要求"窗口

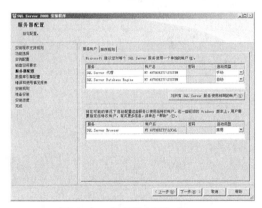

图 2-13　"服务器配置"窗口　　　　　　　　图 2-14　"数据库引擎配置"窗口

"数据库引擎配置"窗口用于选择 SQL Server 的身份验证模式。如果选择"混合模式"，则提示输入和确认系统管理员密码。如果选择"Windows 身份验证模式"，则表示用户通过 Windows 用户账户连接时，SQL Server 使用 Windows 操作系统中的信息验证账户名和密码；而"混合模式"允许用户使用 Windows 身份验证或 SQL Server 身份验证进行连接。通过 Windows 用户账户连接的用户可以在 Windows 身份验证模式或混合模式中使用信任连接（由 Windows 验证的连接）。提供 SQL Server 身份验证是为了向后兼容。

为了方便在程序设计中访问 SQL Server 数据库，建议用户选择"混合模式"，并输入管理员用户 sa 的登录密码。sa 是默认的 SQL Server 系统管理员用户。

还需要指定一个 Windows 账户作为 SQL Server 管理员。单击"添加当前用户"按钮，可以将当前 Windows 用户设置为 SQL Server 管理员。也可以单击"添加"按钮，选择其他 Windows 用户。

单击"数据目录"选项卡，可以查看和设置 SQL Server 数据库的各种安装目录，如图 2-15 所示。配置完成后，单击"下一步"按钮，打开"错误和使用情况报告"窗口，如图 2-16 所示。在这里，用户可以选择将 Windows 和 SQL Server 的错误信息报告到 Microsoft 公司的报告服务器，或者将功能使用情况发送到 Microsoft 公司。

配置完成后，单击"下一步"按钮，打开"安装规则"窗口。安装程序将检查当前的系统情况是否满足安装 SQL Server 2008 的规则。如果满足条件，则单击"下一步"按钮，打开准备安装窗口。窗口中显示准备安装的 SQL Server 2008 摘要信息，如果确认这些配置信息都正确，则单击"安装"按钮，开始安装 SQL Server 2008。

安装完成后，单击"下一步"按钮，打开"安装完成"窗口。单击"完成"按钮，结束安装。

图 2-15　设置 SQL Server 数据目录

图 2-16　"错误和和使用情况报告"窗口

查看 Windows 的"开始"菜单，可以看到新增的菜单项"Microsoft SQL Server 2008"，如图 2-17 所示。

图 2-17　"Microsoft SQL Server 2008"菜单项

# 2.3　SQL Server 2008 的管理工具简介

SQL Server 2008 包含很多数据库管理和配置工具，它们是用户与 SQL Server 数据库沟通的手段和平台。本节将介绍这些工具的作用和使用方法。

1．SQL Server Management Studio

SQL Server Management Studio 是 SQL Server 2008 数据库系统中最重要的管理工具，是数据库管理的核心。它将 SQL Server 2008 中的企业管理器和查询分析器结合在一起，能够对 SQL Server 数据库进行全面的管理。

在 Windows 的"开始"菜单中依次选择"程序"/"Microsoft SQL Server 2008"/"SQL Server Management Studio"，打开连接到 SQL Server 服务器对话框，如图 2-18 所示。

选择服务器的类型，输入服务器名称，然后选择身

图 2-18　连接到 SQL Server 服务器

份验证的方式。SQL Server 提供两种身份验证方式，即 Windows 身份验证和 SQL Server 身份验证。

关于 SQL Server 的安全管理请参照第 11 章理解。

如果数据库服务器在本地，可以使用 Windows 身份验证方式，不需要输入用户名和密码，直接连接到数据库服务器。也可以选择 SQL Server 身份验证方式，使用 SQL Server 用户（例如系统管理员 sa）登录。在安装 SQL Server 2008 时，安装程序会提示输入 sa 用户的密码。

选择完成后，单击"连接"按钮，进入 SQL Server Management Studio 窗口。这是一个标准的 Visual Studio 风格的窗口。默认情况下，窗口的左侧是对象资源管理器，它以树状结构来表现 SQL Server 数据库中的对象。在菜单中选择"视图" / "对象资源管理器详细信息"，可以查看选择对象的详细信息，如图 2-19 所示。

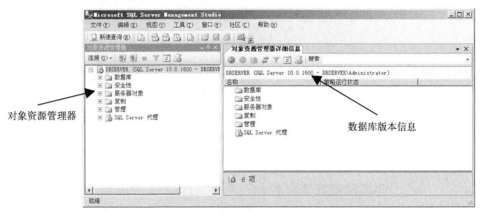

图 2-19　SQL Server Management Studio 窗口

在对象资源管理器中展开"数据库"项，可以查看当前数据库服务器中包含的所有数据库，其中包括系统数据库和用户自定义的数据库，如图 2-20 所示。

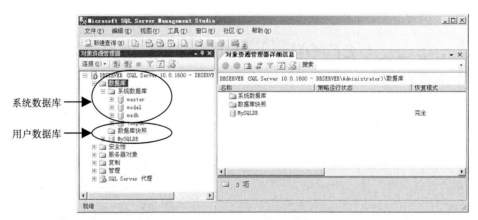

图 2-20　查看数据库信息

同样，展开一个数据库项，可以查看到数据库中包含的对象信息。

在 SQL Server Management Studio 中还可以管理 Transact-SQL 脚本，这与 SQL Server 2000 中的查询分析器的功能相似。Transact-SQL 是 SQL Server 的数据库结构化查询语言，本书将在第 4 章对其进行介绍。

单击工具栏中的"新建查询"图标，打开脚本编辑窗口，如图 2-21 所示。系统自动生成一个脚本的名称，如 SQLQuery1.sql。

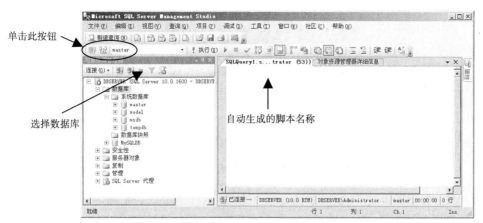

图 2-21　在 SQL Server Management Studio 管理 Transact-SQL 脚本

执行 SQL 语句通常要针对指定的数据库，在工具栏中有一个数据库组合框，可以从中选择当前脚本应用的数据库。默认的数据库为 master。

在编辑窗口中输入下面的 SQL 语句：

```
SELECT * FROM spt_values
```

SELECT 是最常用的 SQL 语句，用于从表中查询记录。spt_values 是数据库 master 中的一个表。输入完成后，单击工具栏中的"执行"按钮，可以执行 SQL 语句，在窗口的右下方将显示结果集，如图 2-22 所示。

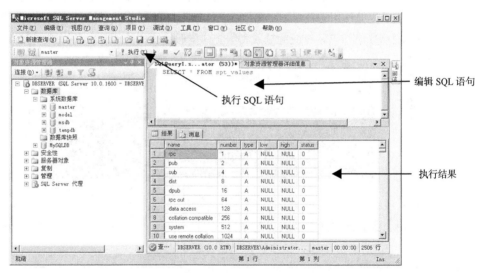

图 2-22　执行 SELECT 语句

关于 SELECT 语句的使用情况将在第 6 章中介绍。

### 2. SQL Server 配置管理器

配置管理器是 SQL Server 2008 提供的数据库配置工具，用于管理与 SQL Server 相关的服务、配置 SQL Server 使用的网络协议以及 SQL Server 客户端计算机。

在 Windows 的"开始"菜单中依次选择"程序"/"Microsoft SQL Server 2008"/"配置工具"/"SQL Server 配置管理器"，打开 SQL Server 配置管理器，如图 2-23 所示。

图 2-23 SQL Server 配置管理器

SQL Server 配置管理器集成了一组 SQL Server 工具的功能,包括服务器网络实用工具、客户端网络实用工具和服务管理器。本书将在第 3 章中介绍 SQL Server 配置管理器的使用。

### 3. osql 实用工具

osql 实用工具是一个 Win32 命令提示实用工具,它在 Windows 命令窗口中运行,用于交互式执行 Transact-SQL 语句和脚本。Transact-SQL 是 SQL Server 提供的编程语言。

打开 Windows 命令窗口,并在命令提示符中输入以下命令:

```
osql /S localhost /Usa /P sa
```

参数说明如下。

● /S:表示要连接的 SQL Server 服务器。如果连接到本地服务器,则可以省略此参数。这里假定要登录到本地(localhost),读者在试用此语句时,需要根据自己的实际情况设置此参数。

● /U:表示连接使用的登录用户名,用户名 sa 是 SQL Server 的系统管理员,具有最大的权限。

● /P:表示登录用户名对应的登录密码,这里假定密码为 sa。读者可以根据自己的实际情况修改此参数。

连接成功后,将进入 osql 环境,如图 2-24 所示。

图 2-24 osql 实用工具

osql 实用工具的常用命令如表 2-2 所示。

表 2-2                             osql 实用工具的常用命令

| 常 用 命 令 | 描 述 |
|---|---|
| GO | 执行最后一个 GO 命令之后输入的所有语句 |
| RESET | 清除已输入的所有语句 |
| QUIT 或 EXIT( ) | 退出 osql |
| CTRL+C 键 | 不退出 osql 而结束查询 |

在 osql 实用工具中执行下面的命令,它的功能是返回 SQL Server 的版本号。

```
SELECT @@VERSION
GO
```

运行结果如下：

```
-----------------------------------------------------------------------------
Microsoft SQL Server 2008 (RTM) - 10.0.1600.22 (Intel X86)
        Jul  9 2008 14:43:
        34
        Copyright (c) 1988-2008 Microsoft Corporation
        Enterprise Evaluatio
        n Edition on Windows NT 5.2 <X86> (Build 3790: Service Pack 2)
```

输入 QUIT 或 EXIT 命令可以退出 osql 实用工具。

### 4. 导入和导出数据工具

导入数据是从 SQL Server 的外部数据源（如 ASCII 文本文件）中检索数据，并将数据插入到 SQL Server 表的过程。导出数据是将 SQL Server 表中的数据转换为其他指定格式的数据的过程。例如，将 SQL Server 表的内容复制到 Microsoft Access 数据库中。

SQL Server 提供了多种工具用于各种数据源数据的导入和导出，这些数据源包括文本文件、ODBC 数据源（例如，Oracle 数据库）、OLE DB 数据源（例如，其他 SQL Server 实例数据库）、ASCII 文本文件、Excel 电子表格等。

在 Microsoft SQL Server 程序组中单击"导入和导出数据（32 位）"，即可以打开一个导入/导出向导，该向导提供了在多种数据源之间转换数据的最简捷的方法。导入/导出向导的使用方法将在第 10 章介绍。

# 2.4　SQL Server 的数据库体系结构

SQL Server 最基本、最核心的功能是对数据库的管理，因此，数据库的体系结构在 SQL Server 中具有非常重要的地位。SQL Server 的数据库体系结构可以分为逻辑体系结构和物理体系结构，由于其物理体系结构相对比较复杂，这里只介绍其逻辑体系结构。

SQL Server 采用的数据库模型是关系数据库模型。一个 SQL Server 服务器能够支持许多数据库。例如，可以有一个数据库存储职员数据，另一个数据库存储与产品相关的数据；一个数据库存储当前客户的订单数据，而另一个相关的数据库可以存储用于年度报告的历史客户订单。

在一个 SQL Server 数据库中，除了包括描述实体以及实体之间联系的基本表以外，还包含了与这些基本表相关的多种对象，目的是为执行与数据有关的活动提供支持。SQL Server 一般包含的对象有表、视图、存储过程、索引、约束、默认值、触发器、用户、角色等。

### 1. 表

在数据库中，所有的数据存放在表中，表由行（记录）和列（字段）组成，一个数据库可以包含多个表。本书在将第 6 章介绍对表的管理。

### 2. 视图

视图是由查询数据表产生的结果，是一种虚构的表。视图把表中的部分数据映射出来供用户使用，这样可以防止所有的用户直接对表进行操作而导致系统的性能和安全性的下降。本书将在第 6 章介绍对视图的管理。

### 3. 存储过程

一个存储过程实际上是由一组 SQL 语句组成的完成特定功能的程序。存储过程在服务器端被编译后可以反复执行。一般来说，存储过程的语句比较复杂，实现的功能也比较复杂。本书将在

第 8 章介绍存储过程。

### 4. 索引

索引是对表中的一个或多个列的值进行排序的结构。可以利用索引提高对数据库表中的特定信息的访问速度。本书将在第 7 章介绍对索引的管理。

### 5. 约束

约束是一种定义自动强制数据库完整性的方式。约束定义了关于列中允许值的规则，例如，强制定义某成绩列的值只能为 0 ~ 100。

### 6. 默认值

如果在插入行时没有指定该行中某列的值，那么使用默认值可以指定该列自动使用的值。例如，定义某"性别"列的默认值为"男"，则插入某学生信息时，如果没有指定其性别，会自动采用定义的默认值"男"。

### 7. 触发器

触发器由一组 SQL 语句组成，当对表或视图进行某种操作（添加、删除或修改）时，这组命令会在一定情况下自动执行。本书在将第 8 章介绍对触发器的管理。

### 8. 用户

用于定义允许访问当前数据库的用户及其权限。

### 9. 角色

角色定义了一组具有相同权限的用户。本书在将第 11 章介绍对用户和角色的管理。

# 2.5　SQL Server 2008 的系统数据库简介

SQL Server 2008 包含 4 个系统数据库，主要用于保存 SQL Server 的系统信息，它们是 master、model、msdb 和 tempdb 数据库。

### 1. master 数据库

master 数据库是 SQL Server 系统最重要的数据库，它记录了 SQL Server 系统的所有系统信息，包括所有的登录账户信息、系统配置信息、SQL Server 的初始化信息和其他系统及用户数据库的相关信息。

建议不要在 master 数据库中创建任何用户对象（如表、视图、存储过程或触发器等）。

### 2. model 数据库

model 数据库是所有用户数据库和 tempdb 数据库的模板数据库，它含有 master 数据库所有系统表的子集，这些系统表是每个用户定义数据库所需要的。

### 3. msdb 数据库

msdb 数据库是代理服务数据库，用于为调度警报、作业和记录操作员的信息提供存储空间。

### 4. tempdb 数据库

tempdb 数据库用于为所有的临时表、临时存储过程提供存储空间，它还用于任何其他的临时存储要求，如存储 SQL Server 生成的工作表。tempdb 数据库是全局资源，所有连接到系统的用户的临时表和存储过程都存储在该数据库中。tempdb 数据库在 SQL Server 每次启动时都重新创建，因此该数据库在系统启动时总是干净的，临时表和存储过程在连接断开时自动除去。

# 2.6 SQL Server 2008 的系统表简介

SQL Server 2008 及其组件所用的信息存储在称为系统表的特殊表中。任何用户都不应直接修改系统表。例如，不要尝试使用 DELETE、UPDATE、INSERT 语句或用户定义的触发器修改系统表。以下是几个最重要的系统表。

**1. sysobjects 表**

该表出现在每个数据库中，在数据库内创建的每个对象，在该表中含有一行相应的记录。

**2. sysindexes 表**

该表出现在每个数据库中，对于数据库中的每个索引和表在该表中各占一行。

**3. syscolumns 表**

该表出现在每个数据库中，对于基表或者视图的每个列和存储过程中的每个参数在该表中各占一行。

**4. sysusers 表**

该表出现在每个数据库中，对于数据库中的每个 Windows NT 用户、Windows NT 用户组、SQL Server 用户或者 SQL Server 角色在该表中各占一行。

**5. sysdatabases 表**

该表只出现在 master 数据库中，对于 SQL Server 系统上的每个系统数据库和用户自定义的数据库在该表含有一行记录。

**6. sysconstraints 表**

该表出现在每个数据库中，对于为数据库对象定义的每个完整性约束在该表中含有一行记录。

## 练 习 题

**一、单项选择题**

1. SQL Server 是一种（　　）数据库管理系统。
   A. 网状　　　　　B. 关系　　　　　C. 层次　　　　　D. 网络
2. SQL Server 数据库系统是基于（　　）结构的。
   A. 单用户　　　　B. 主从式　　　　C. 客户机/服务器　D. 浏览器
3. 在客户量较大的情况下，SQL Server 体系结构宜采用（　　）部署方案。
   A. 单用户　　　　B. 两层结构　　　C. 客户机/服务器　D. 三层结构
4. 在客户机/服务器结构中，数据库集中存储在（　　）上。
   A. 客户机　　　　B. 服务器　　　　C. 中间层　　　　D. 单独的机器
5. SQL Server 2008 不能够安装在（　　）操作系统上。
   A. Windows 2003　　　　　　　B. Windows 2008
   C. UNIX　　　　　　　　　　　D. Windows XP
6. SQL Server 和 SQL Server 代理程序都是作为 Windows 的（　　）启动和运行的。
   A. 账户　　　　　B. 程序　　　　　C. 数据库　　　　D. 服务

7. SQL Server 2008 包含 4 个系统数据库，其中，（    ）数据库是系统最重要的数据库。

    A．master         B．model        C．msdb         D．tempdb

8. SQL Server 及其组件所用的信息存储在（    ）中。

    A．系统数据库      B．系统表        C．用户数据库      D．存储过程

## 二、简答题

1. 简述客户机和服务器结构中客户机和服务器的主要任务。

2. 简述客户机/服务器结构的两层部署方案和三层部署方案。

3. 简述 SQL Server 2008 的 4 个系统数据库的主要作用。

4. 列举至少 5 种 SQL Server 的数据库对象并简单说明其作用。

## 三、上机练习题

1. 在一台计算机上安装 SQL Server 2008 数据库管理系统。

2. 启动 SQL Server Management Studio，选择连接使用 "Windows 身份验证"，完成以下操作。

（1）找出数据库文件夹下有哪些系统数据库？

（2）找到 master 数据库，查看该数据库包含的表，其中，用户表有哪些？

（3）查看 pubs 数据中的用户有哪些？

3. 新建一个查询窗口，完成以下操作。

（1）在查询编辑器窗口中输入以下 Transact-SQL 语句：

```
USE master
SELECT * FROM spt_values
```

以上语句的功能是：使用 master 数据库，从该数据库的表 spt_values 中查询所有信息并显示。如果不写 USE master 语句，也可以使用工具栏的数据库下拉列表 master 选择要使用的数据库。

（2）使用工具栏中的 ✓ 按钮检查录入的语句有没有语法错误，如果有错，找出错误并修改；如果没错，则在编辑窗格下面的结果窗格中会显示 "命令已成功完成。"。

（3）使用工具栏中的 执行(X) 按钮或键盘的 F5 功能键执行输入的查询语句，观察在结果窗格中所显示的内容（包括 "结构" 选项卡和 "消息" 选项卡）。比较以下两种情况下查询结果的显示格式。

  ● 选择工具栏中的 "以文本显示结果" 按钮，执行查询。

  ● 选择工具栏中的 "以表格显示结果" 按钮，执行查询。

（4）把光标定位在编辑窗格，使用 "文件" 菜单下的 "保存" 命令或工具栏中的 按钮保存编辑窗格中的语句，保存类型为 "查询文件"（默认扩展名为.sql），文件名为 Mysql1。

（5）选择工具栏中的 "将结果保存到文件" 按钮，执行查询。保存查询结果，保存位置自定（保存类型为 "报表文件"，默认扩展名为.rpt）。

（6）用 Microsoft Excel 打开第（4）步和第（5）步保存的两个文件，观察其内容有何不同。

（7）使用工具栏中的 新建查询(N) 按钮新建一个查询窗口，从工具栏的数据库下拉列表中选择 msdb 数据库，在编辑窗格中输入以下语句：

```
SELECT * FROM backupfile
```

检查输入语句的语法，在语法正确后执行该语句，观察执行结果。

（8）使用 "文件" 菜单下的 "退出" 命令退出 SQL Server Management Studio。

# 第3章
# 服务器与客户端配置

大多数的数据库应用程序都是在网络环境下的运行，多个用户能够同时访问和管理数据库资源。要在网络环境下运行 SQL Server，就需要对数据库服务器和客户端进行配置。配置客户端与服务器的连接关系并不复杂，大多数情况下只要保持默认的配置就能实现客户端与服务器的正常通信，因为服务器与客户端的默认网络配置是相同的。但在特殊情况下也可能出现无法正常通信的情况，这就需要管理员查看服务器和客户端的配置是否匹配。

## 3.1  配置服务器

服务器是 SQL Server 数据库管理系统的核心，它为客户端提供网络服务，使用户能够远程访问和管理 SQL Server 数据库。

### 3.1.1  创建服务器组

在一个客户端上可以同时管理多个 SQL Server 服务器。为了方便管理，可以创建服务器组，并将服务器放在不同的服务器组中，从而实现分类管理。

在 SQL Server Management Studio 的菜单中选择"视图"/"已注册的服务器"，打开"已注册的服务器"视图，如图 3-1 所示。

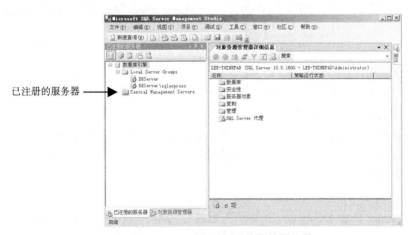

图 3-1  已注册的服务器

在"已注册的服务器"视图中，可以查看到服务器组和已注册的数据库服务器。

用鼠标右键单击"已注册的服务器"视图，在弹出的快捷菜单中选择"新建服务器组"，打开"新建服务器组属性"对话框，如图 3-2 所示。

在"组名"文本框中输入 SQL Server 组的名称，在"组说明"文本框中输入 SQL Server 组的描述信息，然后单击"确定"按钮，即可创建服务器组。

图 3-2 "新建服务器组属性"对话框

> 💡 **提示**　服务器组就像文件系统中的目录一样，可以达到分类管理的目的。新建的服务器组下面是空的，可以在服务器组中注册 SQL Server 服务器。

右击一个服务器组，在弹出的快捷菜单中选择"新建服务器组"，则可以在当前服务器组下面创建子组。

【**例 3-1**】参照上面的方法创建一个顶层服务器组，名称为"测试数据库组"。再在"测试数据库组"下创建一个名称为"OA 测试数据库服务器"的子组。结果如图 3-3 所示。

图 3-3 新建服务器组和子组

就像文件系统中的目录一样，使用服务器组可以达到分类管理的目的。在服务器组中注册 SQL Server 服务器的具体方法将在 3.1.2 小节中介绍。

## 3.1.2 注册服务器

必须注册本地或远程服务器后，才能使用 SQL Server Management Studio 来管理这些服务器。在注册服务器时必须指定：

- 服务器的名称；
- 登录到服务器时使用的身份验证模式；
- 如果选择了 SQL Server 身份验证模式，则需要指定登录名和密码；
- 注册服务器所在服务器组的名称。

第一次运行 SQL Server Management Studio 时，系统将自动注册本地 SQL Server 所有已安装的实例。用户可以在 SQL Server Management Studio 中添加、修改和删除 SQL Server 服务器的注册，从而实现对远程数据库的管理。

### 1. 注册服务器

打开 SQL Server Management Studio 的"已注册的服务器"视图，右键单击指定的 SQL Server 服务器组，在弹出的快捷菜单中，选择"新建服务器注册"，打开"新建服务器注册"对话框，如图 3-4 所示。

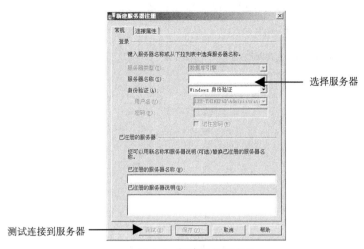

图 3-4　新建服务器注册

在"服务器名称"下拉列表中列出了系统在网络中检测到的 SQL Server 服务器，选中要添加的服务器。

当用户使用 SQL Server Management Studio 连接到指定的服务器时，需要进行身份验证。因此，在注册服务器时需要指定身份验证的模式。SQL Server 提供如下两种身份验证模式：

● 使用 Windows 身份验证；

● 使用 SQL Server 身份验证。

如果使用 SQL Server 身份验证，则必须提供登录名和密码。

配置完成后，单击"测试"按钮，测试到新建服务器的连接。如果配置成功，将会打开"连接测试成功"对话框，如图 3-5 所示。

图 3-5　测试连接成功

在"新建服务器注册"对话框中单击"保存"按钮，可以保存新建的服务器。

**2. 修改服务器的注册**

在"已注册的服务器"中，右键单击要修改的服务器实例，在弹出的快捷菜单中选择"属性"，打开"编辑服务器注册属性"对话框，界面与图 3-4 相似。用户可以修改身份验证模式、服务器名等属性。

**3. 删除服务器**

右键单击要删除的服务器，在弹出菜单中选择"删除"。在弹出的确认删除对话框中单击"是"按钮，即可完成删除操作。

### 3.1.3　启动、暂停和停止 SQL Server

在 SQL Server Management Studio 的"已注册的服务器"视图中，服务器右侧的图标可以表明服务器的当前状态。 表示已启动， 表示暂停， 表示停止。

右键单击要管理的服务器，在弹出的快捷菜单中可以看到"启动"、"暂停"、"停止"、"继续"、"重新启动"等菜单项，如图 3-6 所示。

图 3-6　启动、暂停、停止 SQL Server

对于已经启动的服务器，选择"停止"菜单项，可以打开确认终止服务的对话框，如图 3-7 所示。

图 3-7　确认终止服务

用户还可以通过命令方式启动、暂停和停止本地的 SQL Server 服务。如果在批处理文件或者自己开发的应用程序中改变 SQL Server 服务的状态，则可以在批处理命令或者应用程序中调用下面的命令。

### 1. net start 命令

net start 命令用于启动 Windows 的服务，在命令窗口中执行 net start，结果如下：

```
已经启动以下 Windows 服务:
    Application Experience Lookup Service
    Application Layer Gateway Service
    ......
    MSSQLSERVER
    Network Connections
    ......
    World Wide Web Publishing Service
命令成功完成。
```

窗口中将显示所有已经启动的 Windows 服务。这里使用……代替了其中一部分服务。

使用下面的命令可以启动 SQL Server 服务：

```
net start MSSQLSERVER
```

运行结果如下：

```
SQL Server (MSSQLSERVER) 服务正在启动
SQL Server (MSSQLSERVER) 服务已经启动成功。
```

可以通过 SQL Server 服务管理器的图标查看此时 SQL Server 服务的状态。

## 2. net pause 命令

net pause 命令用于暂停 Windows 服务，使用下面的命令可以暂停 SQL Server 服务：

```
net pause MSSQLSERVER
```

运行结果如下：

```
SQL Server (MSSQLSERVER) 服务已成功暂停。
```

## 3. net continue 命令

net continue 命令用于继续被暂停的 Windows 服务，使用下面的命令可以继续 SQL Server 服务：

```
net continue MSSQLSERVER
```

运行结果如下：

```
SQL Server (MSSQLSERVER) 服务已成功继续运行。
```

## 4. net stop 命令

net stop 命令用于停止 Windows 服务，使用下面的命令可以停止 SQL Server 服务：

```
net stop MSSQLSERVER
```

运行结果如下：

```
SQL Server (MSSQLSERVER) 服务正在停止
SQL Server (MSSQLSERVER) 服务已成功停止。
```

## 3.1.4　服务器的连接与断开

要在 SQL Server Management Studio 中管理已经启动的 SQL Server 服务器，就需要连接到此服务器。在 SQL Server Management Studio 的"对象资源管理器"窗口中，单击"连接"按钮→"数据库引擎"，或用鼠标右键单击指定的服务器，在弹出的快捷菜单中选择"连接"，可以打开"连接到服务器"对话框，如图 3-8 所示。单击"连接"按钮，将连接到选择的服务器。

图 3-8　连接到服务器

在 SQL Server Management Studio 的"对象资源管理器"窗口中，右键单击指定的服务器，在弹出的快捷菜单中选择"断开"，可以断开到指定服务器的连接。断开连接后，服务器仍保持启动状态，只是与客户端 Management Studio 的连接被断开。

## 3.1.5　配置服务器属性

SQL Server 服务器的主要属性包括服务器名称、身份验证方式、连接属性等。服务器名称是服务器的标识，在客户端可以通过服务器名称来定位数据库服务器；身份验证方式包括 Windows 身份验证和 SQL Server 身份验证两种，如果采用 Windows 身份验证方式，则在用户登录到 SQL Server 时，使用当前 Windows 操作系统用户对其进行身份验证，不需要提供 SQL Server 用户名和密码。

在 SQL Server Management Studio 的 "已注册的服务器" 视图中,右键单击指定的服务器,在弹出的快捷菜单中选择 "属性",打开 "编辑服务器注册属性" 对话框,如图 3-9 所示。

在 "常规" 选项卡中,可以看到选择服务器名称和身份验证方式。

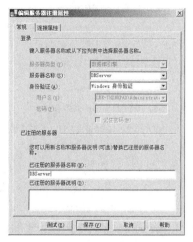

在 Windows 的控制面板中选择 "管理工具" / "服务",可以打开 "服务" 窗口,如图 3-10 所示。SQL Server 的服务名为 SQL Server（MSSQLSERVER）。在服务列表中右键单击 SQL Server（MSSQLSERVER）项,在弹出的快捷菜单中可以启动、停止、暂停和恢复 SQL Server 服务。双击 SQL Server（MSSQLSERVER）项,打开 "属性" 对话框,对 MSSQLSERVER 服务进行管理,如图 3-11 所示。

图 3-9　设置 SQL Server 服务器的属性

图 3-10　在 "服务" 窗口中管理 SQL Server 服务

图 3-11　MSSQLSERVER 属性对话框

用户可以通过对话框中的按钮来管理 SQL Server 服务的状态。在 "启动类型" 下拉列表中可以选择 SQL Server 服务的启动类型,包括自动、手动和禁用。

在 SQL Server 配置管理器中,也可以配置 SQL Server 服务器的属性。打开 SQL Server 配置管理器,可以查看到 SQL Server 的服务信息,如图 3-12 所示。

图 3-12　SQL Server 配置管理器

右键单击一个服务,在弹出的快捷菜单中可以选择 "启动"、"停止"、"暂停"、"恢复" 和 "重新启动" 当前服务,如图 3-13 所示。

图 3-13　在配置管理器中管理服务

双击一个服务，可以打开服务属性对话框，如图 3-14 所示。在"登录"选项卡中，可以设置服务的登录用户信息，也可以启动、停止、暂停和重新启动服务。单击"服务"选项卡，在"启动模式"属性中可以选择 SQL Server 服务的启动模式，包括自动、已禁用和手动，如图 3-15 所示。

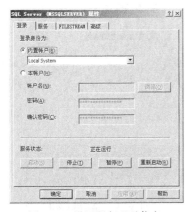

图 3-14　设置服务登录信息

图 3-15　设置服务启动模式

## 3.1.6　配置服务器端网络连接

要在客户端访问远程的 SQL Server 服务器，必须在客户计算机和服务器计算机上配置相同的网络协议。SQL Server 2008 支持的网络协议包括 Shared Memory、Named Pipes、TCP/IP、VIA 等。

打开 SQL Server 配置管理器，在左侧窗格中选择"SQL Server 网络配置"/"MSSQLSERVER 的协议"，可以查看到 SQL Server 2008 支持的网络协议及其使用情况，如图 3-16 所示。

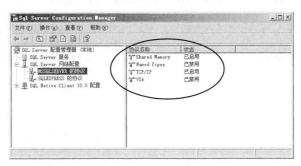

图 3-16　SQL Server 2008 支持的网络协议及其使用情况

### 1．Shared Memory（共享内存）

Shared Memory 是可供使用的最简单协议，没有可配置的设置。由于使用 Shared Memory 协议的客户端仅可以连接到同一台计算机上运行的 SQL Server 实例，因此它对于大多数数据库活动而言是没用的。在数据库服务器本地可以使用 Shared Memory 协议管理网络连接。

在配置管理器中右键单击"Shared Memory"，在弹出的快捷菜单中选择"属性"，打开属性"Shared Memory 属性"对话框，如图 3-17 所示。可以看到，Shared Memory 协议可以配置的信息很少，只有是否启用此协议的选项。

### 2. Named Pipes（命名管道）

Named Pipes 是为局域网开发的协议。内存的一部分被某个进程用来向另一个进程传递信息，因此一个进程的输出就是另一个进程的输入。第二个进程可以是本地的，也可以是远程的。在配置管理器中右键单击"Named Pipes"，在弹出的快捷菜单中选择"属性"，打开"Named Pipes 属性"对话框，如图 3-18 所示。在其中可以定义管道名称和是否启用此协议。

图 3-17　Shared Memory 属性　　　　　图 3-18　Named Pipes 属性

### 3. TCP/IP

TCP/IP 是互联网中应用最广泛的协议，它可以实现与网络中各种不同硬件结构和操作系统的设备进行通信。

在配置管理器中右键单击"TCP/IP"，在弹出的快捷菜单中选择"属性"，打开"TCP/IP 属性"对话框，如图 3-19 所示，可以设置 TCP/IP 的基本参数和是否启用此协议。单击"IP 地址"选项卡，可以查看服务器的 IP 地址和 TCP 端口等信息，如图 3-20 所示。SQL Server 服务器默认开放1433 端口，监听来自远端计算机的连接请求。如果此端口被其他应用程序占用，可以在此处修改。

图 3-19　TCP/IP 协议属性　　　　　图 3-20　查看和设置 IP 地址

### 4. VIA

虚拟接口适配器协议，需要和 VIA 硬件配合使用。

目前，大多数网络都是基于 TCP/IP 架构的，而 TCP/IP 在安装时被默认添加到 SQL Server 的启用协议中，在这种情况下不需要对网络协议做特殊设置。

## 3.1.7  服务器配置选项

服务器配置选项有很多种，可以用来管理和优化 SQL Server 资源，如使用 min memory per query 配置选项可以指定执行查询时分配的最小内存数量。本节介绍常用的服务器配置选项，如表 3-1 所示。

表 3-1　　　　　　　　　　　SQL Server 常用服务器配置选项

| 配 置 选 项 | 说　　明 |
| --- | --- |
| awe enabled | 在 SQL Server 中，利用地址窗口化扩展插件（AWE）API，可以使可访问的物理内存量超出对配置的虚拟内存设置的限制。可使用的具体内存量取决于硬件配置和操作系统的支持能力 |
| cursor threshold | 指定游标集中的行数，超过此行数，将异步生成游标键集 |
| default full-text language | 指定全文索引列的默认语言值。语言分析将对全文索引的所有数据执行，并且取决于数据的语言。该选项的默认值设置为服务器的语言 |
| default language | 为所有新创建的登录指定默认语言 |
| default trace enabled | 启用或禁用默认跟踪日志文件 |
| disallow results from triggers | 控制是否让触发器返回结果集 |
| index create memory | 控制最初为创建索引分配的最大内存量 |
| locks | 设置可用的锁的最大数量，从而限制数据库引擎为这些锁所消耗的内存 |
| max worker threads | 设置 SQL Server 进程可使用的工作线程数 |
| min memory per query | 指定分配给查询执行时所需要的最小内存量（KB） |
| query wait | 指定一个查询在超时前等待所需资源的时间 |
| remote access | 从运行 SQL Server 实例的本地或远程服务器上控制存储过程的执行 |
| remote login timeout | 指定远程登录失败返回前等待的秒数 |
| remote query timeout | 指定在 SQL Server 超时之前远程操作可以持续的时间 |
| min server memory | 指定可供 SQL Server 实例的缓冲池使用的最小内存量 |
| max server memory | 指定可供 SQL Server 实例的缓冲池使用的最大内存量 |
| show advanced options | 用来显示 sp_configure 系统存储过程高级选项 |
| xp_cmdshell | 是否允许运行系统存储过程 xp_cmdshell。使用存储过程 xp_cmdshell 可以通过 SQL Server 执行 Windows 命令，从而可以远程操作数据库服务器。因为这存在安全隐患，所以默认状态下为禁用状态 |

表 3-1 中只介绍了常用的服务器配置选项，如果需要了解更多服务器配置选项的信息，可以查阅 SQL Server 的帮助文档。

每个配置选项都有默认值，对初学者而言，使用默认值即可正常工作。有经验的数据库管理员可以根据数据库服务器的实际情况和具体的工作要求对其修改，从而使数据库在最佳状态下工作。

### 1. 查询服务器配置选项信息

系统视图 sys.configurations 中保存了数据库中的所有服务器配置选项信息，如配置项名称、配置值、最小值、最大值、当前值等。执行下面的 SELECT 语句，查看当前数据库（此处是 HrSystem）中服务器配置选项信息，结果如图 3-21 所示。

```
SELECT * FROM sys.configurations
```

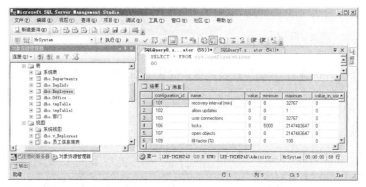

图 3-21　从系统视图 sys.configurations 中查看服务器配置选项信息

系统视图 sys.configurations 的主要内容及其描述信息如表 3-2 所示。

表 3-2　　　　　　　　　　　　系统视图 **sys.configurations** 的主要列及其描述信息

| 列　名 | 描　述 |
| --- | --- |
| configuration_id | 配置选项的唯一 ID |
| name | 配置选项的名称 |
| value | 配置选项的值 |
| minimum | 配置选项的最小值 |
| maximum | 配置选项的最大值 |
| value_in_use | 配置选项当前使用的运行值 |
| description | 配置选项的说明 |
| is_dynamic | 等于 1 时表示需要执行 RECONFIGURATION 语句才能生效的变量 |
| is_advanced | 等于 1 时表示需要设置 show advanced 选项才能显示的高级配置选项 |

使用系统存储过程 sp_configure 也可以查询服务器配置选项信息，执行结果如图 3-22 所示。

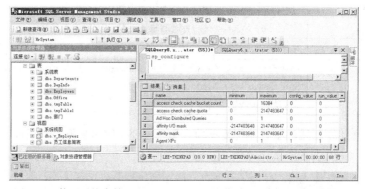

图 3-22　使用系统存储过程 sp_configure 查看所有服务器配置选项信息

执行系统存储过程 sp_configure 的结果集中包含的列及其描述信息如表 3-3 所示。

表 3-3                                                sp_configure 的结果集中的列及其描述信息

| 列　　名 | 描　　述 |
| --- | --- |
| name | 配置选项的名称 |
| minimum | 配置选项的最小值 |
| maximum | 配置选项的最大值 |
| config_value | 配置选项的值 |
| run_value | 配置选项当前使用的运行值 |

### 2. 修改服务器配置选项

使用系统存储过程 sp_configure 可以修改服务器配置选项，其基本语法如下：

```
sp_configure [ [ @configname = ] <配置选项名>
    [ , [ @configvalue = ] <配置选项值> ] ]
```

【例 3-2】可以使用下面的语句配置显示高级服务器配置选项。

```
USE master;
GO
EXEC sp_configure 'show advanced option', '1';
GO
RECONFIGURE WITH OVERRIDE;
```

使用 RECONFIGURE WITH OVERRIDE 命令可以更新使用 sp_configure 设置的配置选项，使其生效。

## 3.1.8  配置链接服务器

链接服务器配置允许 SQL Server 对其他服务器上的 OLE DB 数据源执行命令。链接服务器具有以下优点：

- 远程服务器访问；
- 对整个企业内的异类数据源执行分布式查询、更新、命令和事务的能力；
- 能够以相似的方式访问不同的数据源。

链接服务器配置的基本工作方式如图 3-23 所示。

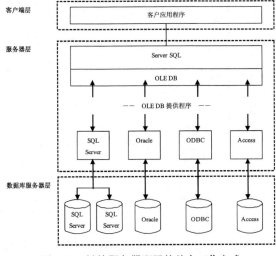

图 3-23　链接服务器配置的基本工作方式

链接服务器一般用来处理分布式查询。当客户端应用程序通过链接服务器执行分布式查询时，SQL Server 将分析该命令，并向 OLE DB 发送行集请求。行集请求的形式可以是对提供程序执行查询或从提供程序打开基表。

在定义链接服务器时需要指定 OLE DB 提供程序和 OLE DB 数据源。

- OLE DB 提供程序是管理特定数据源和与特定数据源进行交互的动态链接库（DLL）。
- OLE DB 数据源标识可通过 OLE DB 访问的特定数据库。

尽管通过链接服务器的定义所查询的数据源通常是数据库，但也存在适用于多种文件和文件格式的 OLE DB 提供程序，包括文本文件、电子表格数据和全文内容检索结果。最常用于 SQL Server 的 OLE DB 提供程序和数据源示例如表 3-4 所示。

表 3-4　　　　　　最常用于 SQL Server 的 OLE DB 提供程序和数据源示例

| OLE DB 提供程序 | OLE DB 数据源 |
| --- | --- |
| Microsoft OLE DB for SQL Server | master 数据库文件的完全合法路径，通常是 C:\Program Files\Microsoft SQL Server\MSSQL10.MSSQLSERVER\MSSQL\DATA\master.mdf |
| Microsoft Jet 4.0 OLE DB Provider | mdb 数据库文件的路径名 |
| Microsoft OLE DB Provider for ODBC Drivers | 指向某个具体数据库的 ODBC 数据源名称。关于配置 ODBC 数据源的方法请参见 3.2.2 小节 |
| Microsoft OLE DB Provider for ODBC Oracle | 指向 Oracle 数据库的 SQL*Net 别名 |

在 SQL Server Management Studio 中选择服务器，展开"服务器对象"文件夹，就可以看到"链接服务器"节点了。在默认情况下，没有配置链接服务器，如图 3-24 所示。右击"链接服务器"，并选择快捷菜单中的"新建链接服务器"菜单项，打开"新建链接服务器"窗口，如图 3-25 所示。

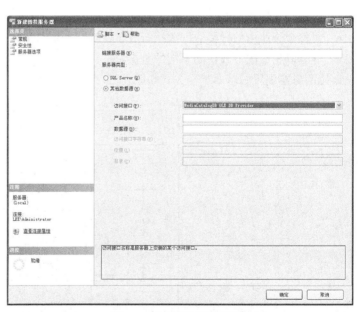

图 3-24　"链接服务器"节点　　　　　　　　　图 3-25　"新建链接服务器"窗口

用户需要输入链接服务器名称和服务器类型。如果将服务器类型设置为"SQL Server"，则表示将链接服务器标识为 SQL Server 实例，那么在"链接服务器"中指定的名称必须是服务器的网络名称。

如果选择"其他数据源"，则必须指定提供程序名称（访问接口）。

其他提供程序选项的说明如下。

- 产品名称：指定要作为链接服务器添加的 OLE DB 数据源的产品名称。
- 数据源：指定与链接服务器对应的 OLE DB 数据源属性。
- 提供程序字符串：指定与链接服务器对应的 OLE DB 提供程序字符串属性。
- 位置：指定与链接服务器对应的 OLE DB 的位置属性。
- 目录：指定与链接服务器对应的 OLE DB 目录属性。

提供程序选项的设置方法如表 3-5 所示。

表 3-5　　　　　　　　　　　　　　　提供程序选项的设置方法

| 远程 OLE DB 数据源 | OLE DB　提供程序（访问接口） | 产品名称 | 数据源 | 提供程序字符串 | 位置 | 目录 |
|---|---|---|---|---|---|---|
| SQL Server | Microsoft OLE DB for SQL Server | SQL Server | | | | |
| SQL Server | Microsoft OLE DB for SQL Server | SQL Server | SQL Server 服务器的网络名称（用于默认实例） | | | 数据库名称（可选） |
| SQL Server | Microsoft OLE DB for SQL Server | SQL Server | 服务器名\实例名（对于特定实例） | | | 数据库名称（可选） |
| Oracle | Microsoft OLE DB Provider for ODBC Oracle | 任何 | 用于 Oracle 数据库的 SQL*Net 别名 | | | |
| Access/Jet | Microsoft Jet 4.0 OLE DB Provider | 任何 | Jet 数据库文件的完整路径名 | | | |
| ODBC 数据源 | Microsoft OLE DB Provider for ODBC Drivers | 任何 | ODBC 数据源的系统 DSN | | | |
| ODBC 数据源 | Microsoft OLE DB Provider for ODBC Drivers | 任何 | — | ODBC 连接字符串 | | |
| Microsoft Excel 电子表格 | Microsoft Jet 4.0 OLE DB Provider | 任何 | Excel 文件的完整路径名 | | | |

为了更直观地了解创建链接服务器的设置方法，请看下面的实例。当然，在实际应用中的具体操作还要根据数据库的配置情况而定。

【例 3-3】创建一个名为 MyLinkServer 的链接服务器。

- 链接服务器名称：MyLinkServer。
- 服务器类型：SQL Server。

【例 3-4】在 SQL Server 的实例上创建一个名为 S1_instance1 的链接服务器。

- 链接服务器名称：S1_instance1。
- 服务器类型：其他数据源。
- 提供程序名称：Microsoft OLE DB Provider for SQL Server。
- 产品名称：SQL Server。

- 数据源：S1\instance1。
- 提供程序字符串：空。
- 位置：空。
- 目录：空。

【例 3-5】创建一个名为 MyLinkServer 的链接服务器。假设已经安装 Microsoft Access 且存在数据库文件 C:\部门信息.mdb，其中定义了一个表 Departments，用于保存部门数据。

- 链接服务器名称：MyLinkServer。
- 服务器类型：其他数据源。
- 提供程序名称：Microsoft Jet OLE DB 4.0。
- 产品名称：OLE DB Provider for Jet。
- 数据源：mdb 文件的绝对路径（C:\部门信息.mdb）。
- 提供程序字符串：空。
- 位置：空。
- 目录：空。

创建后可以在对象管理器中看到新建的链接服务器 MyLinkServer，展开 MyLinkServer，可以看到其中包含一个默认数据库 default，展开 default，可以看到表 Departments，如图 3-26 所示。

图 3-26　链接服务器中的表

在定义了链接服务器以后，就可以在 Transact-SQL 语句中使用形如 *linked_server_name.catalog.schema.object_name* 的 4 部分名称以在链接服务器中引用数据对象。各部分的描述如表 3-6 所示。

表 3-6　　　　　　　　　　链接服务器的各部分描述

| 部　分 | 描　述 |
| --- | --- |
| linked_server_name | 引用 OLE DB 数据源的链接服务器 |
| catalog | OLE DB 数据源中包含该对象的目录，可以为空 |
| schema | 目录中包含该对象的架构，可以为空 |
| object_name | 架构中的数据对象 |

可以使用下面的 SELECT 语句查询链接服务器 MyLinkServer 中的表 Departments。

```
SELECT * FROM [MYLINKSERVER]...[Departments]
```

其中，catalog 和 schema 两个参数为空。

【例 3-6】创建一个名为 MyLinkServer 的链接服务器，该服务器使用用于 ODBC 的 Microsoft OLE DB 提供程序。在此之前，必须在服务器上将指定的 ODBC 数据源名称定义为系统 DSN（假定为 MyServer）。

- 链接服务器名称：MyLinkServer。
- 服务器类型：其他数据源。
- 提供程序名称：Microsoft OLE DB Provider for ODBC Driver。
- 产品名称：ODBC。
- 数据源：MyServer。
- 提供程序字符串：空。

- 位置：空。
- 目录：空。

如果其他方法在使用中存在问题，就可以试用 ODBC 的方法，这对所有数据库都是通用的。

# 3.2　配置客户端

## 3.2.1　配置客户端网络

客户端要连接到远程的 SQL Server 服务器，同样需要安装并配置相同的网络协议。

打开 SQL Server 配置管理器，在左侧窗格中选择"SQL Native Client 10.0 配置"/"客户端协议"，可以查看当前客户端已经配置的网络协议，如图 3-27 所示。

图 3-27　查看和设置客户端网络配置

客户端为了能够连接到 SQL Server 实例，必须使用与某一监听服务器的协议相匹配的协议。例如，如果客户端试图使用 TCP/IP 连接到 SQL Server 的实例，而服务器上只安装了 Named Pipes 协议，则客户端将不能建立连接。在这种情况下，必须使用服务器上的 SQL Server 配置管理器激活服务器 TCP/IP。

在 TCP/IP 网络环境下，通常不需要对客户端进行网络配置。

SQL Server 2008 客户端配置完成后，可以在 SQL Server Management Studio 中测试配置是否有效。方法很简单，只要新建一个 SQL Server 服务器注册，在注册的过程中，选择远端的服务器作为数据库服务器。如果能够注册成功，则说明客户端和服务器之间的通信是畅通的，客户端配置成功。此时在 SQL Server Management Studio 中，可以查看和管理远端服务器。

## 3.2.2　配置 ODBC 数据源

客户端应用程序可以通过 ODBC 数据源访问 SQL Server 数据库，数据源是一个存储定义，它可以记录以下信息：

- 连接到数据源所使用的 ODBC 驱动程序；
- ODBC 驱动程序连接到数据源所使用的信息；
- 连接所使用的驱动程序特有的选项。例如，SQL Server ODBC 数据源可以记录要使用的 SQL-92 选项，或者驱动程序是否应记录性能统计。

客户端上的每个 ODBC 数据源都有唯一的数据源名称（DSN）。SQL Server ODBC 驱动程序的 ODBC 数据源包含用于连接到 SQL Server 实例的全部信息。

可以使用 ODBC 数据源管理器来配置 ODBC 数据源。在"控制面板"中，选择"管理工具"下的"数据源（ODBC）"，启动 ODBC 数据源管理器。单击"驱动程序"选项卡，可以看到系统安装的所有 ODBC 驱动程序，从中可以找到 SQL Server Native Client 10.0 的信息，并查看 SQL Server 2008 的版本信息，如图 3-28 所示。单击"系统 DSN"选项卡，可以查看当前系统中已经使用的系统数据源，如图 3-29 所示。

文件 DSN 指创建一个 DSN 的文件，将数据源信息存在文件里，通常应用于 Access 等文件数据库；系统 DSN 指建立一个系统级的数据源，对该系统的所有登录用户都可用；用户 DSN 只对创建它的用户可用。

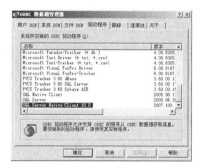

图 3-28　查看 SQL Server 2008 的版本信息

图 3-29　查看系统数据源

可以按照下面的步骤创建 ODBC 数据源。

（1）单击"添加"按钮，打开"创建新数据源"对话框，如图 3-30 所示。

（2）在驱动程序列表中，选择 SQL Server Native Client 10.0，然后单击"完成"按钮，打开"创建数据源向导"窗口。输入数据源名称、说明和 SQL Server 服务器，如图 3-31 所示。从"服务器"下拉列表中可以查看到网络中所有系统扫描到的 SQL Server 服务器。

图 3-30　创建 ODBC 数据源

图 3-31　配置 ODBC 数据源

（3）单击"下一步"按钮，打开设置身份验证窗口，根据数据库的具体设置选择身份验证方式，如图 3-32 所示。如果选择"使用用户输入登录 ID 和密码的 SQL Server 验证"，则需要手动地输入登录 ID（例如 sa）和密码。

（4）在"设置身份验证方式"对话框中单击"下一步"按钮，打开设置数据库选项对话框。在选择的 SQL Server 服务器上，存在多个数据库，默认的数据库是 master，用户可以选择指定的数据库，如图 3-33 所示。

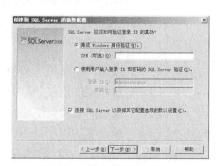

图 3-32　配置身份验证方式

（5）单击"下一步"按钮，进入数据源向导的下一个窗口。在这个窗口中，用户可以指定用于 SQL Server 消息的语言、字符设置转换和 SQL Server 驱动程序是否应当使用区域设置，还可以控制将运行时间较长的查询保存到日志文件中，以及将 ODBC 驱动程序的统计设置记录指定的日志文件中，如图 3-34 所示。

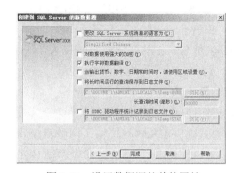

图 3-33　设置数据库选项　　　　　　　图 3-34　设置数据源的其他属性

（6）单击"完成"按钮，数据源向导会弹出一个总结报告，汇总此数据源的所有信息，包括 SQL Server ODBC 驱动程序版本、数据源名称、数据源描述、服务器名称、数据库、语言、是否转换字符数据、日志长运行查询、日志驱动程序统计、使用集成安全机制、使用区域设置、预定义的语句选项、使用备用服务器、使用 ANSI 引用的标识符、使用 ANSI 的空值，填充和警告以及数据加密等，如图 3-35 所示。

（7）单击"测试数据源"按钮，可以检查数据源配置是否成功。如果配置成功，可以看到如图 3-36 所示的对话框。

图 3-35　显示数据源信息　　　　　　　图 3-36　数据源测试成功

# 练 习 题

## 一、选择题

1. 在注册 SQL Server 服务器时，以下（　　　）不是必须指定。

　　A. 服务器的名称　　　　　　　　　　B. 身份验证模式

　　C. 登录名和密码　　　　　　　　　　D. 注册服务器所在服务器组的名称

2. 下列（　　　）方式不能启动和停止 SQL Server 服务。

　　A. SQL Server Management Studio　　　B. SQL Server 配置管理器

C. 服务器网络实用工具　　　　　　D. 命令方式

3. 在"编辑服务器注册属性"对话框中，不能配置 SQL Server 的（　　　）信息。

A. 服务器名称　　　B. 身份验证方式　C. 服务器状态　　　D. 登录用户

4. 在 Windows 服务中，SQL Server 的服务名称为（　　　）。

A. SQL Server (MSSQLSERVER)　　　　B. MsSQL

C. Microsoft SQL Server　　　　　　D. SQLSvr

5. SQL Server 的默认监听端口为（　　　）。

A. 135　　　　　　B. 23　　　　　　C. 1433　　　　　　D. 139

二、填空题

1. 当用户连接到指定的服务器时，需要进行身份验证。因此，在注册服务器时需要指定身份验证的模式。SQL Server 提供了两种身份验证模式，即_____和_____。

2. 可以使用 net_____命令启动 SQL Server 服务，使用 net_____命令暂停 SQL Server 服务，使用 net_____命令继续被暂停的 SQL Server 服务。

3. 打开_____，在左侧窗格中选择"SQL Server 网络配置"/"MSSQLSERVER 的协议"，可以查看到 SQL Server 2008 支持的网络协议及其使用情况。

4. 使用系统存储过程_____ 可以查询服务器配置选项信息。

5. 客户端上的每个 ODBC 数据源都有一个唯一的数据源名称，数据源名称的英文缩写为_____。

三、判断题

1. 可以在已有 SQL Server 服务器组下创建子组。

A. 是　　　　　　B. 否

2. 所有 SQL Server 服务器都需要手动注册。

A. 是　　　　　　B. 否

3. 客户端断开与 SQL Server 服务器的连接后，服务器的状态将变为停止。

A. 是　　　　　　B. 否

4. 在 TCP/IP 网络环境中，必须手动配置服务器的网络连接，才能从客户端连接到服务器。

A. 是　　　　　　B. 否

5. 在配置 ODBC 数据源时，可以选择服务器上默认的数据库。

A. 是　　　　　　B. 否

四、问答题

1. 试述使用命令启动、暂停、停止和恢复 SQL Server 服务的方法。

2. 试述 SQL Server 2008 支持的网络协议。

3. 试举两个 SQL Server 常用服务器配置选项的例子。

五、上机练习题

1. 在机器上删除 SQL Server 注册。

打开 SQL Server Management Studio，在"已注册的服务器"视图中展开 Local ServerGroups 服务器组，右击你的机器名称，从快捷菜单中选择"删除"，在弹出的确认删除对话框中单击"是"按钮。

2. 新建 SQL Server 组。

打开 SQL Server Management Studio，右键单击"已注册的服务器"视图，在弹出的快捷菜单中选择"新建服务器组"，打开"新建服务器组"窗口。新建一个组，组名称为"SQL Server 组 1"。

3．在"SQL Server 组"下注册本地的 SQL Server——使用 Windows 身份验证。

右击"SQL Server 组"，选择"新建服务器注册"，使用向导注册你的本地 SQL Server。在使用向导过程中注意选择以下选项。

可用的服务器：你自己的机器。

选择身份验证模式：登录自己的计算机时使用的 Windows 账户信息（Windows 身份验证）。

学生在机房局域网的环境下，可以两个人组成一组，进行以下 4 和 5 的操作。

4．为你的合作伙伴建立登录名和密码。

展开上题注册成功的服务器，再展开"安全性"文件夹，右击"登录名"选项，从快捷菜单中选择"新建登录名"，在打开的"新建登录名"对话框的"名称框"中输入一登录名（名称自定），并选择 SQL Server 身份验证，再输入密码，单击"确定"按钮后再确认一次密码。

（将本步骤建立的登录名和密码告诉你的合作伙伴，以便在下一步操作中使用）。

5．在"SQL Server 组 1"下注册对方的 SQL Server——使用 SQL Server 身份验证。

右击"SQL Server 组 1"，选择"新建 SQL Server 注册"，使用向导注册你的合作伙伴的 SQL Server。注意选择以下选项。

服务器名称：你的合作伙伴的机器。

选择身份验证模式：系统管理员分配的 SQL Server 登录信息（SQL Server 身份验证，在这里使用对方在第 4 步为你建立的登录名和密码）。

如果以上操作均成功完成，则在"SQL Server 组"下应有本地 SQL Server 服务器的名称，在"SQL Server 组 1"下应有对方 SQL Server 服务器的名称。

6．打开 SQL Server Management Studio，连接到本地 SQL Server，执行任意查询语句，如以下语句：

```
USE msdb
SELECT * FROM backupfile
```

观察执行查询的结果。

在"已注册的服务器"视图中暂停本地 SQL Server 的运行，再次执行以上语句，是否仍然可以执行以上查询语句，为什么？

使用"文件"菜单下的"连接对象资源管理器"命令新建立一个本地连接，能否成功，为什么？

停止本地 SQL Server 的运行，再次执行以上语句，结果如何？为什么？

重新启动本地 SQL Server。

7．打开 SQL Server Management Studio，选择使用 Windows 身份验证，然后在 SQL Server Management Studio 中，使用"文件"菜单下的"断开与对象资源管理器的连接"命令断开当前连接，再次使用"文件"菜单下的"连接对象资源管理器"命令重新连接 SQL Server，这次选择使用 SQL Server 身份验证模式，登录名和密码使用 sa 及其密码（在公共机房环境下，密码由机房人员或指导老师提供）。

思考：启动、停止、暂停、连接、断开 SQL Server 服务器的作用与区别。

# 第4章
# Transact-SQL 语言基础

SQL（Structured Query Language，结构化查询语言）是目前使用最为广泛的关系数据库查询语言，它简单易学，功能丰富，深受广大用户的欢迎。SQL 是 20 世纪 70 年代由 IBM 公司开发出来的；1976 年，SQL 开始在商品化关系数据库系统中应用；1986 年，美国国家标准化组织（American National Standard Institude，ANSI）确认 SQL 为关系数据库语言的美国标准，1987 年该标准被 ISO 采纳为国际标准，称为 SQL-86；1989 年，ANSI 发布了 SQL-89 标准，后来被 ISO 采纳为国际标准；1992 年，ANSI/ISO 发布了 SQL-92 标准，习惯称为 SQL 2；1999 年，ANSI/ISO 发布了 SQL-99 标准，习惯称为 SQL 3。ANSI/ISO 于 2003 年 12 月又共同推出了 SQL 2003 标准。尽管 ANSI 和 ISO 针对 SQL 制定了一些标准，但各家厂商仍然针对其各自的数据库产品进行不同程度的扩充或修改。

## 4.1　Transact-SQL 简介

Transact-SQL 语言是 Microsoft 公司开发的一种 SQL 语言，简称 T-SQL 语言。它不仅包含了 SQL-86 和 SQL-92 的大多数功能，而且还对 SQL 进行了一系列的扩展，增加了许多新特性，增强了可编程性和灵活性。该语言是一种非过程化语言，功能强大，简单易学，既可以单独执行，直接操作数据库，也可以嵌入到其他语言中执行。所有的 Transact-SQL 命令都可以在查询分析器中执行。

Transact-SQL 语言主要由以下部分组成：

- 数据定义语言（Data Definition Language，DDL）；
- 数据操纵语言（Data Manipulation Language，DML）；
- 数据控制语言（Data Control Language，DCL）；
- 系统存储过程（System Stored Procedure）；
- 一些附加的语言元素。

### 1. 数据定义语言

数据定义语言包含了用来定义和管理数据库以及数据库中各种对象的语句，如对数据库对象的创建、修改和删除语句，这些语句包括 CREATE、ALTER、DROP 等。

### 2. 数据操纵语言

数据操纵语言包含了用来查询、添加、修改和删除数据库中数据的语句，这些语句包括 SELECT、INSERT、UPDATE、DELETE 等。

### 3. 数据控制语言

数据控制语言包含了用来设置或更改数据库用户或角色权限的语句，这些语句包括 GRANT、DENY、REVOKE 等。

### 4. 系统存储过程

系统存储过程是 SQL Server 创建的存储过程，它的目的在于能够方便地从系统表中查询信息，或者完成与更新数据库表相关的管理任务或其他的系统管理任务。系统存储过程被创建并存放在 master 数据库中，可以在任意一个数据库中执行，名称以 sp_或 xp_开头。

### 5. 其他语言元素

为了编程需要，Transact-SQL 另外还增加了一些语言元素，如变量、注释、函数、流程控制语句等。这些附加的语言元素不是 SQL-92 的标准内容。

# 4.2　Transact-SQL 的语法规则

### 1. 语法中的符号约定

Transact-SQL 中的语法关系图使用表 4-1 所示的语法规则。

表 4-1　　　　　　　　　　　　　　　Transact-SQL 的语法规则

| 符　　号 | 含　　义 |
|---|---|
| 大写 | 关键字 |
| 斜体 | 语法中用户提供的参数，使用时需要替换成具体内容<br>为了便于读者理解，本书在需要用户提供参数的位置尽量使用中文表示 |
| \| | 分隔括号或大括号内的语法项目。只能选择一个项目 |
| [ ] | 可选的语法项目 |
| { } | 必选的语法项 |
| [ ,…n ] | 前面的项可重复 n 次，各项之间用逗号分隔 |
| [ …n ] | 前面的项可重复 n 次，各项之间用空格分隔 |
| <标签> | 语法块的名称。用于对过长语法或语法单元部分进行标记 |
| <标签> ::= | 对语法中<标签>指定位置进行进一步的定义 |

例如，SELECT 子句的语法如下：

```
SELECT [ ALL | DISTINCT ]
    [ TOP n [ PERCENT ] [ WITH TIES ] ]
        < 查询表 >
```

其中，< 查询表 >语法块进一步定义如下：

```
<查询表> ::=
{ *
| { 表名 | 视图名 | 表别名}.*
| { 列名 | 表达式 | IDENTITYCOL | ROWGUIDCOL } [ [AS] 列别名 ]
| 列别名 = 表达式
} [ ,…n ]
```

### 2. 数据库对象名的表示

除非另外指定，否则所有对数据库对象名的 Transact-SQL 引用由 4 部分组成，格式如下：

[ 服务器名.[数据库名].[所有者名].| 数据库名.[所有者名].| [所有者名.] ]对象名

当引用某个特定对象时，如果对象属于当前默认的服务器、数据库或所有者，则可以省略服务器名、数据库名或所有者名，但中间的句点不能省略。例如，以下对象名格式都有效：

服务器名.数据库名.所有者名.对象名

服务器名.数据库名..对象名

服务器名..所有者名.对象名

服务器名...对象名

数据库名.所有者名.对象名

数据库名..对象名

所有者名.对象名

对象名

例如，假设 customer 数据库中的一个表 employees 和一个视图 mktg_view 具有相同的名为 telephone 的列。在 employees 表中引用 telephone 列，可以使用

```
customer..employees.telephone
```

来表示，在 mktg_view 视图中引用 telephone 列，可以使用

```
customer..mktg_view.telephone
```

来表示。

# 4.3 标　识　符

标识符用于标识 SQL Server 中的服务器、数据库、数据库对象、变量等。标识符有两种类型：常规标识符和分隔标识符。

### 1. 常规标识符

常规标识符是指符合标识符的格式规则的标识符。标识符的格式规则如下。

- 长度不超过 128 个字符。
- 开头字母为 a～z 或 A～Z、#、_ 或 @ 以及来自其他语言的字母字符。
- 后续字符可以是 a～z、A～Z、来自其他语言的字母字符、数字、#、$、_、@。
- 不允许嵌入空格或其他特殊字符。
- 不允许与保留字同名。

注意，以符号@、#开头的标识符具有特殊的含义，如以一个#号开始的标识符表示临时表或过程，以##开始的标识符表示全局临时对象。

### 2. 分隔标识符

对于不符合格式规则的标识符，当用于 Transact-SQL 语句时，必须用双引号或方括号括起来，这种标识符称为分隔标识符。

【例 4-1】下面语句中的"My Table"表示一个表名称，因为名称中间有空格，因此在语句中需要用双引号或方括号括起来。

```
SELECT * FROM "My Table"
```

等价于

```
SELECT * FROM [My Table]
```

对于常规标识符，可以加上双引号或方括号，也可以不加。

【例 4-2】下面语句中的"authors"表示一个表名称，因为该名称符合标识符的格式规则，因此在语句中可以不用双引号或方括号括起来。

```
SELECT * FROM authors
```
该语句等价于
```
SELECT * FROM "authors"
```
也等价于
```
SELECT * FROM [authors]
```

# 4.4　数　据　类　型

使用 SQL Server 创建数据库中的表时,要对表中的每一列定义一种数据类型,数据类型决定了表中的某一列可以存放哪些数据。除了定义表需要指定数据类型外,使用视图、存储过程、变量、函数等都需要用到数据类型。SQL Server 提供了丰富的系统定义的数据类型,用户还可以在此基础上自己定义数据类型。本节介绍 SQL Server 系统定义的数据类型。

## 4.4.1　整型数据类型

整型数据类型用于存储精确的整数数据,包括 bigint、int、smallint 和 tinyint 类型,它们之间的区别在于存储的数值范围不同。

### 1. bigint 类型

该类型的数据存储大小为 8 个字节,取值范围为$-2^{63} \sim 2^{63}-1$。

### 2. int 类型

该类型的数据存储大小为 4 个字节,取值范围为$-2^{31} \sim 2^{31}-1$。

### 3. smallint 类型

该类型的数据存储大小为两个字节,取值范围为$-2^{15} \sim 2^{15}-1$。

### 4. tinyint 类型

该类型的数据存储大小为 1 个字节,取值范围为 0 ~ 255。

## 4.4.2　定点数据类型

decimal 和 numeric 类型用于表示定点实数,numeric 数据类型等价于 decimal 数据类型,具体使用格式为
```
decimal[(p[, s])]
numeric[(p[, s])]
```
其中,p 表示精度,用于指定小数点左边和右边十进制数字的最大位数,取值为 1 ~ 38,缺省值为 18;s 指定小数点右边十进数的最大位数,取值为 0 ~ p,缺省值为 0。

decimal 和 numeric 类型数据的存储字节数与精度 p 有关,具体如表 4-2 所示。

表 4-2　精度 p 与实际存储的字节数之间的关系

| 精度 p | 存储字节数 |
| --- | --- |
| 1 ~ 9 | 5 |
| 10 ~ 19 | 9 |
| 20 ~ 28 | 13 |
| 29 ~ 38 | 17 |

decimal 和 numeric 类型数据的表示范围为$-10^{38}+1 \sim 10^{38}-1$。

## 4.4.3　浮点数据类型

浮点数据类型采用科学计数法存储十进制小数,包括 real 和 float 数据类型。浮点数据为近似值,并非数据类型范围内的所有数据都能精确地表示。

### 1. float 类型

定义 float 类型数据时可以指定科学计数法尾数的位数，定义格式为

```
float[(n)]
```

$n$ 为用于存储科学记数法尾数的位数，$n$ 的取值范围为 $1 \sim 53$，$n$ 可以省略。$n$ 的值决定了 float 类型数据的精度和存储大小，具体如表 4-3 所示。

表 4-3　　　　　　　　float 类型尾数位数与精度和实际存储的字节数之间的关系

| 尾数位数 $n$ | 精　　度 | 实际存储字节数 |
| --- | --- | --- |
| $1 \sim 24$ | 7 位 | 4 |
| 省略，或 $25 \sim 53$ | 15 位 | 8 |

float 类型数据的表示范围为 $-1.79E+308 \sim 1.79E+308$。

### 2. real 类型

该类型的数据存储大小为 4 个字节，取值范围为 $-3.40E+38 \sim 3.40E+38$，精度为 7 位。在 SQL Server 中，real 的同义词为 float(24)。

## 4.4.4　字符数据类型

在 SQL Server 中，非 Unicode 字符数据类型允许使用由特定字符集定义的字符。字符集是在安装 SQL Server 时选择的，不能更改。使用 Unicode 字符数据类型可存储由 Unicode 标准定义的任何字符，包含由不同字符集定义的所有字符。Unicode 数据类型需要相当于非 Unicode 数据类型两倍的存储空间。

Unicode 字符数据使用 nchar、nvarchar 和 ntext 数据类型进行存储。对于存储来源于多种字符集的字符的列，可采用这些数据类型。

非 Unicode 字符数据使用 char、varchar 和 text 数据类型进行存储。

字符数据类型又可以分为固定长度和可变长度两种类型。

### 1. char 类型

定义格式为

```
char[(n)]
```

该格式定义了长度为 $n$ 个字节的固定长度非 Unicode 字符数据（每个字符占一个字节）。$n$ 必须是一个介于 $1 \sim 8\,000$ 的数值。存储大小为 $n$ 个字节（$n$ 个字符）。

### 2. varchar 类型

定义格式为

```
varchar[(n)]
```

该格式定义了长度最多为 $n$ 个字节的可变长度非 Unicode 字符数据（每个字符占一个字节）。$n$ 必须是一个介于 $1 \sim 8\,000$ 的数值。存储大小为输入字符的实际长度，而不是 $n$ 个字节。所输入的字符长度可以为零。

### 3. nchar 类型

定义格式为

```
nchar[n]
```

该格式定义了包含 $n$ 个字符的固定长度 Unicode 字符数据。$n$ 的值必须介于 $1 \sim 4\,000$。存储大小为 $2n$ 个字节。

#### 4. nvarchar 类型

定义格式为

```
nvarchar[n]
```

该格式定义了包含最多 $n$ 个字符的可变长度 Unicode 字符数据。$n$ 的值必须介于 1～4 000。存储大小是所输入的字符实际个数的两倍。所输入的字符长度可以为零。

在数据定义或变量定义语句中，$n$ 的缺省长度为 1。在 CAST 函数中，$n$ 的缺省长度为 30。有关变量定义语句和 CAST 函数将在本章 4.6 节和 4.8 节分别介绍。

#### 5. text 类型

用于存储大块的非 Unicode 字符，长度可变。字符的最大长度为 $2^{31}-1$，即 2 147 483 647 个字符。

#### 6. ntext 类型

用于存储大块的 Unicode 字符，长度可变。字符的最大长度为 $2^{30}-1$，即 1 073 741 823 个字符。存储大小是所输入字符个数的两倍。

## 4.4.5　日期和时间数据类型

日期和时间数据类型用于存储日期和时间的结合体,包括 datetime 和 smalldatetime 两种类型。

#### 1. datetime 类型

datetime 类型的存储大小为 8 个字节,表示的日期时间的范围从 1753 年 1 月 1 日零时到 9999 年 12 月 31 日 23 时 59 分 59 秒。精确度为百分之三秒。

例如，01/01/98 23:59:59 或 2000-5-29 12:30:48 都是有效的 datetime 类型的数据。

#### 2. smalldatetime

smalldatetime 类型的存储大小为 4 个字节,表示的日期时间的范围从 1900 年 1 月 1 日到 2079 年 6 月 6 日，时间精确到分钟。

例如，2000/05/08 12:35、2000-05-29 12:35 和 2000-05-29 都是有效的 smalldatetime 类型的数据。

## 4.4.6　图形数据类型

图形（image）数据类型用于存储可变长度二进制数据，其长度界于 0～$2^{31}-1$ 个字节之间。

**提示**　　image 数据类型不只用来保存图像，也可以用于保存文档等二进制数据。例如，Microsoft Word 文档、Microsoft Excel 电子表格

## 4.4.7　货币数据类型

在 SQL Server 中使用 money 和 smallmoney 数据类型存储货币数据。货币数据存储的精确度为 4 位小数。

#### 1. money 类型

可以存储在 money 数据类型中的值的范围是-922 337 203 685 477.580 8 到+922 337 203 685 477.580 7，需要 8 个字节的存储空间。

#### 2. smallmoney 类型

可以存储在 smallmoney 类型中的值的范围是-214 748.364 8～214 748.364 7,需要 4 个字节的存储空间。

### 4.4.8　位数据类型

位（bit）数据类型的取值只有 0 和 1，如果一个表中有不多于 8 个的 bit 列，这些列将作为一个字节存储。如果表中有 9 ~ 16 个 bit 列，这些列将作为两个字节存储。更多列的情况依此类推。

### 4.4.9　二进制数据类型

二进制数据类型又可以分为固定长度（binary）和可变长度（varbinary）类型。

#### 1．binary 类型

定义格式为

```
binary[(n)]
```

该格式定义了固定长度为 n 个字节的二进制数据，当输入的二进制数据长度小于 n 时，余下部分填充 0。n 必须在 1 ~ 8 000 之间。存储空间大小为 n+4 个字节。

#### 2．varbinary 类型

定义格式为

```
varbinary[(n)]
```

该格式定义了 n 个字节可变长度的二进制数据。n 必须在 1 ~ 8 000 之间。存储空间大小为实际输入数据长度加 4 个字节，而不是 n 个字节。输入的数据长度可能为 0 字节。

如果在数据定义或变量定义语句中使用时没有指定 n，则默认长度 n 为 1。如果在 CAST 函数中使用时没有指定 n，则默认长度 n 为 30。有关变量定义语句和 CAST 函数将在本章 4.6 节和 4.8 节分别介绍。

### 4.4.10　其他数据类型

#### 1．timestamp 类型

timestamp 类型也称时间戳数据类型，存储大小为 8 个字节。时间戳类型的数据用于提供数据库范围内的唯一值，反映数据库中数据修改的相对顺序，相当于一个单调上升的计数器。当表中的某列定义为 timestamp 类型时，在对表中某行进行修改或添加行时，相应 timestamp 类型列的值会自动被更新。

#### 2．uniqueidentifier 类型

用于存储一个 16 字节长的二进制数据，它是 SQL Server 根据计算机网络适配器和 CPU 时钟产生的全局唯一标识符（Globally Unique Identifier，GUID），该数字可以通过调用 SQL Server 的 NEWID 函数获得。GUID 是一个唯一的二进制数字，世界上的任何两台计算机都不会生成重复的 GUID 值。GUID 主要用于在拥有多个节点、多台计算机的网络中，分配必须具有唯一性的标识符。

#### 3．sql_variant 类型

用于存储除 text、ntext、image、timestamp 和 sql_variant 外的其他任何合法的数据。

#### 4．table 类型

用于存储对表或者视图处理后的结果集。这种数据类型使得用变量就可以存储一个表，从而使函数或过程返回查询结果更加方便、快捷。table 数据类型不适用于表中的列，而只能用于变量和用户定义函数的返回值。

#### 5．cursor 类型

cursor 类型是变量或存储过程的 OUTPUT 参数的一种数据类型，这些参数包含对游标的引用。

关于游标的概念将在第 9 章介绍。

# 4.5 常 量

常量也称为标量值，是表示一个特定数据值的符号。常量的格式取决于它所表示的值的数据类型。

**1. 字符串常量**

字符串常量用单引号括起来，可以包含字母（a~z、A~Z）、数字（0~9）以及一些其他的特殊字符，如感叹号（!）、at 符号（@）和数字号（#）。

如果要在字符串中包含单引号，则可以使用连续的两个单引号来表示。

例如，以下是一些合法的字符串常量：

```
'Chinese'
'Process X is 50% complete.'
'The level for job_id: %d should be between %d and %d.'
 ''(空字符串)
'I''am a student'
```

以上是普通字符串的表示方法，对于 Unicode 字符串的格式，需要在前面加一个 N 标识符，N 前缀必须是大写字母。例如，'Michél'是字符串常量，而 N'Michél'则是 Unicode 常量。Unicode 常量被解释为 Unicode 数据。Unicode 数据中的每个字符都使用两个字节进行存储，而普通字符数据中的每个字符则使用一个字节进行存储。

**2. 二进制常量**

二进制常量使用 0x 作为前辍，后面跟随十六进制数字字符串。例如，以下都是合法的二进制字符串常量：

```
0xAE    0x12Ef    0x69048AEFDD010E    0x（空二进制常量）
```

**3. bit 常量**

bit 常量使用数字 0 或 1 表示。如果使用一个大于 1 的数字，它将被转换为 1。

**4. datetime 常量**

datetime 常量使用单引号括起来的特定格式的字符日期值表示。例如，以下是一些合法的日期常量：

```
'April 15, 1998'    '15 April, 1998'    '980415'    '04/15/98'
```

以下是一些合法的时间常量：

```
'14:30:24'    '04:24 PM'
```

**5. 整型常量**

整型（integer）常量由正号、负号和不含小数点的一串数字组成，正号可以省略。例如，以下是一些合法的整型常量：

```
1894    2    +145345234    -2147483648
```

**6. decimal 常量**

decimal 常量由正号、负号和包含小数点的一串数字表示，正号可以省略。例如，以下是一些合法的 decimal 常量：

```
1894.1204    2.0    +145345234.2234    -2147483648.10
```

**7. float 和 real 常量**

float 和 real 常量使用科学记数法表示。例如，以下是一些合法的 float 或 real 常量：

```
101.5E5        0.5E-2      +123E-3         -12E5
```

**8. money 常量**

money 常量表示为以可选小数点和可选货币符号作为前缀的一串数字，可以带正号、负号。例如，以下是一些合法的 money 常量：

```
$12     $542023.14      -$45.56     +$423456.99
```

**9. uniqueidentifier 常量**

uniqueidentifier 常量是表示全局唯一标识符（GUID）值的字符串。可以使用字符或二进制字符串格式指定。例如，以下这两个示例指定相同的 GUID：

```
'6F9619FF-8B86-D011-B42D-00C04FC964FF'
0xff19966f868b11d0b42d00c04fc964ff
```

# 4.6 变 量

变量是可以保存特定类型的单个数据值的对象，SQL Server 的变量分为两种：用户自己定义的局部变量和系统提供的全局变量。

## 4.6.1 局部变量

局部变量的作用范围仅限制在程序的内部，常用来保存临时数据。例如，可以使用局部变量保存表达式的计算结果，作为计数器保存循环执行的次数，或者用来保存由存储过程返回的数据值。

**1. 局部变量的定义**

使用局部变量之前必须先用 DECLARE 语句进行定义（"定义"也称为"声明"），定义局部变量语法如下：

```
DECLARE { @局部变量名  数据类型}[ ,…n]
```

其中，参数"局部变量名"用于指定局部变量的名称，局部变量名称必须以@开头，局部变量名必须符合标识符的命名规则；"数据类型"可以是系统定义的数据类型或用户定义的数据类型，但不能是 text、ntext 或 image 数据类型。

局部变量的作用范围是在其中定义局部变量的批处理、存储过程或语句块，局部变量定义后初始值为 NULL。

批处理是客户端作为一个单元发出的一个或多个 SQL 语句的集合，从应用程序一次性地发送到 SQL Server 执行。SQL Server 将批处理语句编译成一个可执行单元，此单元称为执行计划。执行计划中的语句每次执行一条。编译错误（如语法错误）会使执行计划无法编译，从而导致批处理中的任何语句均无法执行。运行时错误（如算术溢出或违反约束）会产生以下两种影响之一：

- 大多数运行时错误将停止执行批处理中当前语句和它之后的语句；
- 少数运行时错误（如违反约束）仅停止执行当前语句，而继续执行批处理中其他所有语句。

假定在批处理中有 10 条语句，如果第五条语句有一个语法错误，则不执行批处理中的任何语句；如果编译了批处理，而第二条语句在执行时失败，则第一条语句的结果不受影响，因为它已经执行。

语句块：包含在 BEGIN 和 END 语句之间的多个 Transact-SQL 语句组合为一个语句块。

NULL：空值。在数据库内 NULl 是特殊值，代表未知值的概念。NULL 不同于空字符或 0。空字符实际上是有效字符，0 是有效数字。NULL 也不同于零长度字符串，NULL 只是表示该值未知这一概念。

【例 4-3】定义变量@MyCounter 为 int 类型，语句如下：

```
DECLARE @MyCounter int
```

【例 4-4】定义变量@LastName 为 nvarchar(30)类型，定义变量@FirstName 为 nvarchar(20)类型，定义变量@State 为 nchar(2)类型。语句如下：

```
DECLARE @LastName nvarchar(30),@FirstName nvarchar(20),@State nchar(2)
```

【例 4-5】执行下列语句将产生语法错误，因为在一个批处理中所引用的变量是在另一个批处理中定义的。

```
DECLARE MyVariable int
SET @MyVariable = 1
GO    --通知 SQL Server 到这里为一批 Transact-SQL 语句的结束
SELECT * FROM Employees
WHERE EmployeeID = @MyVariable   --在这里引用了另一个批处理中的变量@MyVariable
```

**2. 局部变量的赋值**

如果想要设置局部变量的值，必须使用 SET 语句或 SELECT 语句。

（1）用 SET 语句给局部变量赋值的语法格式如下：

```
SET  @局部变量名 = 表达式
```

【例 4-6】定义局部变量@myvar 为 char(20)类型，并为其赋值，最后显示@myvar 的值。语句如下：

```
DECLARE @myvar char(20)
SET @myvar = 'This is a test'              --用 SET 语句为局部变量@myvar 赋值
PRINT @myvar                              --这里用 PRINT 语句显示@myvar 的值
```

（2）用 SELECT 语句给局部变量赋值的语法格式如下：

```
SELECT {@局部变量名 = 表达式}[,…n]
```

【例 4-7】定义局部变量@myvar1 和@myvar2 为 char(20)类型，并为它们赋值，最后显示@myvar1 和@myvar2 的值。语句如下：

```
DECLARE @myvar1 char(20),@myvar2 char(20)
SELECT  @myvar1 = 'Hello!', @myvar2 = 'How are you!'  --这里用 SELECT 语句给局部变量赋值
SELECT @myvar1, @myvar2    --这里用 SELECT 语句显示@myvar1 和@myvar2 的值
```

## 4.6.2  全局变量

全局变量是 SQL Server 系统内部使用的变量，全局变量具有以下特点。

- 全局变量不是由用户的程序定义的，它们是 SQL Server 系统在服务器级定义的。
- 全局变量通常用来存储一些配置设定值和统计数据。用户可以在程序中用全局变量来测试系统的设定值或者是 Transact-SQL 命令执行后的状态值。
- 用户只能使用预先定义的全局变量，不能自己定义全局变量。
- 引用全局变量时，必须以标记符"@@"开头。

- 局部变量的名称不能与全局变量的名称相同，否则会出现不可预测的结果。
- 任何程序均可以随时引用全局变量。

用户可以在程序中使用全局变量测试系统特性和 Transact-SQL 命令的执行情况。例如，@@VERSION 用于返回 SQL Server 当前安装的日期、版本和处理器类型；@@CONNECTIONS 用于返回自上次启动 SQL Server 以来连接或试图连接的次数；@@LANGUAGE 用于返回当前使用的语言名，等等。

# 4.7　运算符与表达式

运算符是一种符号，用于将运算对象（或操作数）连接起来，构成某种表达式，指定要对运算对象执行的操作。操作数可以是常量、变量、函数等。SQL Server 运算符有以下几类：算术运算符；字符串串联运算符；赋值运算符；比较运算符；逻辑运算符；位运算符；一元运算符。

## 4.7.1　算术运算符

算术运算符用于在两个表达式上执行算术运算。算术运算符包括：

+（加）、–（减）、*（乘）、/（除）、%（取模）

其中，加、减、乘、除与数学上的相应算术运算含义相同，取模运算符%用于返回一个整数除以另一个整数的余数。例如，12 % 5 = 2，这是因为 12 除以 5 的余数为 2。

由算术运算符组成的表达式称为算术表达式。

## 4.7.2　字符串串联运算符

字符串串联运算符为+（加号），用于将两个字符串串联起来，构成字符串表达式。例如，'abc' + 'def' 结果为 'abcdef'。

## 4.7.3　赋值运算符

Transact-SQL 只有一个赋值运算符，即等号(=)。

【例 4-8】下面的示例定义了@MyCounter 变量，然后用赋值运算符将@MyCounter 设置成 1。

```
DECLARE @MyCounter int
SET @MyCounter = 1          --在这里用赋值运算符将@MyCounter 设置成 1
```

## 4.7.4　比较运算符

比较运算符用于比较两个表达式的大小。比较的结果为布尔值，即 TRUE、FALSE 及 UNKNOWN，TRUE 表示表达式的结果为真（条件成立），FALSE 表示表达式的结果为假（条件不成立）。当操作数中含有 NULL 时，比较结果可能是 UNKNOWN。当 SET ANSI_NULLS 为 ON 时，带有一个或两个 NULL 表达式的运算符返回 UNKNOWN。当 SET ANSI_NULLS 为 OFF 时，上述规则同样适用，只不过如果两个表达式都为 NULL，那么等号运算符返回 TRUE。例如，如果 SET ANSI_NULLS 是 OFF，那么 NULL = NULL 就返回 TRUE。

除了 text、ntext 或 image 数据类型的表达式外，比较运算符可以用于所有的表达式。表 4-4 列出了 SQL Server 的比较运算符及其含义。

表 4-4 比较运算符及其含义

| 运　算　符 | 含　义 | 示　例 | 结果（布尔值） |
|---|---|---|---|
| = | 等于 | 3 = 4 | FALSE |
| > | 大于 | 4 > 3 | TRUE |
| < | 小于 | 4 < 3 | FALSE |
| >= | 大于或等于 | 4 >= 3 | TRUE |
| <= | 小于或等于 | 4 <= 3 | FALSE |
| <> | 不等于 | 4 <> 3 | TRUE |
| != | 不等于（非 SQL-92 标准） | 4 != 3 | TRUE |
| !< | 不小于（非 SQL-92 标准） | 4 !< 3 | TRUE |
| !> | 不大于（非 SQL-92 标准） | 4 !> 3 | FALSE |

返回布尔值的表达式被称为布尔表达式，因此由比较运算符组成的表达式也称为布尔表达式。在对数据库中的数据进行查询时，常使用布尔表达式来表示查询条件，SQL Server 根据布尔表达式的值为 TRUE 还是为 FALSE 来决定哪些数据满足查询条件。

## 4.7.5　逻辑运算符

逻辑运算符用于对多个具有布尔值的表达式进行组合运算，返回带有 TRUE 或 FALSE 的布尔值。表 4-5 列出了 SQL Server 的 3 个常用的逻辑运算符。

表 4-5 逻辑运算符

| 运　算　符 | 含　义 | 示　例 | 结果（布尔值） |
|---|---|---|---|
| NOT | 对任何其他布尔表达式的值取反 | NOT (3 > 8) | TRUE |
| AND | 只有两个布尔表达式的值都为 TRUE 时，结果才能为 TRUE，否则结果为 FALSE | (3 >8) AND (5 < 6) | FALSE |
| OR | 如果两个布尔表达式中的一个为 TRUE，那么结果就为 TRUE。只有两个布尔表达式都为 FALSE，结果才能为 FALSE | (3 > 8) Or (5 < 6) | TRUE |

表 4-6 列出了表 4-5 中 3 种逻辑运算符对不同的布尔值的运算结果（真值表）。

表 4-6 逻辑运算符的真值表

| A | B | NOT A | A AND B | A OR B |
|---|---|---|---|---|
| TRUE | TRUE | FALSE | TRUE | TRUE |
| TRUE | FALSE | FALSE | FALSE | TRUE |
| FALSE | TRUE | TRUE | FALSE | TRUE |
| FALSE | FALSE | TRUE | FALSE | FALSE |

可以看出，逻辑运算符对多个布尔值进行运算，产生的结果仍然是布尔值，因此用逻辑运算符组合成的表达式也是布尔表达式。

在对数据库中的数据进行查询时，常用逻辑运算符来构造复杂的查询条件。

【例 4-9】表示条件"x 在区间[a，b]内"，在数学上写成 $a \leq x \leq b$，但在 SQL Server 中应写成布尔表达式：

a <= x AND x <= b

【例 4-10】表示条件 "a 和 b 之一为 0，但不能同时为零" 的布尔表达式可以写成：

( a = 0 AND b <> 0) OR (a <> 0 AND b = 0 )

### 4.7.6 位运算符

位运算符在两个表达式之间执行位操作，这两个表达式可以为整型数据类型分类中的任何数据类型。位运算符及其含义如表 4-7 所示。

关于按位进行与运算、或运算和异或运算的计算规则如表 4-8 所示。

表 4-7 位运算符及其含义

| 运 算 符 | 含 义 |
|---|---|
| & | 按位与（两个操作数） |
| \| | 按位或（两个操作数） |
| ^ | 按位逻辑异或（两个操作数） |

表 4-8 按位进行与运算、或运算和异或运算的计算规则

| 位 1 | 位 2 | & 运算 | \| 运算 | ^ 运算 |
|---|---|---|---|---|
| 0 | 0 | 0 | 0 | 0 |
| 0 | 1 | 0 | 1 | 1 |
| 1 | 0 | 0 | 1 | 1 |
| 1 | 1 | 1 | 1 | 0 |

位运算符也可以对整型数据类型与二进制数据类型进行混合运算，但两个操作数不能同时是二进制字数据类型。表 4-9 列出了位运算符所支持的操作数的数据类型。

表 4-9 位运算符所支持的操作数的数据类型

| 左边操作数 | 右边操作数 |
|---|---|
| binary | int、smallint 或 tinyint |
| bit | int、smallint、tinyint 或 bit |
| int | int、smallint、tinyint、binary 或 varbinary |
| smallint | int、smallint、tinyint、binary 或 varbinary |
| tinyint | int、smallint、tinyint、binary 或 varbinary |
| varbinary | int、smallint 或 tinyint |

【例 4-11】判断以下各打印语句的打印结果。

（1）PRINT 2 & 3

按二进制位进行与运算为 0x10 & 0x11，结果为 0x10，即打印 2。

（2）PRINT 13 & 24

按二进制位进行与运算为 0x01101 & 0x11000，结果为 0x1000，即打印 8。

（3）PRINT 13 | 24

按二进制位进行或运算为 0x01101 | 0x11000，结果为 0x11101，即打印 29。

（4）PRINT 13 ^ 24

按二进制位进行异或运算为 0x01101 ^ 0x11000，结果为 0x10101，即打印 21。

### 4.7.7 一元运算符

一元运算符只对一个表达式执行操作，这个表达式可以是数字数据类型。一元运算符及其含

义如表 4-10 所示。

表 4-10 中的 +（正）和 −（负）运算符可以用于数字数据类型分类的任何数据类型的表达式。~ 运算符只可以用于整型数据类型分类的任何数据类型的表达式。

表 4-10　一元运算符及其含义

| 运　算　符 | 含　　义 |
| --- | --- |
| + | 数值为正 |
| − | 数值为负 |
| ~ | 按位逻辑非 |

### 4.7.8　运算符的优先次序

当一个复杂的表达式中有多个运算符时，运算符的优先次序决定了执行运算的先后次序。运算符的优先次序从高到低如表 4-11 所示。表中同一行的运算符具有相同的优先级，优先级相同的运算符按从左到右的顺序进行运算。

表 4-11　　　　　　　　　　　　　运算符的优先级

| 优　先　级 | 运　算　符 |
| --- | --- |
| 高↓低 | +（正）、−（负）、~（按位逻辑非） |
| | *（乘）、/（除）、%（模） |
| | +（加）、(+ 串联)、−（减） |
| | =，＞，＜，＞=，＜=，＜＞，!=，!＞，!＜（比较运算符） |
| | ^（位异或）、&（位与）、|（位或） |
| | NOT |
| | AND |
| | ALL、ANY、BETWEEN、IN、LIKE、OR、SOME |
| | =（赋值） |

表中的 ALL、ANY、BETWEEN、IN、LIKE、OR、SOME 也是逻辑运算符，将在第 6 章介绍。

【例 4-12】设已经定义了局部变量 @a、@b、@c、@d，且 @a=3，@b=5，@c=−1，@d=7，则以下表达式按标注①～⑩的顺序进行运算。

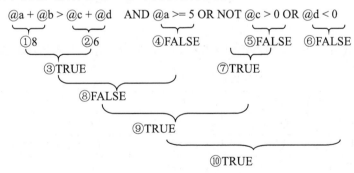

# 4.8　函　　数

函数是一个 Transact-SQL 语句的集合，每个函数用于完成某种特定的功能，可以在其他的 Transact-SQL 语句中直接使用（调用）。SQL Server 支持以下两种类型的函数。

（1）内置函数：SQL Server 内部已经定义好的函数，用户只能按照内置函数定义好的方式进行使用，而不能对内置函数进行修改。

（2）用户定义函数：用户使用 CREATE FUNCTION 语句自己创建的函数。

本节将简要介绍 SQL Server 的内置函数。

调用函数的格式如下：

函数名 (参数表)

根据各内置函数的定义不同，参数表中的参数可以有零个到多个，当有多个参数时，各参数之间要用逗号隔开。注意，使用函数时总是带有圆括号，即使没有参数也是如此。函数可出现在查询语句中，也可用于表达式中。

SQL Server 提供了大量的内置函数，可以分为以下三大类。

（1）行集函数

行集函数 OPENQUERY 返回的结果是对象，该对象可在 Transact-SQL 语句中用作表来引用，其语法如下：

OPENQUERY (链接服务器名称 ,'查询语句')

【例 4-13】下面的语句使用行集函数 OPENQUERY 执行一个分布式查询，以便从链接服务器 OracleSvr 中提取表 student 中的记录。

```
SELECT * FROM OPENQUERY(OracleSvr, 'SELECT name, id FROM student')
```

（2）聚合函数

聚合函数用于对一组值进行计算并返回一个单一的值。聚合函数经常与查询语句 SELECT 一起使用。

例如，设当前数据库拥有一个员工表 employee，其中，有一个工资列 salary，要统计所有员工的工资总和，可以使用以下的 SELECT 语句：

```
SELECT SUM(salary) FROM employee
```

（3）标量函数

标量函数用于对传递给它的一个或者多个参数值进行处理和计算，并返回一个单一的值。

以下介绍 SQL Server 常用的内置函数。

## 4.8.1 数学函数

数学函数用于对数字表达式进行数学运算并返回运算结果。表 4-12 列出了常用的数学函数。

表 4-12　　　　　　　　　常用的数学函数

| 函　数 | 功　能 | 示　例 | 返　回　值 |
|---|---|---|---|
| ABS（数字表达式） | 返回数字表达式的绝对值 | ABS(−1.0) | 1.0 |
| SQRT（float 表达式） | 返回 float 表达式的平方根 | SQRT(2) | 1.4142135623730951 |
| SQUARE（float 表达式） | 返回 float 表达式的平方 | SQUARE(2) | 4.0 |
| POWER（数字表达式，y） | 返回数字表达式的 y 次方 | POWER(2,6) | 64 |
| SIN（float 表达式） | 返回表达式给定角度（以弧度为单位）的正弦值 | SIN(30*3.1416/180) | 0.50000106036260283 |
| COS（float 表达式） | 返回表达式给定角度（以弧度为单位）的余弦值 | COS(30*3.1416/180) | 0.86602479158293899 |
| TAN（float 表达式） | 返回表达式给定角度（以弧度为单位）的正切值 | tan(45*3.1416/180) | 1.0000036732118496 |

续表

| 函　　数 | 功　　能 | 示　　例 | 返　回　值 |
|---|---|---|---|
| LOG（float 表达式） | 返回给定 float 表达式的自然对数 | LOG(2.7182) | 0.99996989653910984 |
| LOG10（float 表达式） | 返回给定 float 表达式的以 10 为底的对数 | LOG10(10) | 1.0 |
| EXP（float 表达式） | 返回所给的 float 表达式的指数值 | EXP(1) | 2.7182818284590451 |
| ROUND（数字表达式，长度） | 返回数字表达式并四舍五入为指定的长度或精度 | ROUND(123.9994,3)<br>ROUND(748.58, −2) | 123.9990<br>700.00 |
| CEILING（数字表达式） | 返回大于或等于所给数字表达式的最小整数 | CEILING(123.45)<br>CEILING(−123.45), | 124.00<br>−123.00 |
| FLOOR（数字表达式） | 返回小于或等于所给数字表达式的最大整数 | FLOOR(123.45)<br>FLOOR(−123.45) | 123<br>−124 |
| PI( ) | 返回 π 的常量值 | PI( ) | 3.1415926535897931 |
| RADIANS（数字表达式） | 将数字表达式指定的角度值转换为弧度值 | RADIANS(180.0) | 3.141592653589793100 |
| DEGREES（数字表达式） | 将数字表达式指定的弧度值转换为角度值 | DEGREES(3.1416) | 180.000420918299430000 |
| SIGN（数字表达式） | 根据给定数字表达式是正、零或负返回 1、0 或 −1 | SIGN(23)<br>SIGN(0)<br>SIGN(−9) | 1<br>0<br>−1 |
| RAND（[种子值]） | 返回 0～1 之间的随机 float 值。参数种子值可以省略 | RAND(7) | 0.71370379104047277 |

要测试以上各函数，可以在查询窗口中执行 SELECT 语句或 PRINT 语句，观察其执行结果。例如：

```
SELECT SQRT(7),SQUARE(7)
```

或

```
PRINT SQRT(7)
PRINT SQUARE(7)
```

## 4.8.2　字符串函数

多数字符串函数用于对字符串参数值执行操作，返回结果为字符串或数字值。表 4-13 列出了常用的字符串函数。

表 4-13　　　　　　　　　　　常用的字符串函数

| 函　　数 | 功　　能 | 示　　例 | 返　回　值 |
|---|---|---|---|
| UPPER（字符表达式） | 将指定的字符串转换为大写字符 | UPPER('Abcd') | 'ABCD' |
| LOWER（字符表达式） | 将指定的字符串转换为小写字符 | LOWER('HELLO') | 'hello' |
| LTRIM（字符表达式） | 删除指定的字符串起始的所有空格 | LTRIM('     how are you') | 'how are you' |
| RTRIM（字符表达式） | 删除指定的字符串末尾的所有空格 | RTRIM('how are you     ') | 'how are you' |

续表

| 函　　数 | 功　　能 | 示　　例 | 返　回　值 |
|---|---|---|---|
| SPACE（整数表达式） | 返回由重复的空格组成的字符串。空格数由整数表达式指定 | 'Hello'+SPACE(3)+'Zhang' | 'Hello　Zhang' |
| REPLICATE（字符表达式，整数表达式） | 以整数表达式指定的次数重复字符表达式 | REPLICATE('ab',3) | 'ababab' |
| STUFF（字符表达式 1，起始位置，长度，字符表达式 2） | 删除字符表达式 1 中从起始位置开始的由长度指定个数的字符，然后在删除的起始位置插入字符表达式 2 的值 | STUFF('abcdef',2,3,'ijklmn') | 'aijklmnef' |
| REVERSE（字符表达式） | 返回字符表达式的反转 | REVERSE('abc') | 'cba' |
| ASCII（字符表达式） | 返回字符表达式最左端字符的 ASCII 代码值 | ASCII('A')<br>ASCII('Abc') | 65<br>65 |
| CHAR（整数表达式） | 将整数表达式的值作为 ASCII 代码转换为对应的字符 | CHAR(65) | 'A' |
| STR（float 表达式[,总长度[,小数位数]]） | 由数字数据转换为字符数据。总长度默认值为 10。小数位数默认值为 0 | STR(3.1415926,8,4)<br>STR(3.1415926,5) | '　3.1416'<br>'　　　3' |
| LEN（字符表达式） | 返回给定字符表达式的字符（而不是字节）个数，不包含尾随空格 | LEN('abc')<br>LEN('abc　　　') | 3<br>3 |
| RIGHT（字符表达式，长度） | 返回字符串中右边指定长度的字符 | RIGHT('hello',3) | 'llo' |
| LEFT（字符表达式，长度） | 返回字符串中左边指定长度的字符 | LEFT('hello',3) | 'hel' |
| SUBSTRING（表达式，起始位置，长度） | 返回表达式从指定起始位置开始，指定长度的部分，表达式可以是字符串、binary、text 或 image 类型的数据 | SUBSTRING('hello',3,2)<br>SUBSTRING('hello',3,5) | 'll'<br>'llo' |
| CHARINDEX（字符表达式 1,字符表达式 2[,起始位置]） | 查找并返回字符表达式 1 在字符表达式 2 中出现的起始位置，如果指定参数"起始位置"，则从该起始位置开始向后搜索 | CHARINDEX('cd','abcdabcd')<br>CHARINDEX('cd','abcdabcd',4)<br>CHARINDEX('dc','abcdabcd') | 3<br>7<br>0 |
| REPLACE（字符表达式 1，字符表达式 2，字符表达式 3） | 用字符表达式 3 替换字符表达式 1 中出现的所有字符表达式 2 | REPLACE('abcdefghicde','cde','xxx') | 'abxxxfghixxx' |

## 4.8.3　日期和时间函数

日期和时间函数用于对日期和时间数据进行各种不同的处理或运算，并返回一个字符串、数字值或日期和时间值。表 4-14 列出了 SQL Server 的日期和时间函数。

表 4-14　　　　　　　　　　　　　日期和时间函数

| 函　　数 | 功　　能 | 示　　例 | 返　回　值 |
|---|---|---|---|
| GETDATE( ) | 返回当前系统日期和时间 | GETDATE( ) | 2012-03-24<br>21:46:38.320 |

续表

| 函　　数 | 功　　能 | 示　　例 | 返　回　值 |
|---|---|---|---|
| DATEADD（日期部分,数字,日期） | 对指定日期的某一部分加上数字指定的数，返回一个新的日期。日期部分取值见表 4-15 | DATEADD(DAY,1,'1780-11-01')<br>DATEADD(MONTH,5,'1780-11-01') | 11　2 1780 12:00AM<br>04　1 1781 12:00AM |
| DATEDIFF（日期部分，起始日期，终止日期） | 返回指定的起始日期和终止日期之间的差额，日期部分规定了对日期的哪一部分计算差额。日期部分取值见表 4-15 | DATEDIFF<br>(MONTH,'1780-1-11','1780-11-01')<br>DATEDIFF<br>(YEAR,'1790-1-11','1780-11-01') | 10<br><br>−10 |
| DATENAME（日期部分,日期） | 返回代表指定日期的指定部分，结果为字符类型 | DATENAME(month,getdate()) | 08<br>（设当前为 8 月份） |
| DAY（日期） | 返回指定日期的天数，结果为 int 类型 | DAY('03/12/1998') | 12 |
| MONTH（日期） | 返回指定日期的月份数，结果为 int 类型 | MONTH('03/12/1998') | 3 |
| YEAR（日期） | 返回指定日期的年份数，结果为 int 类型 | YEAR('03/12/1998') | 1998 |

表 4-14 中的日期时间函数的参数"日期部分"可以使用表 4-15 中的"日期部分"列中的值，也可以使用相应的缩写来代替。

表 4-15　　　　　　　　　　　　　日期部分和缩写

| 日　期　部　分 | 缩　　写 | 含　　义 |
|---|---|---|
| Year | yy, yyyy | 年 |
| Quarter | qq, q | 季度 |
| Month | mm, m | 月 |
| Dayofyear | dy, y | 年中的日 |
| Day | dd, d | 日 |
| Week | wk, ww | 周 |
| Hour | hh | 小时 |
| Minute | mi, n | 分 |
| Second | ss, s | 秒 |
| Millisecond | ms | 微秒 |

【例 4-14】以中文格式显示日期"03/12/1998"，可以使用语句：

```
SELECT STR(YEAR('03/12/1998'),4)+'年'+STR(MONTH('03/12/1998'),2)+'月'
    +STR(DAY('03/12/1998'),2)+'日'
```

显示结果为：1998 年 3 月 12 日

## 4.8.4　转换函数

一般情况下，SQL Server 会自动处理某些数据类型的转换。例如，如果比较 smallint 和 int 表达式、或不同长度的 char 表达式，SQL Server 可以将它们自动转换成相同的类型，这种转换称为隐性转换。

无法由 SQL Server 自动转换的或者是 SQL Server 自动转换的结果不符合预期结果的，就需要使用转换函数做显式转换。SQL Server 提供了两个转换函数：CAST 和 CONVERT。

### 1. CAST 函数

CAST 函数的语法如下：

```
CAST(表达式 AS 数据类型)
```

### 2. CONVERT 函数

CONVERT 函数的语法如下：

```
CONVERT(数据类型,表达式[,样式])
```

可以看出，CONVERT 函数的参数与 CAST 函数的参数有所不同，多了一个"样式"参数，该参数用于指定以不同的格式显示日期和时间。在将 datetime 或 smalldatetime 类型的数据转换为字符类型的数据时，可以使用"样式"参数来指定转换后的字符格式，参数"样式"的部分取值如表 4-16 所示。左侧的两列表示样式值。给最左边一列的样式值加 100，可获得包括世纪数位的 4 位年份（yyyy）。

表 4-16　　　　　　　　　　　　　　　样式的取值

| 不带世纪（yy） | 带世纪（yyyy） | 标　　准 | 输　出　格　式 |
|---|---|---|---|
| 无 | 0 或 100 | 默认值 | mon dd yyyy hh:miAM（或 PM） |
| 1 | 101 | 美国 | mm/dd/yyyy |
| 2 | 102 | ANSI | yy.mm.dd |
| 3 | 103 | 英国/法国 | dd/mm/yy |
| 4 | 104 | 德国 | dd.mm.yy |
| 5 | 105 | 意大利 | dd-mm-yy |
| 6 | 106 | 无 | dd mon yy |
| 7 | 107 | 无 | mon dd, yy |
| 8 | 108 | 无 | hh:mi:ss |
| 无 | 9 或 109 | 默认值 + 毫秒 | mon dd yyyy hh:mi:ss:mmmAM（或 PM） |
| 10 | 110 | 美国 | mm-dd-yy |
| 11 | 111 | 日本 | yy/mm/dd |
| 12 | 112 | ISO | yymmdd |
| 无 | 13 或 113 | 欧洲默认值 + 毫秒 | dd mon yyyy hh:mm:ss:mmm(24h) |
| 14 | 114 | 无 | hh:mi:ss:mmm(24h) |

【例 4-15】执行以下语句：

```
SELECT CONVERT(char, GETDATE(),102) AS a1,CONVERT(char,GETDATE(),5) AS a2,
       CONVERT(char,GETDATE(),1) AS a3
```

显示结果如图 4-1 所示。

【例 4-16】执行以下语句：

```
DECLARE @date_var1 datetime,@date_var2 datetime
SET @date_var1=CAST('00-12-31' as datetime)
SET @date_var2=CAST('12:30:58' as datetime)
SELECT 'date_var1'=CONVERT(char(20),@date_var1,3),
```

图 4-1　例 4-15 的结果

'date_var2'=CONVERT(char(20),@date_var2,108)

显示结果如图 4-2 所示。

| | date_var1 | date_var2 |
|---|---|---|
| 1 | 31/12/00 | 12:30:58 |

图 4-2　例 4-16 的结果

## 4.8.5　聚合函数

聚合函数用于对数据库表中的一列或几列数据进行统计汇总，常用于查询语句中。常用的聚合函数如表 4-17 所示。

表 4-17　　　　　　　　　　　　　　　　聚合函数

| 聚 合 函 数 | 功　　　能 |
|---|---|
| AVG（表达式） | 返回数据表达式（含有列名）的平均值 |
| COUNT（表达式） | 对表达式指定的列值进行计数，忽略空值 |
| COUNT(*) | 对表或组中的所有行进行计数，包含空值 |
| MAX（表达式） | 表达式中最大的值（文本数据类型中按字母顺序排在最后的值）。忽略空值 |
| MIN（表达式） | 表达式中最小的值（文本数据类型中按字母顺序排在最前的值）。忽略空值 |
| SUM（表达式） | 表达式值的合计 |

【例 4-17】设某学生数据库中有一个"学生成绩"表，该表包含的列有：学号、姓名、数学成绩、英语成绩。其中，数学成绩和英语成绩列为 smallint 类型，使用聚合函数实现以下各功能。

（1）求所有学生的数学平均成绩和英语平均成绩。

（2）统计数学成绩大于 80 分的学生人数。

（3）统计学生总人数。

（4）求最高数学成绩，最低数学成绩。

（5）求所有学生的数学总成绩和英语总成绩。

实现以上各功能的查询语句分别如下：

```
SELECT AVG(数学成绩),AVG(英语成绩) FROM 学生成绩
SELECT COUNT(数学成绩) FROM 学生成绩 WHERE 数学成绩>80
SELECT COUNT(*) FROM学生成绩
SELECT MAX(数学成绩),MIN(数学成绩) FROM 学生成绩
SELECT SUM(数学成绩),SUM(英语成绩) FROM 学生成绩
```

有关聚合函数的使用，将在 6.4.6 小节"使用聚合函数"中进一步介绍。

# 4.9　流程控制语句

流程控制语句用于控制 Transact-SQL 语句、语句块和存储过程的执行流程。这些语句可用于 Transact-SQL 语句、批处理和存储过程中。如果不使用流程控制语句，则各 Transact-SQL 语句按其出现的先后顺序执行。使用流程控制语句可以按需要控制语句的执行次序和执行分支。

## 4.9.1　BEGIN…END 语句

BEGIN…END 语句用于将多个 Transact-SQL 语句定义成一个语句块。语句块可以在程序中视为一个单元处理。BEGIN…END 语句的语法如下：

```
BEGIN
    { sql 语句|语句块 }
END
```

其中，sql 语句为一条 Transact-SQL 语句；语句块为用 BEGIN 和 END 定义的语句块。可以看出，在一个语句块中可以包含另一个语句块。

## 4.9.2 IF…ELSE 语句

IF…ELSE 语句用来对某一条件进行判断，当条件成立时执行某一部分程序；当条件不成立时，执行另外一部分程序。IF…ELSE 语句的语法如下：

```
IF 布尔表达式
    { sql 语句 1 | 语句块 1 }
[ ELSE
    { sql 语句 2 | 语句块 2 } ]
```

其中，布尔表达式为返回 TRUE 或 FALSE 的表达式；sql 语句为一条 Transact-SQL 语句；语句块为用 BEGIN 和 END 定义的语句组。

IF…ELSE 语句的功能是：当布尔表达式的值为 TRUE 时，执行 sql 语句 1 或语句块 1；当布尔表达式的值为 FALSE 时，执行 sql 语句 2 或语句块 2。如果省略 ELSE 部分，则表示当布尔表达式的值为 FALSE 时不执行任何操作。

【例 4-18】设有一个"学生信息"数据库，数据库中有一个"学生基本信息"表，该表包含学号、姓名、出生日期等列。要给本月出生的学生举办庆祝生日会，每月 1 日选出要过生日的学生名单。

代码如下：

```
USE 学生信息                        --打开"学生信息"数据库
DECLARE @Today int                  --定义局部变量@Today 为 int 类型
SET @Today=DAY(GETDATE())           --给变量@Today 设置为当前日期
IF (@Today=1)                       --如果@Today 为 1，则从数据库中查询信息
  BEGIN
      SELECT 学号,姓名 AS 本月寿星,出生日期
      FROM 学生基本信息
      WHERE MONTH(出生日期)= MONTH(GETDATE())
  END
```

其中，在 BEGIN 和 END 之间的语句为一条查询语句。"SELECT 学号，姓名 AS 本月寿星，出生日期"表示要查询表中的学号、姓名（显示为本月寿星）和出生日期；"FROM 学生基本信息"表示要从学生基本信息表中查询；WHERE 之后指定的是查询条件：表中出生日期列的月份值等于当前日期的月份值。

【例 4-19】根据当前的系统时间输出上半年或下半年。

```
IF month(getdate()) < 7
  PRINT('上半年')
ELSE
  PRINT('下半年')
```

getdate()是 SQL Server 函数，用于返回当前的系统日期；month()函数返回日期中的月份数值；PRINT()语句用于输出信息。如果月份小于 7，则输出"上半年"；否则输出"下半年"。

## 4.9.3 CASE 函数

CASE 函数可以计算多个条件式，并返回其中一个符合条件的结果表达。按照使用形式的不同，可以分为简单 CASE 函数和 CASE 搜索函数。简单 CASE 函数将某个表达式与一组简单表达式进行比较以确定返回的结果。CASE 搜索函数计算一组布尔表达式以确定返回的结果。

### 1. 简单 CASE 函数

简单 CASE 函数的语法形式如下：

```
CASE 输入表达式
    WHEN when_表达式 THEN 结果表达式
     [ ...n ]
    [ELSE 结果表达式]
END
```

简单 CASE 函数功能是：计算输入表达式的值，然后按指定顺序与每个 WHEN 子句中的 when_表达式进行比较，直到发现第一个与输入表达式相等的表达式时，便返回该 WHEN 子句的 THEN 后面所指定的结果表达式。如果不存在与输入表达式相等的 when_表达式，则当指定 ELSE 子句时将返回 ELSE 子句指定的结果表达式，若没有指定 ELSE 子句，则返回 NULL 值。

【例 4-20】设有一个"学生信息"数据库，数据库中有一个"学生基本信息"表，该表包含学号、姓名、性别等列。性别列的类型为 bit，等于 0 表示女，等于 1 表示男。使用下面的 SELECT 语句可以查询所有学生的姓名和性别。

```
USE 学生信息                      --打开"学生信息"数据库
SELECT 姓名,                      --显示姓名
     CASE 性别
         WHEN 0 THEN '女'
         WHEN 1 THEN '男'
         ELSE ''                 --如果不为0或1，则返回空字符串
     END,
FROM 学生基本信息                  --从学生基本信息表中查询
```

### 2. CASE 搜索函数

CASE 搜索函数的语法形式如下：

```
CASE
    WHEN 布尔表达式 THEN 结果表达式
     [ ...n ]
    [ELSE 结果表达式 ]
END
```

CASE 搜索函数的功能是：按顺序计算每个 WHEN 子句中的布尔表达式，返回第一个值为 TRUE 的布尔表达式之后对应的结果表达式的值。如果每一个 WHEN 子句之后的布尔表达式为都不为 TRUE，则当指定 ELSE 子句时，返回 ELSE 子句中的结果表达式的值，若没有指定 ELSE 子句，则返回 NULL 值。

【例 4-21】根据当前系统时间输出当前季度。代码如下：

```
SELECT
CASE
    WHEN month(getdate())>=1 AND month(getdate())<4 THEN '一季度'
    WHEN month(getdate())>3 AND month(getdate())<7 THEN '二季度'
    WHEN month(getdate())>=6 AND month(getdate())<10 THEN '三季度'
```

```
      ELSE '四季度'
END                              --从 titles 表查询
```

## 4.9.4　WHILE 循环

可以使用 WHILE 循环来控制如何重复执行 SQL 语句或语句块，其语法如下：

```
WHILE 布尔表达式
     { sql 语句 | 语句块 }
```

WHILE 循环的功能是：从 WHILE 语句（WHILE 循环的第一条语句）开始，计算布尔表达式的值，当布尔表达式的值为 TRUE 时，执行其后的 sql 语句或语句块，然后返回 WHILE 语句，再次计算布尔表达式的值，如果仍为 TRUE，则再次执行其后的 sql 语句或语句块，如此重复下去，直到某一次布尔表达式的值为 FALSE 时，则不执行 WHILE 语句之后的语句或语句块，而直接执行 WHILE 循环之后的其他语句。

这里的 sql 语句或语句块是可能重复执行的部分，称为循环体。在循环体中可以出现 CONTINUE 语句或 BREAK 语句。执行 CONTINUE 语句将使循环跳过 CONTINUE 语句后面的语句，回到 WHILE 循环的第一条语句。执行 BREAK 语句将完全跳出循环，结束 WHILE 循环的执行。

【例 4-22】求 1～100 之间的奇数和。

代码如下：

```
DECLARE @i smallint,@sum smallint
SET @i=1
SET @sum=0
WHILE @i<=100
   BEGIN
     SET @sum=@sum+@i
     SET @i=@i+2
   END
PRINT '1 到 100 之间的奇数和为'+str(@sum)
```

为了说明 CONTINUE 和 BREAK 语句的作用，可以将以上代码改写为：

```
DECLARE @i smallint,@sum smallint
SET @i=0
SET @sum=0
WHILE @i>=0
  BEGIN
     SET @i=@i+1
     IF @i<=100
       IF (@i % 2)=0
          CONTINUE
       ELSE
          SET @sum=@sum+@i
     ELSE
       BEGIN
          PRINT '1 到 100 之间的奇数和为'+str(@sum)
          BREAK
       END
  END
```

## 4.9.5　GOTO 语句

GOTO 语句用于改变程序的执行流程，其语法如下：

```
GOTO 标号
```

......

标号：

GOTO 语句功能是，使程序直接跳到标有标号的位置处继续执行，而位于 GOTO 语句和标号之间的语句将不会被执行。标号必须是一个合法的标识符。

【例 4-23】利用 GOTO 语句求 1+2+3+…+50。

```
DECLARE @sum int, @count int
SET @sum=0
SET @count=1
label_1:
SET @sum=@sum+@count
SET @count=@count+1
IF @count<=50
    GOTO label_1
PRINT str(@count)+str(@sum)
```

### 4.9.6　WAITFOR 语句

WAITFOR 语句用于暂时停止 SQL 语句、语句块或者存储过程等的执行，直到所设定的时间间隔已过或者所设定的时间已到才继续执行。WAITFOR 语句的语法形式为

```
WAITFOR { DELAY '时间' | TIME '时间' }
```

如果使用 DELAY 关键字，则其后的时间应为时间间隔，该时间间隔最长可达 24 小时；如果使用 TIME 关键字，则其后的时间用于指示要等待到的时间点，格式为：hh: mm: ss。

【例 4-24】在一分钟以后打印"HELLO"，代码如下。

```
BEGIN
    WAITFOR DELAY '00:01'
    PRINT 'HELLO'
END
```

【例 4-25】在晚上 10:20 时打印"HELLO"，代码如下。

```
BEGIN
    WAITFOR TIME '22: 20'
    PRINT 'HELLO'
END
```

### 4.9.7　RETURN 语句

RETURN 语句用于无条件地终止一个查询、存储过程或者批处理，当执行 RETURN 语句时，位于 RETURN 语句之后的程序将不会被执行。RETURN 语句的语法形式为

```
RETURN [ 整数表达式 ]
```

在存储过程中可以在 RETURN 后面使用一个具有整数值的表达式，用于向调用过程或应用程序返回整型值。关于存储过程的使用将在第 8 章介绍。

# 4.10　注　释

注释用于对代码行或代码段进行说明，或暂时禁用某些代码行。注释是程序代码中不执行的文本字符串。使用注释对代码进行说明，可以使程序代码更易于理解和维护。注释通常用于说明代码的功能，描述复杂计算或解释编程方法，记录程序名称、作者姓名、主要代码更改的日期等。

向代码中添加注释时，需要用一定的字符进行标识。SQL Server 支持两种类型的注释字符。

**1. --（双连字符）**

这种注释字符可与要执行的代码处在同一行，也可另起一行。从双连字符开始到行尾均表示注释。对于多行注释，必须在每个注释行的开始使用双连字符。

**【例 4-26】** 使用双连字符给程序添加注释。

```
-- 打开 pubs 数据库
USE pubs
--从 titles 表中选择所有的行和列
SELECT * FROM titles
ORDER BY title_id ASC    --按 title_id 列的升序排序
-- 这里不一定要指定 ASC，因为
-- ASC 是默认值
```

**2. /* ... */（正斜杠-星号对）**

这种注释字符可与要执行的代码处在同一行，也可另起一行，甚至用在可执行代码内。从开始注释对（/*）到结束注释对（*/）之间的全部内容均视为注释部分。对于多行注释，必须使用开始注释字符对（/*）开始注释，使用结束注释字符对（*/）结束注释。注释行上不应出现其他注释字符。

**【例 4-27】** 使用/* ... */给程序添加注释。

```
/*打开 pubs 数据库*/
USE pubs
/*从 titles 表中选择所有的行和列*/
SELECT * FROM titles
ORDER BY title_id ASC    /*按 title_id 列的升序排序*/
/*这里不一定要指定 ASC，因为
ASC 是缺省值*/
```

# 4.11  Transact-SQL 语句的解析、编译和执行

在查询窗口中执行 Transact-SQL 语句可以分为 3 个阶段，即解析、编译和执行。

在解析阶段，数据库引擎对输入的 Transact-SQL 语句中的每个字符进行扫描和分析，判断其是否符合语法约定。在 SQL Server 2008 中，用户在 SQL Server Management Studio 的查询窗口中输入 Transact-SQL 语句时，数据库引擎即开始对语句进行解析，并可以根据情况协助用户完成 Transact-SQL 语句的输入工作。

例如，在查询窗口中输入 USE 命令，然后按空格键，此时在空格后面会出现一个红色的波浪线，表示该语句尚未完成，如图 4-3 所示。

在空格处输入要使用的数据库的第 1 个字母，将弹出一个列表，要求用户选择要使用的数据库，如图 4-4 所示。

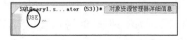

图 4-3  解析语句时提示语句未完成　　　　图 4-4  解析语句时协助用户输入

将所有要执行的 Transact-SQL 语句输入完成后，单击工具栏上的 ❗执行(x) 按钮，即可执行 Transact-SQL 语句。数据库引擎首先对要执行的 Transact-SQL 语句进行编译，检查代码中的语法和对象名是否符合规定。如果完全符合语法规定，则将 Transact-SQL 语句翻译成数据库引擎可以理解的中间语言。

通过编译后，数据库引擎将执行 Transact-SQL 语句，并返回结果。

# 练 习 题

## 一、选择题（除特别注明"多选"，其余均为单选题）

1. 以下（　　）是 T-SQL 合法的标识符（多选）。

　　A．1ABC 　　　　　B．"My Name" 　　C．Myname 　　　　D．My Name

2. 以下（　　）是 T-SQL 合法的字符串常量（多选）。

　　A．"ABC" 　　　　　B．X+Y=5 　　　　C．'X+Y=5' 　　　　D．'That"s a game'

　　E．15 　　　　　　F．'12.5' 　　　　　G．" 　　　　　　　H．N'计算机'

3. 以下（　　）是 T-SQL 的二进制常量。

　　A．1101 　　　　　B．0x345 　　　　　C．&HAB 　　　　　D．OB110

4. 设已经定义了局部变量@Myname 为 int 类型，以下（　　　　）语句可以给该局部变量赋值。（多选）

　　A．SET @MyName=100 　　　　　　　B．@MyName=100

　　C．SELECT @MyName 100 　　　　　　D．SELECT @MyName=100

5. +、/、%、=四个运算符中，优先级最低的是（　　　）。

　　A．+ 　　　　　　　B．% 　　　　　　C．* 　　　　　　　D．=

6. 表达式'123'+'456'的值是（　　　）。

　　A．123456 　　　　B．579 　　　　　C．'123456' 　　　　D．"123456"

7. 将代数式 $e^x\text{SIN}(30^0)2x/(x+y)\text{ln}x$ 表示成 T-SQL 的合法的表达式为（　　　）。（多选）

　　A．EXP(@x)*SIN(30.0)*2*@x/(@x+@y)*LOG(@x)

　　B．EXP(@x)*SIN(30.0*PI()/180)*2*@x/(@x+@y)*LOG(@x)

　　C．EXP(@x)*SIN(RADIANS(30.0))*2*@x/@x+@y*LOG(@x)

　　D．EXP(@x)*SIN(RADIANS(30.0))*2*@x/(@x+@y)*LOG(@x)

8. 表达式 SUBSTRING（'SHANGHAI', 6, 3）的值是（　　　）。

　　A．'SHANGH' 　　　B．'SHA' 　　　　C．'ANGH' 　　　　D．'HAI'

9. 表达式 STUFF（'HOW ARE YOU',4,1,' OLD '）的值是（　　　）。

　　A．'HOWARE YOU ' 　　　　　　　　B．'HOW OLD ARE YOU'

　　C．'HOWOLDARE YOU ' 　　　　　　　D．'HOW OLD RE YOU'

10. 设@A="abcdefghijklm"，下面表达式（　　　）的值为"jklm"。（多选）

　　A．SUBSTRING（@A, 10, 14） 　　　　B．Right（@A, 4）

　　C．SUBSTRING（@A, 10, 4） 　　　　D．Left（@A, 10, 4）

## 二、填空题

1. 设某服务器 a 中有一个数据库 b，数据库 b 中有一个表对象 c，其所有者为 d，在 T-SQL

中应将该表对象表示为_____。

2. T-SQL 的标识符分为_____标识符和_____标识符，对于不符合格式规则的标识符，在 SQL 语句中要使用该标识符，必须用_____或_____括起来。

3. 局部变量的的作用范围是_____。全局变量的作用范围是_____。

4. 局部变量的名称前要加上_____标志；全局变量的名称前要加上_____标志。

5. 定义一局部变量，名称为 Myvar，其类型为 char（5），定义语句为：

_____。

给局部变量 Myvar 赋值 "Hello"，赋值语句为：_____。

6. 定义局部变量后，局部变量的初始值为_____。

7. 执行以下语句的显示结果为_____。
```
DECLARE @a as char(5)
SET @a='%e%'
PRINT @a+'aaa'
```

执行以下语句的显示结果为_____。
```
DECLARE @a as varchar(5)
SET @a='%e%'
PRINT @a+'aaa'
```

8. 表达式 7 !< 8 的值为_____，表达式（9 >8）AND（5<6）的值为_____。

9. 设某表中有一个表示学生数学成绩的列 math，表示条件 "数学成绩在 0 到 100 分之间" 的布尔表达式为_____。

10. SQL Server 的内置函数可以分为 3 大类：_____、_____和_____。

11. 要将日期 "25/03/2012" 显示为 "××××年××月××日" 的格式，可以使用语句：

_____

12. 将当前系统日期转换为 char 类型，使用 CAST 函数实现应写为：

_____

13. 使用 CONVERT 函数将当前系统日期转换为带世纪的意大利格式的 char 类型，应写为：

_____

14. CONVERT 函数和 CAST 函数的主要区别是_____

_____

15. 在 T-SQL 中可以使用两种类型的注释字符：（1）_____；（2）_____。

16. 在查询窗口中执行 Transact-SQL 语句可以分为 3 个阶段，即_____、_____和_____。

### 三、指出以下各缩写的英文意思和中文意思

1. SQL：_____

2. DDL：_____

3. DML：_____

4. DCL：_____

### 四、上机练习题

1. 编写代码，查看当前的日期。

2. 编写代码，如果要计算 12 天后的日期。

3. 编写代码，声明变量@A 和@B 为二进制类型，并分别为其赋值 100 和 200，用 PRINT 语句打印@A 和@B 的值，记录实现语句和打印结果。

4. 编写代码求表达式 1+3+5+7+…+999 的值，记录实现的代码。

# 第5章
# 数据库管理

对于使用 SQL Server 的用户来说，创建数据库是最基本的操作。在创建数据库之前，需要首先了解数据库的存储结构。本章主要介绍数据库的存储结构及数据库的创建和管理。

## 5.1　数据库的存储结构

数据库的存储结构是指数据库文件在磁盘上如何存储。SQL Server 中每个数据库由一组操作系统文件组成。数据库中的所有数据、对象和数据库操作日志都存储在这些文件中。

### 5.1.1　数据库文件

根据存储信息的不同，数据库文件可以分为 3 类：主数据库文件、次数据库文件和事务日志文件。

#### 1. 主数据库文件（Primary Database file）

每个数据库有且仅有一个主数据库文件，主数据库文件用来存储数据库的启动信息和部分或全部数据。一个数据库可以有一个到多个数据库文件，其中只有一个文件为主数据库文件。主数据库文件的文件扩展名为 mdf。

#### 2. 次数据库文件（Secondary Database File）

次数据库文件用于存储主数据库文件中未存储的剩余数据和数据库对象。一个数据库可以没有次数据库文件，也可以有多个次数据库文件。次数据库文件的文件扩展名为 ndf。

#### 3. 事务日志文件（Transcation Log File）

事务日志文件用于存储数据库的更新情况等事务日志信息。例如，使用 INSERT、UPDATE、DELETE 等语句对数据库进行更改的操作都会记录在事务日志文件中，当数据库损坏时，可以使用事务日志文件恢复数据库。一个数据库可以有一个到多个事务日志文件。事务日志文件的扩展名为 ldf。

SQL Server 的数据库文件有两个名称：逻辑文件名和物理文件名。

逻辑文件名是在所有 Transact-SQL 语句中引用文件时所使用的名称。逻辑文件名必须遵守 SQL Server 标识符的命名规则，且对数据库必须是唯一的。

数据库文件在物理磁盘上的存储路径及文件名构成数据库文件的物理名称，物理文件名必须遵守操作系统文件名的命名规则。

例如，表 5-1 所示为某数据库创建的逻辑文件名和物理文件名。

表 5-1　　　　　　　　　　　数据库的逻辑文件名和物理文件名

| 逻辑文件名 | 物理文件名 |
| --- | --- |
| My_Dbfile1 | e:\sql_data\data_file1.mdf |
| My_Dbfile2 | e:\sql_data\data_file2.ndf |
| My_Dbfile3 | e:\sql_data\data_file3.ndf |
| My_Logfile1 | e:\sql_log\log_file1.ldf |
| My_Logfile2 | e:\sql_log\log_file2.ldf |

## 5.1.2　数据库文件组

为了便于分配和管理，SQL Server 允许将多个文件归纳为同一组，并赋予此组一个名称，这就是文件组。文件组分为主文件组（Primary File Group）和次文件组（Secondary File Group）。所有数据库都至少包含一个主文件组，主文件组中包含了所有的系统表，当建立数据库时，主文件组包括主数据库文件和未指定组的其他文件。数据库还可以包含用户定义的文件组，也称次文件组。次文件组是在 CREATE DATABASE 或 ALTER DATABASE 语句中，使用 FILEGROUP 关键字指定的文件组（这两条语句将在本章 5.2 节和 5.3 节分别介绍）。

每个数据库中都有一个文件组作为默认文件组运行。在创建表或索引时如果没有为其指定文件组，则 SQL Server 将从默认文件组中为其分配页。一次只能有一个文件组作为默认文件组，默认文件组可以由用户来指定。如果没有指定默认文件组，则主文件组是默认文件组。

文件组中的每个文件通常建立在不同的硬盘驱动器上，这样可减轻单个磁盘驱动器的存储负载，提高数据库的存储效率，从而提高系统性能。

例如，如果一个服务器上有 4 个可供数据库使用的硬盘，它们提供给数据库的最大存储空间分别为 100GB、200GB、300GB 和 400GB。将 3 个文件 data1.ndf、data2.ndf 和 data3.ndf 分别创建在前 3 个硬盘上，然后为它们指定一个文件组 fgroup1。以后，所创建的表就指定放在文件组 fgroup1 中。SQL Server 自动按比例为数据分配存储空间，如写数据时，SQL Server 按比例分配剩余空间，即 1:2:3。这样不仅保证文件组内每个文件的空间基本同时用完，而且多个硬盘的读/写磁头同时工作，可以提高存取速度。同样，对该表的数据查询将在 3 个磁盘上同时进行，因此可以提高查询性能。日志文件可以放在第 4 个硬盘上。

可以不指定次文件组。在这种情况下，所有文件都包含在主文件组中。

事务日志文件是独立的，不能作为任何文件组的成员。

文件组与文件的关系如图 5-1 所示。

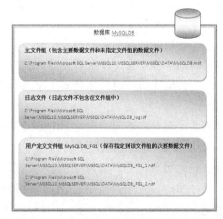

图 5-1　SQL Server 文件组和文件的关系

# 5.2  创建数据库

创建数据库的过程实际上是确定数据库的名称、设计数据库所占用的存储空间和文件的存放位置。

SQL Server 2008 提供了两个创建数据库的途径：使用 SQL Server Management Studio 的图形界面工具和使用 Transact-SQL 语言的 CREAT DATABASE 语句。在创建数据库之前，必须先确定数据库的名称、所有者（创建数据库的用户）、大小，以及用于存储该数据库的文件和文件组。

## 5.2.1  使用 SQL Server Management Studio 的图形界面工具创建数据库

打开 SQL Server Management Studio，可以按照下面的方法来创建数据库。

（1）在对象资源管理器中展开服务器实例，右击"数据库"，在弹出的快捷菜单中单击"新建数据库"，打开"新建数据库"窗口，如图 5-2 所示。

图 5-2  "新建数据库"窗口

（2）键入新数据库的名称，假定数据库名为 HrSystem。

（3）默认情况下，系统自动地使用指定的数据库名作为前缀创建数据文件和日志文件。

用户可以在新建数据库窗口上直接输入文件名、位置和初始大小，如果只有一个数据库文件，则文件组只能是 PRIMARY，如果增加新的数据库文件，则可以在文件组一列中直接输入新的文件组名称，或从现有的文件组列表中选择。单击"自动增长"列中的"..."按钮，可以打开"更改自动增长设置"对话框，如图 5-3 所示。

可以按下列选项指定数据文件的大小自动增长方式。

● 按兆字节：指定数据文件增长所基于的兆字节数。

- 按百分比：指定希望数据文件自动增长所基于的百分比。
- 不限制文件增长：指定数据文件增长不受限制。
- 限制文件增长（MB）：指定数据文件可以增长到的大小（MB）。

设置完成后，在"新建数据库"对话框中单击"确定"按钮，可以看到数据库 HrSystem 出现在左侧的数据库列表中。

创建数据库之后，建议对 master 数据库进行备份。因为创建数据库将更新 master 中的系统表。如果需要还原 master 数据库，则从上次备份 master 之后新建的所有数据库记录都不存在于系统表中，因而可能导致出现错误信息。本书将在第 10 章中介绍如何备份 SQL Server 数据库。

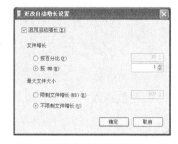

图 5-3　"更改自动增长设置"对话框

## 5.2.2　使用 CREATE DATABASE 语句创建数据库

Transact-SQL 语言使用 CREATE DATABASE 语句来创建数据库。CREATE DATABASE 语句的简单语法格式如下：

```
CREATE DATABASE 数据库名称
[ ON
[ <文件说明> [ ,…n ] ]
[ , <文件组> [ ,…n ] ]
]
[ LOG ON { <文件说明> [ ,…n ] } ]
```

参数说明如下。

- 数据库名称：新数据库的名称。数据库名称在服务器中必须唯一，并且符合标识符的命名规则。
- ON 关键字：指定用来存储数据库数据的磁盘文件（数据文件）。该关键字后跟随以逗号分隔的<文件说明>项列表，<文件说明>项用以定义主文件组的数据文件。主文件组的文件列表后可跟随以逗号分隔的<文件组>项列表（可选），<文件组>项用以定义用户文件组及其文件。
- LOG ON 关键字：指定显式定义用来存储数据库日志的磁盘文件（日志文件）。该关键字后跟随以逗号分隔的<文件说明>项列表，<文件说明>项用以定义日志文件。如果没有指定 LOG ON，将自动创建一个日志文件，该文件使用系统生成的名称，大小为数据库中所有数据文件总大小的 25%。
- <文件说明>和<文件组>进一步定义如下：

```
<文件说明> ::=
[ PRIMARY ]
( [ NAME = 逻辑文件名 , ]
   FILENAME = '物理文件名'
   [ , SIZE = 初始大小 ]
   [ , MAXSIZE = { 最大限制 | UNLIMITED } ]
   [ , FILEGROWTH = 增长量 ] ) [ ,…n ]
<文件组>::=
FILEGROUP 文件组名称 <文件说明> [ ,…n ]
```

【例 5-1】设已经在 e 盘建立了两个文件夹：e:\sql_data 和 e:\sql_log，分别用来存放数据库文件和事务日志文件，使用 CREATE DATABASE 语句创建一个 company 数据库。

代码如下：

```
CREATE  DATABASE  company                  --创建 company 数据库
ON PRIMARY                                 --定义在主文件组上的文件
(NAME=company_data,                        --主数据文件逻辑名称
FILENAME='e:\sql_data\company.mdf',        --主数据文件物理名称
SIZE=10,                                   --初始大小为 10MB
MAXSIZE=unlimited,                         --最大限制为无限大
FILEGROWTH=10%)                            --增长速度为 10%
LOG ON                                     --定义事务日志文件
(NAME=company_log,                         --事务日志文件逻辑名称
FILENAME ='e:\sql_log\company.ldf',        --事务日志文件物理名称
SIZE =1,                                   --初始大小为 1MB
MAXSIZE =500,                              --最大限制为 500MB
FILEGROWTH =1)                             --增长速度为 1MB
```

【例 5-2】创建一个雇员信息数据库 employees，包含两个数据文件和两个事务日志文件。

代码如下：

```
CREATE  DATABASE  employees                --数据库名称
ON PRIMARY                                 --定义在主文件组上的文件
(NAME =employee1,                          --主数据文件逻辑名称
FILENAME ='e:\sql_data\employee1.mdf',     --主数据文件物理名称
SIZE =10,                                  --主数据文件初始大小为 10MB
MAXSIZE =unlimited,                        --最大限制为无限大
FILEGROWTH =10%),                          --增长速度为 10%
(NAME=employee2,                           --次数据文件逻辑名称
FILENAME='e:\sql_data\employee2.ndf',      --次数据文件物理名称
SIZE=20,                                   --次数据文件初始大小为 20MB
MAXSIZE=100,                               --次数据文件最大限制为 100MB
FILEGROWTH=1)                              --次数据文件增长速度为 1MB
LOG ON                                     --定义事务日志文件
(NAME=employeelog1,                        --事务日志文件逻辑名文件
FILENAME='e:\sql_log\employeelog1.ldf',    --事务日志文件物理名称
SIZE=10,                                   --初始大小为 10MB
MAXSIZE=50,                                --最大限制为 50MB
FILEGROWTH=1),                             --增长速度为 1MB
(NAME=employeelog2,                        --事务日志逻辑文件名
FILENAME='e:\sql_log\employeelog2.ldf',    --事务日志文件物理名称
SIZE=10,                                   --初始大小为 10MB
MAXSIZE=50,                                --最大限制为 50MB
FILEGROWTH=1)                              --增长速度为 1MB
```

【例 5-3】创建 test 数据库，包含一个主文件组和两个次文件组。

代码如下：

```
CREATE DATABASE test
ON PRIMARY                                 --定义在主文件组上的文件
```

```
( NAME=pri_file1,
 FILENAME='e:\sql_data\pri_file1.mdf ',
 SIZE=10,MAXSIZE=50,FILEGROWTH=15%),
( NAME=pri_file2,
 FILENAME='e:\sql_data\pri_file2.ndf ',
 SIZE=10,MAXSIZE=50,FILEGROWTH=15%),
FILEGROUP Grp1                          --定义在次文件组 Grp1 上的文件
( NAME=Grp1_file1,
  FILENAME='e:\sql_data\ Grp1_file1.ndf ',
  SIZE=10,MAXSIZE = 50,FILEGROWTH=5),
( NAME=Grp1_file2,
 FILENAME='e:\sql_data\ Grp1_file2.ndf ',
 SIZE=10,MAXSIZE=50,FILEGROWTH=5),
FILEGROUP Grp2                          --定义在次文件组 Grp2 上的文件
( NAME = Grp2_file1,
 FILENAME='e:\sql_data\ Grp2_file1.ndf ',
 SIZE=10,MAXSIZE=50,FILEGROWTH=5),
( NAME=Grp2_file2,
 FILENAME='e:\sql_data\ Grp2_file2.ndf ',
 SIZE=10,MAXSIZE = 50,FILEGROWTH=5 )
LOG ON                                  --定义事务日志文件
( NAME='test_log',
 FILENAME='e:\sql_log\test_log.ldf ',
 SIZE=5,MAXSIZE=25,FILEGROWTH=5 )
```

执行 CREATE DATABASE 语句后，可以在 SQL Server Management Studio 中查看创建数据库的结果。展开数据库文件夹，用鼠标右击所创建的数据库名称，从弹出的快捷菜单中选择"属性"命令，打开数据库属性对话框，从各选择页上可以查看所创建数据库的各种属性。

创建数据库需要注意以下几点。

- 每个数据库都有一个所有者，可以在该数据库中执行某些特殊的活动，数据库被创建之后，创建数据库的用户自动成为该数据库的所有者。默认情况下，只有系统管理员和数据库所有者可以创建数据库，也可以授权其他用户创建数据库。
- 在每个 SQL Server 实例下，最多只能创建 32 767 个数据库。
- 所创建的数据库名称必须符合标识符的命名规则。
- 要让日志文件能够发挥作用，通常将数据文件和日志文件存储在不同的物理磁盘上。

# 5.3　修改数据库

创建数据库之后，可以利用数据库属性对话框直接修改创建时的某些设置，或修改创建时无法设置的属性，也可以使用 Transcat-SQL 语言的 ALTER DATABASE 语句修改数据库。

## 5.3.1　使用数据库属性对话框修改数据库

在 SQL Server Management Studio 中，展开数据库文件夹，用鼠标右击所要修改的数据库名称，从弹出的快捷菜单中选择"属性"命令，打开数据库属性对话框。以例 5-3 创建的 test 数据库为例，打开的数据库属性对话框如图 5-4 所示。在该对话框选择不同的页可以查看或修改数据库文件及其他属性。

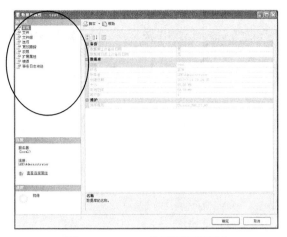

图 5-4　company 数据库属性窗口

### 1. 常规页

首先看到的是数据库属性对话框的常规页，如图 5-4 所示。该页显示了 test 数据库的名称、状态、所有者、创建日期、大小、可用空间、用户数、备份、维护情况等。

### 2. "文件"页

"文件"页的显示内容类似于图 5-5，可以用创建数据库时的方法修改数据库文件的属性或创建新的数据库文件。

### 3. "文件组"页

在"文件组"页中，可以查看或删除文件组。但如果文件组中有文件，则不能被删除，必须先将文件移出文件组后再删除。"文件组"页如图 5-6 所示。

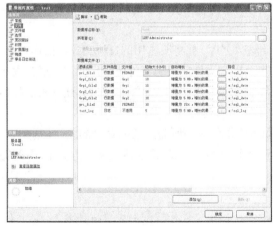

图 5-5　"文件"页　　　　　　　　　　　　　图 5-6　"文件组"页

### 4. "选项"页

"选项"页如图 5-7 所示。

在该页的主要选项说明如下。

- 排序规则：选择数据库的排序规则。
- 恢复模式：指定备份、恢复数据库的模式。有关备份和恢复模式的详细信息，请参第 10

章中的介绍。

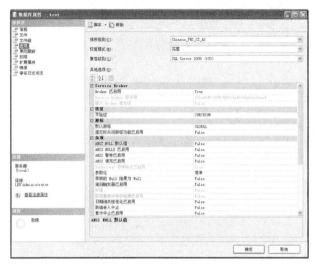

图 5-7 "选项"选项卡

- 兼容级别：指定数据库支持的最新 SQL Server 版本。可能的值有 SQL Server 2008 R2、SQL Server 2008、SQL Server 2005 和 SQL Server 2000。

- ANSI NULL 默认设置：指定将数据库列默认定义为 NULL 还是 NOT NULL。当选择此选项时，在使用 CREATE TABLE（创建表）或 ALTER TABLE（修改表）语句时，没有显式定义为 NOT NULL 的列都将默认为允许空值。

- 递归触发器：允许触发器递归调用，有关触发器的概念将在第 8 章介绍。SQL Server 设定的触发器递归调用的层数最多为 32 层。

- 自动更新统计信息：指定在优化期间自动生成查询优化所需要的过时统计信息。

- 残缺页检测：允许自动检测有损坏的页。

- 自动关闭：当数据库中无用户时，自动关闭该数据库，并将所占用的资源交还给操作系统。

- 自动收缩：允许定期对数据库进行检查，当数据库文件或日志文件的未用空间超过其大小的 25%时，系统将会自动缩减文件使其未用空间等于 25%。当文件大小没有超过其建立时的初始大小时，不会缩减文件，缩减后的文件也必须大于或等于其初始大小。

- 自动创建统计信息：指定在优化期间自动生成优化查询所需的任何缺少的统计信息。

- 使用被引用的标识符：选择此选项指定标识符必须用双引号括起来，且可以不遵循 Transact-SQL 命名标准。

### 5. "权限"页

在"权限"页中，可以设置用户对该数据库的使用权限，关于权限的设置将在第 11 章介绍。完成各项修改或设置之后，单击"确定"按钮，完成对数据库的修改。

## 5.3.2 使用 ALTER DATABASE 语句修改数据库

使用 ALTER DATABASE 语句可以添加和删除数据库中的文件或文件组，也可以修改现有数据库文件或文件组的属性。例如，更改文件的名称和大小。ALTER DATABASE 语句的简单语法格式如下：

```
ALTER DATABASE 数据库名称
{ ADD FILE <文件说明> [ ,...n ]
        [ TO FILEGROUP 文件组名称]
| ADD LOG FILE <文件说明>[ ,...n ]
| REMOVE FILE 逻辑文件名
| ADD FILEGROUP 文件组名称
| REMOVE FILEGROUP 文件组名称
| MODIFY FILE <文件说明>
| MODIFY NAME = 新数据库名
| MODIFY FILEGROUP 文件组名称 {文件组属性 | NAME = 新文件组名称 }
```

其中，各参数说明如下。

● 数据库名称：指要更改的数据库的名称。

● ADD FILE：指定要添加文件。该文件由后面的<文件说明>指定。<文件说明>定义如下：

```
<文件说明> ::=
    ( NAME = 逻辑文件名
    [ , NEWNAME = 新逻辑文件名 ]
    [ , FILENAME = '物理文件名' ]
    [ , SIZE = 大小 ]
    [ , MAXSIZE = { 最大限制 | UNLIMITED } ]
    [ , FILEGROWTH = 增长量 ] )
```

● TO FILEGROUP：表示要将指定的文件添加到其后指定的的文件组中。

● ADD LOG FILE：表示要将其后指定的日志文件添加到指定的数据库中。

● REMOVE FILE：从数据库系统表中删除文件描述并删除物理文件。

● ADD FILEGROUP：指定要添加文件组。

● REMOVE FILEGROUP：从数据库中删除文件组。只有当文件组为空时才能将其删除。

● MODIFY FILE：表示要更改指定的文件，更改选项包括文件名称、大小、增长情况和最大限制。一次只能更改这些属性中的一种。注意，必须在<文件说明>中指定源文件名，以标识要更改的文件。如果指定了 SIZE，那么新的大小必须比文件当前大小还大。

● MODIFY NAME = 新数据库名：表示要重命名数据库。

● MODIFY FILEGROUP 文件组名称 {文件组属性 | NAME = 新文件组名称 }：指定要修改的文件组和所需的改动。如果指定"文件组名称"和"NAME = 新文件组名称"，则将此文件组的名称改为新文件组名称。如果指定"文件组名称"和"文件组属性"，则表示修改文件组的属性。"文件组属性"的值如下。

（1）READONLY——指定文件组为只读。不允许更新其中的对象。主文件组不能设置为只读。

（2）READWRITE——指定文件组为读写属性，允许更新文件组中的对象。只有具有排它数据库访问权限的用户才能将文件组标记为读/写。

（3）DEFAULT——将文件组指定为默认数据库文件组。只能有一个数据库文件组是默认的。CREATE DATABASE 语句将主文件组设置为初始的默认文件组。如果在 CREATE TABLE（创建表）、ALTER TABLE，（修改表）或者 CREATE INDEX（创建索引）语句中没有指定文件组，则新表及索引将创建在默认文件组中。

【例 5-4】添加一个包含两个数据文件的文件组和一个事务日志文件到 employees 数据库中。

```
ALTER DATABASE employees              --修改数据库 employees
ADD FILEGROUP data1                   --添加文件组 data1

ALTER DATABASE employees              --修改数据库 employees
ADD FILE                              --添加数据文件
 (NAME=employee3,                     --逻辑文件名
  FILENAME='e:\sql_data\employee3.ndf', --物理文件名
  SIZE=1,                             --定义文件大小
  MAXSIZE=50,                         --定义文件最大限制
  FILEGROWTH=1),                      --定义文件增长量
 (NAME =employee4,
  FILENAME ='e:\sql_data\employee4.ndf',
  SIZE =2,
  MAXSIZE =50,
  FILEGROWTH =10%)
TO FILEGROUP data1                    --将以上两个文件添加到 data1 文件组

ALTER DATABASE employees
ADD LOG FILE                          --添加日志文件
 (NAME=employeelog3,
  FILENAME='e:\sql_log\employeelog3.ldf',
  SIZE=1,
  MAXSIZE=50,
  FILEGROWTH=1)
```

执行以上语句后，可以打开"数据库属性"对话框，可以查看修改后的数据库属性。

【例 5-5】删除例 5-4 中添加到数据库 employees 中的一个数据文件 employee4。

```
ALTER DATABASE employees
REMOVE FILE employee4
```

【例 5-6】给添加到数据库 employees 中的文件 employee3 大小设置为 5MB。

```
ALTER DATABASE employees
MODIFY FILE
 ( NAME = employee3,
  SIZE = 5MB)
```

【例 5-7】将数据库文件名 employees 修改成 MyEmployees。

```
ALTER DATABASE employees
MODIFY NAME = MyEmployees
```

也可以通过执行系统存储过程 sp_renamedb 修改数据库文件名，代码为

```
EXEC sp_renamedb 'employees','MyEmployees'
```

# 5.4　删除数据库

对于不再使用的数据库，可以删除它们以释放所占用的磁盘空间。可以使用图形界面工具删除数据库，也可以使用 DROP DATABASE 语句删除数据库。

提示　如果数据库当前正在使用，则无法删除该数据库。

### 5.4.1　使用图形界面工具删除数据库

在 SQL Server Management Studio 中，右击要删除的数据库，在弹出的快捷菜单中选择"删除"命令，打开"删除对象"窗口，如图 5-8 所示。单击"确定"按钮即可删除选择的数据库。

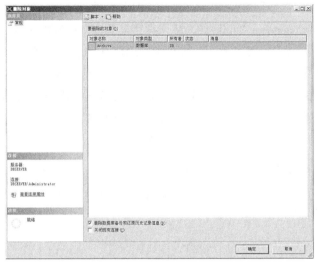

图 5-8　删除数据库

### 5.4.2　使用 DROP DATABASE 语句删除数据库

DROP DATABASE 语句的语法如下：

```
DROP DATABASE 数据库名称[,…n]
```

【例 5-8】删除创建的数据库 company。

```
DROP DATABASE company
```

显示结果为：

```
正在删除数据库文件 'e:\sql_log\company.ldf'。
正在删除数据库文件 'e:\sql_data\company.mdf'。
```

# 5.5　分离数据库和附加数据库

在 SQL Server 中可以使用分离数据库和附加数据库的方法快速将数据库从一台服务器转移到另一台服务器上。分离数据库将使数据库文件（.MDF、.NDF 和.LDF 文件）与 SQL Server 脱离关系，这时无法在当前服务器上使用数据库，但数据库文件仍然存储在磁盘上，可以将其复制到另一台服务器上，然后在另一台服务器上用附加数据库的方法将数据库文件附加到 SQL Server 上，这样就可以在另一台服务器上管理和使用该数据库了。

### 5.5.1　分离数据库

分离数据库指将数据库从 SQL Server 实例中删除，但保留数据库的数据文件和日志文件。可以在需要的时间将这些文件附加到 SQL Server 数据库中。如果不需要对数据库进行管理，又希望保留其数据，则可以对其执行分离操作。这样，在 SQL Server Management Studio 中就看不到该数据库了。如果需要对已经分离的数据库进行管理，则参照 5.5.2 小节中介绍的方法将其附加到数据库即可。

### 1. 使用图形界面工具分离数据库

在 SQL Server Management Studio 的对象资源管理器中，右击要分离的数据库，在弹出的快捷菜单中选择"任务"→"分离"，打开"分离数据库"窗口，如图 5-9 所示。

在窗口中显示了要分离的数据库名称，请确认是否是要分离的数据库。默认情况下，分离操作将在分离数据库时保留过期的优化统计信息。若要更新现有的优化统计信息，请选中"更新统计信息"复选框。配置完成后，单击"确定"按钮。执行分离操作后，数据库名称从对象资源管理器中消失。但是，数据库的数据文件和日志文件仍然存在。

图 5-9 "分离数据库"窗口

### 2. 使用存储过程 sp_detach_db 分离数据库

存储过程 sp_detach_db 的语法结构如下：

```
sp_detach_db [ @dbname= ] 'dbname'
  [ , [ @skipchecks= ] 'skipchecks' ]
  [ , [ @KeepFulltextIndexFile= ] 'KeepFulltextIndexFile' ]
```

参数说明如下。

● [ @dbname = ] 'dbname'：指定要分离的数据库的名称。

● [ @skipchecks = ] 'skipchecks'：指定跳过还是运行 UPDATE STATISTIC。skipchecks 的数据类型为 nvarchar(10)，默认值为 NULL。要跳过 UPDATE STATISTICS，请指定 true。要显式运行 UPDATE STATISTICS，请指定 false。默认情况下，执行 UPDATE STATISTICS 以更新有关 SQL Server 数据库引擎中的表数据和索引数据的信息。对于要移动到只读媒体的数据库，执行 UPDATE STATISTICS 非常有用。

● [ @KeepFulltextIndexFile = ] 'KeepFulltextIndexFile'：指定在数据库分离操作过程中是否删除与正在被分离的数据库关联的全文索引文件。KeepFulltextIndexFile 的数据类型为 nvarchar(10)，

默认值为 true。如果 KeepFulltextIndexFile 为 NULL 或 false，则会删除与数据库关联的所有全文
索引文件以及全文索引的元数据。

【例 5-9】要分离数据库 HrSystem，可以使用如下语句：

```
Exec sp_detach_db 'HrSystem'
```

在分离数据库时，需要拥有对数据库的独占访问权限。如果要分离的数据库正在使用中，则
必须将其设置为 SINGLE_USER 模式，才能进行分离操作。可以使用下面的语句对数据库设置独
占访问权限。

```
USE master
ALTER DATABASE HrSystem
SET SINGLE_USER
GO
```

在下列情况下，无法执行分离数据库的操作。

● 数据库正在使用，而且无法切换到 SINGLE_USER 模式下。
● 数据库存在数据库快照。
● 数据库处于可疑状态。
● 数据库为系统数据库。

## 5.5.2　附加数据库

### 1．使用图形界面工具附加数据库

在 SQL Server Management Studio 的对象资源管理器中，右键单击"数据库"项，在弹出的
快捷菜单中选择"附加"，打开"附加数据库"窗口，如图 5-10 所示。

单击"添加"按钮，打开"定位数据库文件"对话框，如图 5-11 所示。

图 5-10　"附加数据库"窗口图

图 5-11　"定位数据库文件"对话框

选择分离数据库的数据文件，如 HrSystem.mdf，然后单击"确定"按钮，返回"附加数据库"
窗口，此时要附加的数据库信息已经出现在表格中，如图 5-12 所示。

确认附加数据库的信息后，单击"确定"按钮，开始附加数据库操作。完成后，附加的数据
库将会出现在对象资源管理器中。

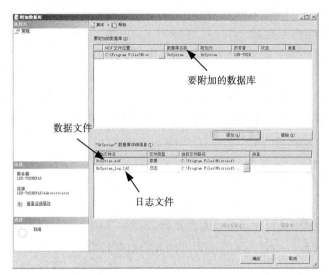

图 5-12　附加数据库的信息

### 2. 使用 CREATE DATABASE 语句附加数据库

可以在 CREATE DATABASE 语句中使用 ATTACH 关键字的方法附加数据库，语法结构如下：

```
CREATE DATABASE 数据库名
  ON <文件定义> [ ,…n ]
    FOR { ATTACH | ATTACH_REBUILD_LOG }
[;]

<文件定义> ::=
{
(
  NAME = 逻辑文件名 ,
  FILENAME = '操作系统文件名'
  [ , SIZE = 文件大小 [ KB | MB | GB | TB ] ]
  [ , MAXSIZE = {文件最大大小[ KB | MB | GB | TB ] | UNLIMITED } ]
  [ , FILEGROWTH = 文件递增大小[ KB | MB | GB | TB | % ] ]
) [ ,…n ]
}
```

参数说明如下。

● ON 关键字指定显式定义用来存储数据库数据部分的磁盘文件（数据文件）。

● FOR ATTACH 关键字指定通过附加一组现有的操作系统文件来创建数据库。

● FOR ATTACH_REBUILD_LOG 指定通过附加一组现有的操作系统文件来创建数据库。该选项只限于读/写数据库。如果缺少一个或多个事务日志文件，将重新生成日志文件。必须有一个指定主文件的<文件定义>项。

使用 FOR ATTACH 子句具有以下要求。

● 所有数据文件（MDF 和 NDF）都必须可用。

● 如果存在多个日志文件，这些文件都必须可用。

【例 5-10】要附加数据库 HrSystem，可以使用如下语句：

```
USE master
```

```
GO
CREATE DATABASE HrSystem ON
 ( FILENAME = 'C:\Program Files\Microsoft SQL Server\MSSQL10.MSSQLSERVER\MSSQL\DATA\
HrSystem.mdf' ),
 ( FILENAME = 'C:\Program Files\Microsoft SQL Server\MSSQL10.MSSQLSERVER\MSSQL\DATA\
HrSystem_log.ldf' )
  FOR ATTACH
  GO
```

在执行附加数据库操作时，必须保证数据库的数据文件和日志文件的绝对路径和文件名是正确的。

附加数据库的操作成功后，可以在对象资源管理器中看到附加数据库的名称。

# 5.6　收缩数据库

SQL Server 允许收缩数据库中的每个文件以删除未使用的页。数据和事务日志文件都可以收缩。数据库文件可以作为组或单独地进行手工收缩，也可以设置按给定的时间间隔自动收缩数据库。该活动在后台进行，并且不影响数据库内的用户活动。

## 5.6.1　查看数据库磁盘使用情况

SQL Server 2008 提供了丰富的数据库报表，可以查看数据库的使用情况。打开 SQL Server Management Studio，右键单击要查看信息的数据库，如 MySQLDB，在弹出的快捷菜单中依次选择"报表"→"标准报表"→"磁盘使用情况"，打开磁盘使用情况页面，如图 5-13 所示。

图 5-13　查看数据库的磁盘使用情况

页面中可以查看到数据库的总空间使用量、数据文件的空间使用量和事务日志的空间使用量，并且以饼图的方式显示数据文件和事务日志文件的空间使用率情况。通过查看此报表，可以了解数据库的空间使用情况，从而决定是否需要扩充或收缩数据库。

## 5.6.2　使用图形界面工具收缩数据库

在 SQL Server Management Studio 中，展开要修改的数据库所在的服务器实例，展开"数据库"文件夹，右击要收缩的数据库，在弹出的快捷菜单中选择"任务"→"收缩"→"数据库"（如果只收缩指定数据库文件，则选择"任务"→"收缩"→"文件"），打开"收缩数据库"窗口，如图 5-14 所示。

根据需要，可以选中"在释放未使用的空间前重新组织文件"复选框。如果选中该复选框，必须为"收缩后文件中的最大可用空间"指定值。但如果设置不当，则可能会影响其性能。

配置完成后，单击"确定"按钮。

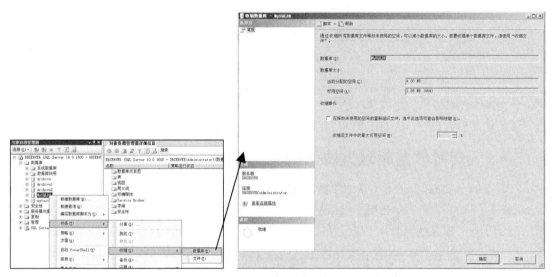

图 5-14　收缩数据库

## 5.6.3　使用 DBCC SHRINKDATABASE 语句收缩数据库

使用 DBCC SHRINKDATABASE 语句可以收缩指定数据库中的数据文件和日志文件的大小，其基本语法结构如下：

```
DBCC SHRINKDATABASE
(  <数据库名> | <数据库 ID> | 0
    [ , <剩余可用空间百分比> ]
    [ , { NOTRUNCATE | TRUNCATEONLY } ]
)
```

在 DBCC SHRINKDATABASE 后面需要指定要收缩的数据库名称或数据库 ID，如果使用 0，则表示收缩当前数据库。

<剩余可用空间百分比>表示收缩数据库后，数据库文件中所需的剩余可用空间百分比。

参数 NOTRUNCATE 只对收缩数据文件有效。使用此参数后，数据库引擎将文件末尾已分配的页移动到文件前面未分配的页中。文件末尾的可用空间不会返回给操作系统，文件的物理大小也不会更改。

参数 TRUNCATEONLY 也只对收缩数据文件有效。使用此参数后，文件末尾的所有可用空间都会释放给操作系统，但不在文件内部执行页移动操作。因此，使用此参数是数据文件只能收缩最近分配的区。

【例 5-11】收缩数据库 Archive，剩余可用空间 10%，代码如下：

```
DBCC SHRINKDATABASE (Archive, 10)
```

运行结果如图 5-15 所示。

| | Dbid | FileId | CurrentSize | MinimumSize | UsedPages | EstimatedPages |
|---|---|---|---|---|---|---|
| 1 | 10 | 1 | 1168 | 128 | 1040 | 1040 |
| 2 | 10 | 2 | 160 | 128 | 160 | 128 |

图 5-15  执行 DBCC SHRINKDATABASE 语句的返回结果

结果集中各字段的含义如下。

- Dbid：数据库引擎要收缩的数据库 ID。
- FileId：数据库引擎要收缩的文件 ID。
- CurrentSize：文件占用的页数（每页占用 8KB 的空间，读者可以计算数据库文件的大小）。
- MinimumSize：文件最少占用的页数。
- UsedPages：文件当前使用的页数。
- EstimatedPages：数据库引擎估算可以收缩到的页数。

如果数据库文件不需要收缩，则在结果集中不显示其内容。

需要注意的是，数据库空间并不是越小越好。因为大多数数据库都需要预留一部分空间，以供日常操作使用。因此在收缩数据库时，如果数据库文件的大小不变或者反面变大了，则说明收缩的空间是常规操作所需要的。在这种情况下，收缩数据库就是无意义的操作了。

DBCC 是 SQL Server 的数据库控制台命令，它可以提供多种命令，用于实现数据库维护、验证、获取信息等功能。

## 5.6.4  使用 DBCC SHRINKFILE 语句收缩指定的数据库文件

使用 DBCC SHRINKFILE 语句可以收缩指定数据文件和日志文件的大小，其基本语法结构如下：

```
DBCC SHRINKFILE
( <文件名> | <文件 ID>
    [ , EMPTYFILE ]
    [ [ , [ <收缩后文件的大小> ]  [ , { NOTRUNCATE| TRUNCATEONLY } ] ]
)
```

这里文件名指要收缩的数据库文件的逻辑名称。<收缩后文件的大小>用整数来表示，单位为 MB。如果未指定此参数，则数据库引擎将文件减少到默认的文件大小。

参数 EMPTYFILE 指定数据库引擎将当前文件的所有数据都迁移到同一文件组中的其他文件，然后可以使用 ALTER DATABASE 语句来删除该文件。

参数 NOTRUNCATE 和 TRUNCATEONLY 的含义与 DBCC SHRINKDATABASE 中相同，请参照理解。

【例 5-12】将数据库 Archive2 中的 Arch21 文件收缩到 10MB，代码如下：

```
USE Archive2
DBCC SHRINKFILE (Arch21, 10)
```

返回结果集的格式与 DBCC SHRINKDATABASE 语句的结果相似。

【例 5-13】将数据库 Archive1 中的文件 Arch12 清空，然后使用 ALTER DATABASE 语句将其

删除，代码如下：

```
USE Archive1
DBCC SHRINKFILE (Arch12, EMPTYFILE)
ALTER DATABASE Archive1 REMOVE FILE Arch12
```

### 5.6.5　设置自动收缩数据库选项

可以设置 SQL Server 定期地自动收缩数据库，防止在管理员不注意的情况下，数据库文件变得越来越大。

AUTO_SHRINK 是设置定期自动收缩的数据库选项，如果将其设置为 ON，则启动定期自动收缩数据库的功能。可以使用 ALTER DATABASE 语句来设置数据库选项，语句如下：

```
ALTER DATABASE 数据库名
SET AUTO_SHRINK ON
```

也可以在数据库属性对话框中查看和设置数据库选项。右键单击要设置自动收缩的数据库，在弹出的快捷菜单中选择"属性"，打开"数据库属性"对话框。切换到"选项"页面，可以查看当前数据库的配置选项。在"自动收缩"选项后面，可以选择 True 或者 False，如图 5-16 所示。

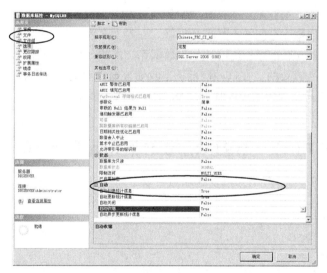

图 5-16　在 SQL Server Management Studio 中设置数据库的配置选项

# 5.7　移动数据库

如果磁盘空间不足，可以使用下面的方法将用户数据库中的指定文件移动到其他的磁盘上。

【例 5-14】将数据库 Archive 的数据文件 archdat2.mdf 移动到 d:\DataFile 目录下。

（1）执行下面的语句，将数据库设置为离线状态。

```
ALTER DATABASE Archive SET OFFLINE
```

（2）将文件移动到其他位置，例如将 archdat2.mdf 移动到 d:\DataFile 目录下。

（3）执行下面的语句，修改数据库文件的位置。

```
ALTER DATABASE Archive MODIFY FILE (NAME=arch2, FILENAME='d:\DataFile\archdat2.mdf')
```

（4）运行下面的语句，将数据库设置为在线状态。

ALTER DATABASE Archive SET ONLINE

查看数据库 Archive 的文件属性，可以看到 arch2 文件的位置已经修改为 d:\DataFile\archdat2.mdf，如图 5-17 所示。

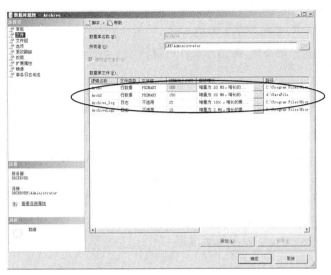

图 5-17　确认数据库文件 arch2 被成功移动到新的位置

# 练 习 题

## 一、单项选择题

1. 每个数据库有（　　）数据库文件。有（　　）主数据库文件，有（　　）次数据库文件，有（　　）事务日志文件。

　　A. 1 个　　　　　　B. 1 到多个　　　　C. 0 到多个　　　　D. 2 个

2. 每个数据库有（　　）文件组，包括（　　）主文件组，（　　）次文件组。

　　A. 1 个　　　　　　B. 1 到多个　　　　C. 0 到多个　　　　D. 2 个

3. 数据库的逻辑文件名必须遵守（　　）的命名规则，数据库的物理文件名必须遵守（　　）的命名规则。

　　A. 标识符　　　　　B. 文件名　　　　　C. 操作系统文件名 D. 变量名

4. （　　）不能放在任何文件组中。

　　A. 主数据库文件　　　　　　　　　　　B. 次数据库文件

　　C. 事务日志文件　　　　　　　　　　　D. 操作系统文件

5. 分离数据库指（　　）。

　　A. 将数据库从 SQL Server 实例中删除，但保留数据库的数据文件和日志文件

　　B. 将数据库从 SQL Server 实例中删除，保留数据库的数据文件，并删除日志文件

　　C. 将数据库从 SQL Server 实例中删除，删除数据库的数据文件，但保留日志文件

　　D. 不将数据库从 SQL Server 实例中删除，但删除数据库的数据文件和日志文件

6．收缩数据库语句是（　　　）。

    A．SHRINK DATABASE

    B．DBCC SHRINKDATABASE

    C．ALTER DATABASE…SET AUTO_SHRINK ON

    D．SHRINK FILE

## 二、填空题

1．根据所存储的信息的不同，数据库文件可以分为＿＿＿＿文件、＿＿＿＿文件和＿＿＿＿文件。

2．扩展名为 mdf 的文件为＿＿＿＿文件，扩展名为 ndf 的文件为＿＿＿＿文件，扩展名为 ldf 的文件为＿＿＿＿文件。

3．SQL Server 的数据库文件有两个名称，即＿＿＿＿和＿＿＿＿。

4．文件组分为主文件组和次文件组。主文件组包括主数据库文件和＿＿＿＿文件。

5．数据库被创建之后，＿＿＿＿用户自动成为该数据库的所有者。

6．可以在 CREATE DATABASE 语句中使用＿＿＿＿关键字的方法附加数据库。

7．使用＿＿＿＿语句删除数据库。

8．使用存储过程＿＿＿＿分离数据库。

## 三、简答题

1．简述事务日志文件的作用。

2．在数据库属性对话框中，"文件自动增长"和"自动收缩"代表什么意思？

3．简述将用户数据库中的指定文件移动到其他的磁盘上的步骤。

## 四、上机练习题

按以下要求完成各步操作，将完成各题功能的 Transact-SQL 语句记录在作业纸上（或保存到自备的移动存储器上）。打*号的题目不使用 Transact-SQL 语句，无须记录。

1．在 D 盘根目录下建立两个文件夹 sql_data 和 sql_log。打开 SQL Server Management Studio，注意选择所连接的 SQL Server 为你自己的机器，连接使用"Windows 身份验证"。用 CREATE DATABASE 语句按以下要求在本地 SQL Server 下建立数据库。

数据库名称——mydb1

主数据文件逻辑名称——f1

主数据文件物理名称——D:\sql_data\f1.mdf

初始大小——2MB；最大尺寸——无限大；增长速度——5%

次数据文件逻辑名称——f2

次数据文件物理名称——D:\sql_data\f2.ndf

初始大小——3MB；最大尺寸——200MB；增长速度——2MB

事务日志文件逻辑名称——lg1

事务日志文件物理名称——D:\sql_log\lg1.ldf

初始大小——1MB；最大尺寸——10MB；增长速度——1MB

调试运行成功后，在 SQL Server Management Studio 中找到所建立的数据库，打开其属性窗口，观察所建数据库的属性是否和以上要求一致。确定正确后记录下所使用的 CREATE DATABASE 语句。

*2．使用图形界面工具删除以上建立的数据库，再使用图形界面工具按以上要求建立数据库。

3．用 ALTER DATABASE 语句完成以下操作。

（1）向第 2 题创建的 mydb1 数据库的 primary 文件组中添加文件：

次数据文件逻辑名称——f3

次数据文件物理名称——D:\sql_data\f3.ndf

初始大小——2MB；最大尺寸——5MB；增长速度——1MB

（2）修改以上生成的数据库文件 f3，使其初始大小为 3MB，最大尺寸为 10MB。

（3）将数据库名称 mydb1 修改成 mydb2。

4．创建备份设备。

＊（1）在 D 盘建立文件夹 mybackup1 和 mybackup2。

＊（2）打开 SQL Server Management Studio，使用图形界面工具创建备份设备 mycopy1，该设备使用文件夹 mybackup1，指定文件名为 mydb1.bak。

（3）使用系统存储过程 sp_addumpdevice 创建备份设备 mycopy2，该设备使用文件夹 mybackup2，指定文件名为 mydb2.bak。

5．分离和附加数据库（请两个同学配合完成本练习）。

＊（1）同学 A 使用图形界面工具创建数据库 mydb1。

＊（2）同学 A 用图形界面工具分离数据库 mydb1（注意修改数据库的物理文件名为新的文件名）。

＊（3）将分离后的数据库 mydb1 的数据文件（假定为 mydb1.mdf）和日志文件（假定为 mydb1_log.ldf）复制到同学 B 的机器上的 SQL Server 数据目录（假定为 C:\Program Files\Microsoft SQL Server\MSSQL10.MSSQLSERVER\MSSQL\DATA\）下。

（4）同学 B 使用 CREATE DATABASE 语句将得到的文件附加到数据库 mydb1。

＊（5）同学 B 使用图形界面工具删除数据库 mydb1。

6．移动数据库。

＊（1）使用图形界面工具创建数据库 Archive，将数据文件逻辑名设置为 arch，物理文件名设置为 archdat.mdf。

＊（2）在 D 盘建立文件夹 DataFile。

（3）使用 Transact-SQL 语句，将数据库设置为离线状态。

＊（4）将 archdat.mdf 移动到 d:\DataFile 目录下。

（5）使用 Transact-SQL 语句，修改数据库 Archive 的文件 arch 的位置为 d:\DataFile\archdat.mdf。

（6）使用 Transact-SQL 语句，将数据库设置为在线状态。

＊（7）查看数据库 Archive 的文件属性，确认 arch 文件的位置已经修改为 d:\DataFile\archdat.mdf。

# 第6章
# 表 和 视 图

数据库是存放数据的容器，但如果将数据不加分类都放在一个容器里，那么管理起来显示会很混乱。表和视图就好像是数据容器里的抽屉，它们可以将 SQL Server 数据库中的数据分门别类地进行存储。通过表和视图可以定义数据库的结构，可以定义约束来指定表中可以保存什么样的数据，也就是定义限制条件。作为 SQL Server 数据库管理员，对表和视图进行管理是必须掌握的基本技能。

# 6.1 表

本节介绍表的基本概念和管理方法。

## 6.1.1 表的概念

表是 SQL Server 数据库中最重要的逻辑对象，是存储数据的主要对象。在设计数据库结构时，很重要的工作就是设计表的结构。例如，在设计人力资源管理数据库时，可以包含部门表、员工表、考勤表、工资表等，而部门表可以包含部门编号、部门名称、部门职能等列。

SQL Server 数据库的表由行和列组成，其逻辑结构如图 6-1 所示。

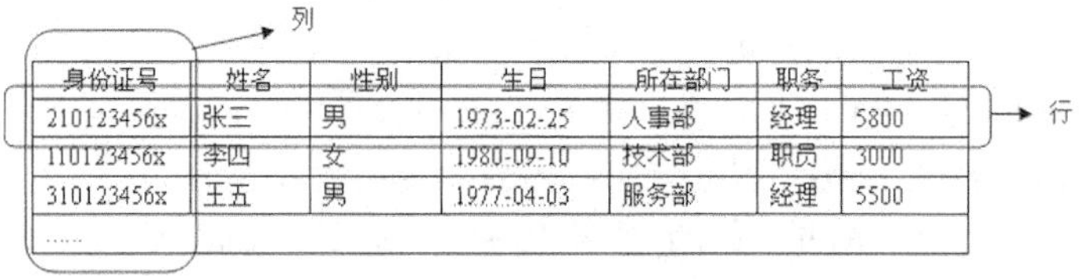

| 身份证号 | 姓名 | 性别 | 生日 | 所在部门 | 职务 | 工资 |
|---|---|---|---|---|---|---|
| 210123456x | 张三 | 男 | 1973-02-25 | 人事部 | 经理 | 5800 |
| 110123456x | 李四 | 女 | 1980-09-10 | 技术部 | 职员 | 3000 |
| 310123456x | 王五 | 男 | 1977-04-03 | 服务部 | 经理 | 5500 |

图 6-1 表的逻辑结构演示图

在表的逻辑结构中，每一行代表一条记录，而每列代表表中的一个字段，也就是一项内容。列的定义决定了表的结构，行则是表中的数据。每个表至多可定义 1 024 列。表和列的命名要遵守标识符的规定，列名在各自的表中必须是唯一的，而且必须为每列指定数据类型。

在 SQL Server 中，表分为永久表和临时表两种。数据通常存储在永久表中，如果用户不手动删除，永久表和其中的数据将永久存在。临时表存储在 tempdb 数据库中，当不再使用时系统会自动删除临时表。

临时表可以分为本地临时表和全局临时表。本地临时表以#符号开头，如#tmptable1。本地临时表仅对当前连接数据库的用户有效，其他用户看不到本地临时表，当用户断开与数据库的连接时，本地临时表被自动删除。全局临时表以##符号开头，如##tmptable2。全局临时表对所有连接数据库的用户都有效，当所有引用该表的用户从 SQL Server 断开连接时全局临时表被删除。

## 6.1.2　创建表

设计数据库的关键就是设计表结构。首先应确定需要什么样的表，表中都有哪些数据、数据特点或范围以及表的存取权限等。然后考虑设计哪些列，并为每列指派数据类型。

下面演示如何在人力资源数据库 HrSystem 中创建部门表 Departments。表 Departments 的结构如表 6-1 所示。

表 6-1　　　　　　　　　　　　　　　　表 Departments 的结构

| 列　　名 | 数 据 类 型 | 具 体 说 明 |
| --- | --- | --- |
| Dep_id | int | 部门编号 |
| Dep_name | varchar(100) | 部门名称 |

首先使用 CREATE DATABASE 语句创建数据库 HrSystem，代码如下：

```
CREATE DATABASE HrSystem
GO
```

在 SQL Server Management Studio 中，展开数据库 HrSystem，右键单击"表"节点，在弹出的快捷菜单中选择"新建表"，打开表设计器，如图 6-2 所示。

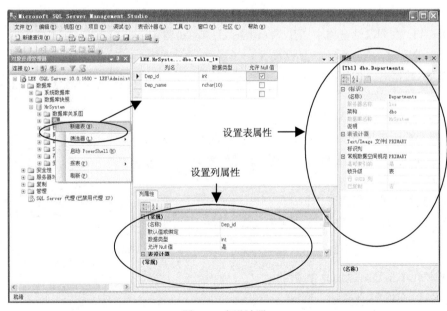

图 6-2　表设计器

参照表 6-1 所示的结构输入列名、数据类型、长度和允许空等信息。列名必须唯一，而且要符合 SQL Server 的标识符规范。如果不选中"允许空"选项，则在插入或修改记录时，此列内容不能为空，否则会出现错误。

在右侧的表属性窗格中，可以设置当前表的属性信息。在"（名称）"属性中可以输入表名 Departments，替换系统默认的表名 Table_1，如图 6-3 所示。

选中图 6-2 中表的任一列，在窗体的下半部分将显示该列的属性。SQL Server 数据库主要的列属性如下。

- 是否允许为空值（NULL 或 NOT NULL）。

此属性定义在输入数据时指定列值是否为空。在使用 SQL 语句创建表时，NULL 表示允许空，NOT NULL 表示不允许空，默认为 NULL。例如，在 dep_id 和 dep_name 列的后面取消"允许空"复选框，即设置为 NOT NULL。

- 定义主键（PRIMARY KEY）。

定义为主键的列可以唯一标识表中的每一行记录。创建主键的具体方法将在 6.2.2 小节中介绍。

图 6-3　设置表的属性

- 自动生成列值（IDENTITY）。

很多表中使用编号列来标识表中的记录。在插入数据时，用户并不需要指定编号列的值，只要它们互不相同就可以了。在这种情况下，可以将编号列设置为标识列，并指定一个初始值和增量值。在插入数据时，第一条记录的编号列被自动赋值为初始值，以后每插入一条记录，标识列会由系统根据增量值自动生成。

> **提示**　通常将标识列的类型定义为 int 或 bigint。虽然从理论上讲，可以将标识列定义为 smallint 和 tinyint，但由于它们的适用范围比较小，当记录的编号值超过此适用范围时，再插入数据会造成算术溢出错误。

下面将 Dep_id 列设置为标识列，由系统自动生成该列的值。选中列 Dep_id，在列属性窗格中展开"标识规范"属性，将"（是标识）"属性设置为"是"，标识增量设置为 1，标识种子设置为 1。这样，在插入数据时，该列值由系统自动生成，初始值为 1，每次值的增量为 1，如图 6-4 所示。

- 定义默认值（DEFAULT）。

定义列的默认值是在插入数据时，如果不指定列值，则系统自动赋默认值。比较常见的用法是将日期列默认值定义为 GETDATE()。

单击工具栏中的"保存"图标 🖫 保存表定义。

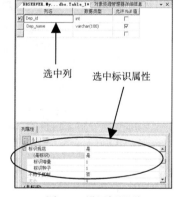

图 6-4　设置标识列

也可以使用 CREATE TABLE 语句创建表，基本语法如下：

```
CREATE TABLE 表名
(
    列名 1　数据类型和长度 1　列属性 1,
    列名 2　数据类型和长度 2　列属性 2,
    ......
    列名 n　数据类型和长度 n　列属性 n
)
```

可以看到，在 CREATE TABLE 语句中需要指出的元素与表设计器中的相同，包括表名、列名、列的数据类型和长度以及列属性等。

下面通过实例介绍如何使用 CREATE TABLE 语句创建表。

【例 6-1】在数据库 HrSystem 中创建员工表 Employees，表结构如表 6-2 所示。

表 6-2 表 Employees 的结构

| 列 名 | 数 据 类 型 | 具 体 说 明 |
|---|---|---|
| Emp_id | int | 员工编号 |
| Emp_name | varchar(50) | 员工姓名 |
| Sex | char(2) | 员工性别 |
| Title | varchar(50) | 员工职务 |
| Wage | float | 工资（精度 8，小数位数 2） |
| IdCard | varchar(20) | 身份证号 |
| Dep_id | tinyint | 所在部门编号 |

使用 CREATE TABLE 语句创建表 Employees 的方法如下：

```
USE HrSystem
GO
CREATE TABLE Employees
(
    Emp_id    int PRIMARY KEY IDENTITY(1,1),
    Emp_name  varchar(50)  NOT NULL,
    Sex   char(2)  DEFAULT('男'),
    Title varchar(50)  NOT NULL,
    Wage float   DEFAULT(0),
    IdCard    varchar(20)  NOT NULL,
    Dep_id    int NOT NULL
)
```

下面介绍 CREATE TABLE 语句中使用到的关键字。

● PRIMARY KEY：定义此列为主键列。

● IDENTITY：定义此列为标识列，即由系统自动生成此列的值。IDENTITY 中的两个参数分别表示此标识列的初始值和增量值。

● NOT NULL：指定此列不允许为空。NULL 表示允许空，但因为它是默认设置，不需要指定。

● DEFAULT：指定此列的默认值。例如，指定 Sex 列的默认值为"男"，可以使用 DEFAULT('男')。这样，在向表中插入数据时，如果不指定此列的值，则此列采用默认值。

USE HrSystem 语句表示选择数据库。可以在 SQL Server Management Studio 中执行此语句，刷新显示后，可以看到新建的表 Employees。

## 6.1.3 查看和管理表中的数据

在 SQL Server Management Studio 中，右键单击表名，在弹出的快捷菜单中选择"编辑前 200 行"，打开查看表中数据的窗口，如图 6-5 所示。

使用这种方式只能看到表中前 200 行数据，用户可以在窗口中添加、修改和删除表中的数据。

在表名上单击鼠标右键，在弹出的快捷菜单中选择"选择前 1000 行"，打开查看表的前 1000 行数据窗口，如图 6-6 所示。

此窗口分成两个部分，查询表的 SELECT 语句和查询结果。在查询结果窗口中，只能查看数据，不能对数据进行添加、修改和删除。

关于 SELECT 语句的具体使用方法将在 6.4 节中介绍。

图 6-5　编辑表中前 200 行数据

图 6-6　选择表中前 1000 行数据

## 6.1.4　查看表的磁盘空间信息

在 SQL Server 2008 提供的统计报表中，可以很方便地查看数据库中表的记录数和磁盘空间使用情况。打开 SQL Server Management Studio，右键单击要查看的数据库，如 HrSystem，在弹出的快捷菜单中选择"报表" / "标准报表" / "按表的磁盘使用情况"，可以打开按表的磁盘使用情况进行统计的报表，如图 6-7 所示。

图 6-7　按表的磁盘使用情况进行统计

也可以使用存储过程 sp_spaceused 查看指定数据库表的磁盘使用情况。

【例 6-2】使用存储过程 sp_spaceused 查看数据库 HrSystem 中表 Employees 的磁盘使用情况，语句如下。

```
sp_spaceused N'Employees'
GO
```

运行结果如图 6-8 所示。结果显示表 Employees 中包含 9 行数据，数据占用空间为 8KB，索引占用空间为 40KB，保留空间为 48KB，未用空间为 0KB。

图 6-8　使用 sp_spaceused 查看表的磁盘使用情况

## 6.1.5　修改表

在创建表后，有时需要修改表结构。修改表通常包括重命名表、修改表的列名、向表中添加列、修改列属性和删除表中的列操作。

### 1．重命名表

在 SQL Server Management Studio 中，右键单击表名，在弹出的快捷菜单中选择"重命名"，可以使表名表现为编辑状态，如图 6-9 所示。修改表名后，按回车键即可完成表的重命名。

可以使用 sp_rename 存储过程修改表或列的名称。关于存储过程的概念将在第 8 章介绍，这里可以把它当做是一个 SQL Server 命令。存储过程 sp_rename 的基本语法如下：

```
sp_rename 原对象名, 新对象名, 对象类型
```

图 6-9　重命名表

在重命名表时，可以省略对象类型参数。

【例 6-3】使用存储过程 sp_rename 将表 Employees 重命名为 EmpInfo，具体语句如下：

```
USE HrSystem
GO
sp_rename Employees, EmpInfo
```

### 2．修改表的列名

在 SQL Server Management Studio 中，右键单击要修改的表，在弹出的快捷菜单中选择"设计"，打开表设计器，修改表的结构，如图 6-10 所示。可以在列名栏中修改表的列名。

图 6-10　修改表的列名

在使用存储过程 sp_rename 时，使用 COLUMN 关键字表示对列进行重命名。

【例 6-4】将表 EmpInfo 中的列 Wage 重命名为 Salary，具体语句如下：

```
USE HrSystem
```

```
GO
sp_rename 'EmpInfo.Wage', 'Salary', 'COLUMN'
```

### 3. 向表中添加列

在 SQL Server Management Studio 中，右键单击要修改的表，在弹出的快捷菜单中选择"设计"，打开表设计器，修改表的结构。在表设计器中单击鼠标右键，在弹出的快捷菜单中选择"插入列"，可以在当前列的上面增加一个新列，如图 6-11 所示。

在表设计器的最下面有一个空行，如果要在表中追加一列，则可以直接在空行中输入列名、数据类型等信息。

使用 ALTER TABLE 语句向表中添加列的基本语法如下：

```
ALTER TABLE 表名 ADD 列名 数据类型和长度 列属性
```

【例 6-5】使用 ALTER TABLE 语句在表 Employees 中增加一列，列名为 Tele，数据类型为 varchar，长度为 50，列属性为允许空。具体语句如下：

```
USE HrSystem
GO
ALTER TABLE Employees ADD Tele varchar(50) NULL
GO
```

### 4. 修改列属性

在 SQL Server Management Studio 中，可以打开表设计器，修改表的结构。修改完成后，单击工具栏上的"保存"按钮，可以保存对表结构的修改。

如果表中存在数据，则对列属性的修改必须与现有的数据兼容。例如，向表 Departments 中插入一条部门记录，Dep_name 列的值为"人事部"。在表设计器中将 Dep_name 列的数据类型修改为 varchar(2)，然后单击工具栏中的"保存"按钮，将弹出如图 6-12 所示的对话框，提示用户不允许保存更改，因为字符串"人事部"的长度为 6，大于 varchar(2)中定义的长度。

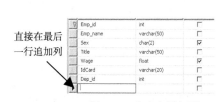

直接在最后一行追加列

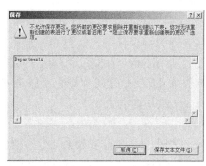

图 6-11 向表中添加列　　　　图 6-12 因为数据类型不兼容的而无法修改列的属性

使用 ALTER TABLE 语句修改列属性的基本语法如下：

```
ALTER TABLE 表名 ALTER COLUMN 列名 新数据类型和长度 新列属性
```

【例 6-6】使用 ALTER TABLE 语句在表 Employees 中修改 Tele 列的数据类型为 char，长度为 30，并允许空。具体语句如下：

```
USE HrSystem
GO
ALTER TABLE Employees ALTER COLUMN Tele char(30) NULL
GO
```

### 5. 删除表中的列

在 SQL Server Management Studio 中打开表设计器，右键单击要删除的列，选择弹出菜单中的"删除列",可以删除选择的列。单击工具栏中的"保存"按钮,可将删除列后的表保存到数据库中。

使用 ALTER TABLE 语句删除列的基本语法如下:

```
ALTER TABLE 表名 DROP COLUMN 列名
```

【例 6-7】使用 ALTER TABLE 语句在表 Employees 中删除 Tele 列,具体语句如下:

```
USE HrSystem
GO
ALTER TABLE Employees DROP COLUMN Tele
GO
```

### 6.1.6　删除表

在 SQL Server Management Studio 中右键单击要删除的表,在弹出的快捷菜单中选择"删除",打开"删除对象"窗口,如图 6-13 所示。单击"确定"按钮可以删除当前表。如果不需要删除表,则单击"取消"按钮。

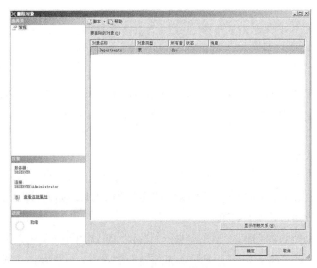

图 6-13　确认删除表

提示　　　　表一旦被删除,将无法被恢复,除非还原数据库。因此,执行此操作时应该慎重。

也可以使用 DROP TABLE 语句删除表定义及该表的所有数据、索引、触发器、约束和权限规范。不能使用 DROP TABLE 来删除系统表。

DROP TABLE 的语法结构非常简单:

```
DROP TABLE 表名
```

# 6.2　表　约　束

在设计数据库时,需要考虑数据完整性,也就是说不能存在垃圾数据(例如在部门表中不应该存在部门名称相同的两条记录)、不能缺少必要的数据(例如在部门表中不应该存在部门名称为空的记录）。如果不满足数据完整性，数据库中就会存在大量的无效数据，从而造成资源的浪费和逻辑的混乱。

## 6.2.1 表约束的类型

表约束（Constraint）是 SQL Server 提供的一种强制实现数据完整性的机制，它包括主键约束、唯一性约束、检查约束、默认约束和外键约束。

### 1. 主键（PRIMARY KEY）约束

主键是一列或一组列，其值可以唯一地标识表中的每一行，也就是说每一行数据的主键值各不相同，这样就可以通过主键的值反过来确定每一行。在创建和修改表时，可以定义主键约束。主键列的值不允许为空。例如，可以将员工表 Employees 中的员工编号字段 EmpId 设置为主键列，员工编号不允许为空，它唯一地标识一个员工记录。

### 2. 唯一性（UNIQUE）约束

唯一性约束可以保证除主键外的其他若干列的数据唯一性，以防止在列中输入重复的值。

> **提示** 一个表中可以定义多个唯一性约束，而主键约束只有一个。

### 3. 检查（CHECK）约束

检查约束指定表中若干可以接受的数据值或格式。如果记录不满足检查约束，则不允许将其插入到表中。例如，员工表 Employees 中的工资列 Wage 的值应该大于 0，则可以在列 Wage 上设置检查约束，条件为 Wage>0。

### 4. 默认（DEFAULT）约束

默认约束可以为指定列定义一个默认值。在输入数据时，如果没有输入该列的值，则该列的值就是默认值。比较常见的用法是将日期列默认值定义为 GETDATE()，即当前的系统日期和时间。

### 5. 外键（FOREIGN KEY）约束

前面介绍的约束都是表内约束，它们只对一个表起约束作用。外键约束则是用于建立和加强两个表数据之间链接的。通过将表中的主键列添加到另一个表中，可创建两个表之间的链接。这个主键列就是第二个表的外键。外键约束可以确保添加到外键表中的任何行在主表中都存在相应的行。

例如，在部门信息表 Departments 中定义部门编号列 Dep_id，唯一标识一个部门记录；在员工信息表 Employees 中也定义部门编号 Dep_id，保存员工所在的部门。可以在这两个列上创建外键约束，这样就建立了两个表之间的关系，可以确保表 Employees 中的部门编号在表 Departments 中都有对应的行。

## 6.2.2 管理主键约束

主键是表中的一列或一组列，它们的值唯一地标识表中的每一行。在创建和修改表时，可以定义主键约束。

### 1. 创建主键约束

在 SQL Server Management Studio 中，右键单击要定义主键的表，选择"设计"菜单项，打开表设计器。选中主键列，单击工具栏中的图标，可以创建主键。此时主键列的左侧出现了一个 📑 图标，如图 6-14 所示。主键列的"允许空"选项被自动取消，因为主键列必须输入数据，不允许为空。

在表设计器中单击鼠标右键，在弹出的快捷菜单中选择"索引/键"，打开"索引/键"对话框，如图 6-15 所示。

可以看到，表 Departments 中主键的默认名称为 PK_Departments。单击"添加"按钮，可以在表中添加主键约束。

图 6-14　在表 Departments 中定义主键　　　　图 6-15　定义和管理主键

定义为主键约束的列不能存在重复的数据。

在 CREATE TABLE 语句中，可以使用 CONSTRAINT 关键字定义主键，基本语法如下：

```
CONSTRAINT 主键名
    PRIMARY KEY [ CLUSTERED | NONCLUSTERED ]
    (列名 1 [, 列名 2, …, 列名 n])
```

如果不指定主键名，则系统会自动分配一个名称。PRIMARY KEY 关键字指定当前创建的约束类型为主键。CLUSTERED | NONCLUSTERED 是可选项，用于指定创建聚集或非聚集索引。聚集索引和非聚集索引的概念将在第 7 章中介绍。列名 1 [, 列名 2, …, 列名 n]表示可以在多个列上定义主键，多数情况下只在一个列上定义主键。

【例 6-8】创建表 test，同时使用 CONSTRAINT 子句定义主键 PK_test，代码如下：

```
USE HrSystem
GO
CREATE TABLE test
(
    testid   int,
    test varchar(50),
    CONSTRAINT PK_test PRIMARY KEY (testid)
)
GO
```

## 2. 修改主键约束

在 SQL Server Management Studio 中，右键单击要定义主键的表，选择"设计"菜单项，打开表设计器。在表设计器中单击鼠标右键，在弹出的快捷菜单中选择"索引/键"，打开"索引/键"对话框，如图 6-15 所示。在此对话框中，用户可以修改主键名称、选择定义主键的列和顺序。

在 ALTER TABLE 语句中，可以使用 CONSTRAINT 关键字定义主键，基本语法如下：

```
ADD CONSTRAINT 主键名
    PRIMARY KEY [ CLUSTERED | NONCLUSTERED ]
    (列名 1 [, 列名 2, …, 列名 n])
```

【例 6-9】首先使用 CREATE TABLE 语句创建表 Student，然后再使用 ALTER TABLE 语句将 StuId 列设置为主键，代码如下：

```
USE HrSystem;
```

```
GO
CREATE TABLE Student
(
    StuId int  IDENTITY(1,1),
    StuName   varchar(50)  NOT NULL,
    Sex   bit DEFAULT(0),
    Class varchar(50)  NOT NULL,
    Score float     DEFAULT(0),
)
GO
ALTER TABLE Student
ADD CONSTRAINT PK_Stu PRIMARY KEY NONCLUSTERED (StuId)
GO
```

### 3. 删除主键约束

在 SQL Server Management Studio 中，可以通过以下 3 种方法删除主键约束。

（1）右键单击要定义主键的表，选择"设计"菜单项，打开表设计器。选中主键列，单击工具栏中的 ![图标] 图标，可以删除主键。

（2）在表设计器中单击鼠标右键，在弹出的快捷菜单中选择"索引/键"，打开"索引/键"对话框。选择要删除的主键约束，单击"删除"按钮，即可将其删除。

（3）在表设计器中单击右键，在弹出的快捷菜单中选择"删除主键"，也可以删除主键链接。

在 ALTER TABLE 语句中，可以使用 DROP CONSTRAINT 关键字定义主键，基本语法如下：

```
ALTER TABLE <表名>
DROP CONSTRAINT <PRIMARY KEY 约束名>
```

【例 6-10】删除表 Student 的主键约束 PK_Stu，代码如下：

```
USE HrSystem
GO
ALTER TABLE Student
DROP CONSTRAINT PK_Stu
GO
```

## 6.2.3　管理唯一性约束

在表设计器中单击鼠标右键，在弹出的快捷菜单中选择"索引/键"，打开"索引/键"对话框，在这里可以查看、创建、修改和删除键。单击"添加"按钮，添加一个以 IX_开头的键。在右侧的属性列表中，将"是唯一的"属性设置为"是"，可以创建唯一性约束，如图 6-16 所示。

单击"列"属性后面的"..."按钮，打开"索引列"对话框，如图 6-17 所示。

在"列名"列表中选择要创建唯一性约束的列，单击"确定"按钮。

图 6-16　创建唯一性约束

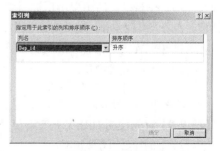

图 6-17　选择索引列

定义为唯一性约束的列同样不能存在重复的数据。例如，将表 Departments 中的 Dep_name
列定义为唯一性约束，然后在表 Departments 中输入两条 Dep_name 列相同的记录，会弹出如图
6-18 所示的对话框，提示用户不允许插入重复值。

在 CREATE TABLE 和 ALTER TABLE 语句中，
可以使用 CONSTRAINT 关键字定义唯一性约束，
基本语法如下：

```
CONSTRAINT 约束名
    UNIQUE [ CLUSTERED | NONCLUSTERED ]
    (列名 1 [, 列名 2, …, 列名 n])
```

图 6-18　不允许在唯一性约束列中插入重复数据

如果不指定约束名，则系统会自动分配一个名称。UNIQUE 关键字指定当前创建的约束类型
为唯一性约束。CLUSTERED | NONCLUSTERED 是可选项，用于指定创建聚集或非聚集索引。
聚集索引和非聚集索引的概念将在第 7 章中介绍。列名 1 [, 列名 2, …, 列名 n]表示可以在多个列
上定义唯一性约束。

【例 6-11】创建表 test1，将 test_name 列设置唯一性约束，代码如下：

```
USE HrSystem
GO
CREATE TABLE test1
(
    testid   int,
    testname varchar(50),
    CONSTRAINT PK_test1 PRIMARY KEY (testid),
    CONSTRAINT IX_test1 UNIQUE (testname)
)
GO
```

修改和删除唯一性约束的方法与修改和删除主键约束的方法相似，请参照 6.2.2 小节理解。

## 6.2.4　管理检查约束

在表设计器中单击鼠标右键，在弹出的快捷菜单中选择"CHECK 约束"，打开"CHECK 约
束"对话框。单击"新建"按钮，系统将生成一个空的检查约束，对于表 Employees，默认的检
查约束名为 CK_Employees，在"表达式"文本框中输入约束条件，如"Wage>0"，如图 6-19 所示。

可以看到，在创建检查约束时，系统自动生成一个以 CK_开头的名称。可以修改名称和约束
表达式。单击"删除"按钮，可以删除检查约束。如果修改或删除检查约束，需要保存表。

如果输入的数据不满足检查约束，系统将无法保存数据。例如，在表 Employees 中的 Wage
列输入–1，会弹出如图 6-20 所示的对话框，提示用户不允许在插入冲突值。

图 6-19　定义和管理检查约束

图 6-20　违反检查约束

在 CREATE TABLE 和 ALTER TABLE 语句中，可以使用 CONSTRAINT 关键字定义检查约束，基本语法如下：

```
CONSTRAINT 约束名
    CHECK [NOT FOR REPLICATION]
    (逻辑表达式)
```

如果不指定约束名，则系统会自动分配一个名称。CHECK 关键字指定当前创建的约束类型为检查约束。NOT FOR REPLICATION 是可选项，用于指定当从其他表中复制数据时，不检查约束条件。逻辑表达式用于定义列的约束条件。

【例 6-12】使用 CREATE TABLE 语句创建表 Student，同时创建检查约束，定义列 Score 的值大于或等于 0。

具体语句如下：

```
CREATE TABLE Student
(
    StuId int  IDENTITY(1,1),
    StuName  varchar(50)  NOT NULL,
    Sex   bit DEFAULT(0),
    Class varchar(50)  NOT NULL,
    Score float    DEFAULT(0),
     CONSTRAINT PK_Student PRIMARY KEY (StuId),
     CONSTRAINT IX_Student UNIQUE (StuName),
     CONSTRAINT CK_Student CHECK (Score>=0)
)
```

可以在检查表达式中使用 LIKE 关键词进行模式匹配。

【例 6-13】使用 CREATE TABLE 语句创建表 Client，同时创建检查约束，定义邮政编码列 Postcode 的值是由 6 位数字组成的字符串。

具体语句如下：

```
CREATE TABLE Client
(
    Id    int  IDENTITY(1,1),
    CltOrg    varchar(50)  NOT NULL,
    Address   varchar(100) NOT NULL,
    Postcode varchar(10)  NOT NULL,
     CONSTRAINT PK_Client PRIMARY KEY (Id),
     CONSTRAINT IX_Client UNIQUE (CltOrg),
     CONSTRAINT CK_Client CHECK (Postcode LIKE '[0-9][0-9][0-9][0-9][0-9] [0-9]')
)
```

LIKE 是 SQL Server 关键字，用于对指定的字符串进行模式匹配。[0-9]指定单个字符在 0 至 9 的范围内。

可以使用 ALTER TABLE 语句在已经存在的表中添加检查约束，基本语法如下：

```
ALTER TABLE <表名>
ADD CONSTRAINT <CHECK 约束名> CHECK (<约束条件>)
```

【例 6-14】在表 Employees 中添加一个检查约束，指定列 Sex 的值只能等于"男"或"女"，代码如下：

```
USE HrSystem
ALTER TABLE Employees
ADD CONSTRAINT CK_SEX CHECK (Sex='男' OR Sex='女')
```

也可以在 ALTER TABLE 语句中使用 DROP CONSTRAINT 关键字删除指定的检查约束。

【例 6-15】删除表 Employees 中的检查约束 CK_SEX 的语句如下：

```
ALTER TABLE Employees
DROP CONSTRAINT CK_SEX
```

## 6.2.5　管理默认约束

在 SQL Server Management Studio 中，右键单击要定义默认约束的表，选择“设计”菜单项，打开表设计器。选中要定义默认约束的列，在下面属性窗口中查看默认约束的信息。例如，要将表 Employees 中的 Sex 列的默认值设置为“男”，可以在表设计器中选中 Sex 列，在下面的属性表格“默认值或绑定”项中输入默认值，如图 6-21 所示。

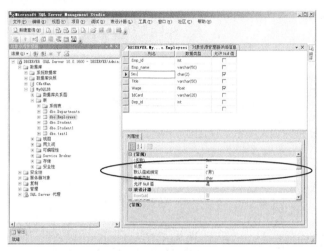

图 6-21　定义默认约束

在 ALTER TABLE 语句中，可以使用 CONSTRAINT 关键字定义默认约束，基本语法如下：

```
CONSTRAINT 约束名
    DEFAULT 约束表达式 [FOR 列名]
```

可以在 SQL Server Management Studio 中验证默认约束。例如，在表 Employees 中添加一条新记录，不输入 Sex 列的值。刷新后可以看到，新记录的 Sex 列值被设置“男”。

如果不指定约束名，则系统会自动分配一个名称。DEFAULT 关键字指定当前创建的约束类型为默认约束。

【例 6-16】使用 ALTER TABLE 语句在表 Employees 的列 Title 的默认约束为“职员”，具体语句如下：

```
USE HrSystem
GO
ALTER TABLE Employees
ADD CONSTRAINT DE_Title DEFAULT '职员' FOR Title
GO
```

## 6.2.6　外部键约束

可以在 SQL Server Management Studio 中使用表设计器创建外键约束。例如，在数据库 HrSystem 中，将表 Departments 的 Dep_id 列设置为主键，它与表 Employees 中的 Dep_id 列对应，并为它们创建外键约束。

操作步骤如下。

（1）右键单击表 Employees，在弹出的快捷菜单中选择"设计"，打开表设计器。

（2）在表设计器中单击鼠标右键，在弹出的快捷菜单中选择"关系"，打开"外键关系"对话框，查看和管理关系。

（3）单击"添加"按钮，系统会自动生成一个关系，默认的关系名以 FK_ 开头，如图 6-22 所示。

图 6-22　外键关系对话框

（4）单击"表和列规范"后面的"..."按钮，打开"表和列"对话框，如图 6-23 所示。

图 6-23　"表和列"对话框

（5）在"主键表"下拉列表中选择 Departments，并在列表中选择 Dep_id 列。

（6）"外键表"选择 Employees，在外键列表中选择 Dep_id 列。

（7）单击"确定"按钮，返回外键关系对话框。此时外键名称已经自动变成 FK_Employees_Departments。

（8）单击"删除"按钮，可以删除当前外键。

（9）配置完成后，单击"关闭"按钮返回。

（10）保存被修改的表，将弹出"保存"对话框，如图 6-24 所示。因为外键涉及两个表，所以在"保存"对话框中可以看到 Departments 和 Employees 两个表。单击"是"按钮保存表。

在外键表中输入数据时，外键列要在主键表中存在对应的值。例如，表 Employees 的 Dep_id 列值必须是表 Departments 中已经存在的 Dep_id 列值，否则会弹出如图 6-25 所示的对话框，提示用户违反外键约束。

图 6-24　"保存"对话框

图 6-25　违反外键约束

在 CREATE TABLE 和 ALTER TABLE 语句中，可以使用 CONSTRAINT 关键字定义外键约束，基本语法如下：

```
CONSTRAINT 约束名
    FOREIGN KEY (列名1 [, 列名2, …, 列名n]
    REFERENCES 关联表 (关联列名1 [, 关联列名2, …, 关联列名n])
```

如果不指定约束名，则系统会自动分配一个名称。FOREIGN KEY 关键字指定当前创建的约束类型为外键约束。REFERENCES 关键字指定与当前创建或修改的表相关联的表和列。

【例 6-17】使用 ALTER TABLE 语句修改表 Employees，与表 Departments 建立外键约束。主键列为表 Departments 的列 Dep_id，外键列为表 Employees 的列 Dep_id，具体语句如下：

```
USE HrSystem;
GO
ALTER TABLE Employees
ADD CONSTRAINT FK_Employees_Departments FOREIGN KEY (Dep_id)
REFERENCES Departments (Dep_id)
GO
```

# 6.3  表 的 更 新

表中数据的更新是比较常见的数据库操作，包括插入数据、删除数据和修改数据（也称为更新数据）。

## 6.3.1  插入数据

在 SQL Server Management Studio 中用鼠标右键单击要插入数据的表，在弹出的快捷菜单中选择"选择前 200 行"，可以查看表中的前 200 行数据，用户可以在空白行中直接添加数据。

也可以使用 INSERT 语句向表中插入新的数据，INSERT 语句的基本语法结构如下：

```
INSERT INTO 表名 [ (列名1, 列名2, …, 列名n) ]
    VALUES (值1, 值2, …, 值n)
```

其中，列名和值在个数和类型上应保持一一对应。如果提供表中所有列的值，则列名列表可以省略，这时必须保证所提供的值列表的顺序与列定义的顺序一一对应。

【例 6-18】使用 INSERT 语句在表 Departments 中添加一行数据，列 Dep_name 的值为"人事部"。

具体语句如下：

```
USE HrSystem              --选择数据库
GO
INSERT INTO Departments (Dep_name)
VALUES ('人事部')
GO
```

执行结果如下：

(1 行受影响)

查看表 Departments 中的数据，如图 6-26 所示。

在创建表 Department 时，列 Dep_id 被设置为标识列，其值由系统自动生成，初始值为 1，每增加一行该列的值自动增 1。

图 6-26　查看插入的新数据

在插入数据时，还需要考虑到表约束等因素，如果插入的数据违反表约束，则无法正常插入数据。

### 1. 不允许设置标识列的值

【例 6-19】在表 Departments 中，假定列 Dep_id 被设置为标识列，其编号由系统自动生成。试在 INSERT 语句中设置该列的值。

具体语句如下：

```
USE HrSystem                --选择数据库
GO
INSERT INTO Departments (Dep_id, Dep_name)
VALUES (2, '财务部')
```

执行结果如下：

消息 544，级别 16，状态 1，第 1 行

当 IDENTITY_INSERT 设置为 OFF 时，不能为表'Departments' 中的标识列插入显式值。

查看表 Departments 中的数据，可以看到要插入的数据没有出现在表中。

### 2. 不允许向唯一性约束列中插入相同的数据

【例 6-20】在表 Departments 中，假定列 Dep_name 被设置为唯一性约束。试使用 INSERT 语句在表中插入两条姓名相同的记录。

具体语句如下：

```
USE HrSystem                --选择数据库
INSERT INTO Departments
VALUES ('测试')
GO
INSERT INTO Departments
VALUES ('测试')
GO
```

执行结果如下：

消息 2601，级别 14，状态 1，第 2 行

不能在具有唯一索引'IX_Departments' 的对象'dbo.Departments' 中插入重复键的行。

语句已终止。

从返回结果可以看到，第 1 条 INSERT 语句成功执行，第 2 条 INSERT 语句违反了唯一性约束 IX_Departments，语句被终止。

### 3. 不能违反检查约束

【例 6-21】在表 Employees 中，假定列 Wage 被设置为检查约束，约束条件为 Wage>0。试使用 INSERT 语句在表中插入入学成绩为–1 的记录。

具体语句如下：

```
USE HrSystem
GO
INSERT INTO Employees (Emp_name, IdCard, Wage, Dep_id)
VALUES ('李四', '110123456789x', 0, 1)
GO
```

执行结果如下：

消息 547，级别 16，状态 0，第 1 行

INSERT 语句与 CHECK 约束"CK_Employees"冲突。该冲突发生于数据库"HrSystem"，表"dbo.Employees"，column 'Wage'.

语句已终止。

从返回结果可以看到，INSERT 语句违反了检查约束"CK_ Employees"，语句被终止。

#### 4．不能违反外部键约束

【例 6-22】假定表 Employees 的列 Dep_id 为外部键，引用表 Departments 的列 Dep_id。试使用 INSERT 语句在表 Employees 中插入在表 Departments 中不存在的 Dep_id 数值。

具体语句如下：

```
USE HrSystem
GO
INSERT INTO Employees (Emp_name, IdCard, Wage, Dep_id)
VALUES ('张三', '110123456789a', 3000, 100)
GO
```

执行结果如下：

消息 547，级别 16，状态 0，第 1 行

INSERT 语句与 FOREIGN KEY 约束"FK_Employees_Departments"冲突。该冲突发生于数据库"HrSystem"，表"dbo.Departments", column 'Dep_id'.

语句已终止。

从返回结果可以看到，INSERT 语句与外部键约束 FK_Employees_Departments 冲突，语句被终止。

还可以使用 INSERT 语句将某个 SELECT 子查询的结果插入指定表的指定列中，其语法结构如下：

```
INSERT INTO 表名 [ (列名 1, 列名 2, …, 列名 n) ] SELECT 子查询
```

【例 6-23】设有一个表 TempEmployees，该表有 Emp_name、Sex、Wage 和 Dep_id 4 列，要将表 Employees 的所有信息添加到该表中，可以使用带 SELECT 子查询的 INSERT 语句实现，具体如下：

```
USE HrSystem
GO
INSERT INTO TempEmployees (Emp_name,Sex,Wage,Dep_id)
SELECT Emp_name,Sex,Wage,Dep_id FROM Employees
GO
```

其中，SELECT 子查询的选择列表必须与 INSERT 语句列的列表匹配。关于 SELECT 子查询的基本语法将在 6.4 节进一步介绍。

### 6.3.2　删除数据

在 SQL Server Management Studio 中右键单击要删除的表，在弹出的快捷菜单中选择"删除"，打开"删除对象"窗口，如图 6-27 所示。单击"确定"按钮可以删除当前表。如果不需要删除表，

则单击"取消"按钮。

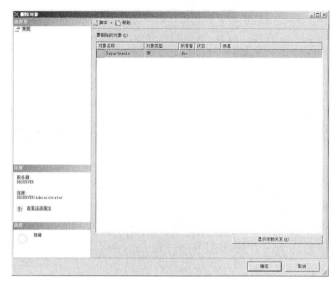

图 6-27　确认删除表

 提示　　表一旦被删除，将无法被恢复，除非还原数据库。因此，执行此操作时应该慎重。

也可以使用 DROP TABLE 语句删除表定义及该表的所有数据、索引、触发器、约束和权限规范。不能使用 DROP TABLE 来删除系统表。

DROP TABLE 的语法结构非常简单：

```
DROP TABLE 表名
```

【例 6-24】使用 DELETE 语句从表 Employees 中删除 Emp_id 为 2 的记录。

具体语句如下：

```
USE HrSystem
GO
DELETE FROM Employees WHERE Emp_id=2
GO
```

也可以批量删除满足条件的记录。

【例 6-25】使用 DELETE 语句从表 Employees 中删除所有 Wage 值小于 3000 的数据。

具体语句如下：

```
USE HrSystem
GO
DELETE FROM Employees WHERE Wage<3000
GO
```

如果被删除的数据与其他表中数据存在外部键约束，则无法删除此数据。

【例 6-26】假定已经创建了一个外部键约束 FK_Employees_Departments，定义了表 Employees 的列 Dep_id 为外部键，引用表 Departments 的列 Dep_id。表 Departments 中存在 Dep_id 值为 1 的记录，表 Employees 中存在 Dep_id 值等于 1 的记录。试删除表 Departments 中 Dep_id 值等于 1 的记录。

具体语句如下：

```
USE HrSystem
GO
DELETE FROM Departments WHERE Dep_id=1
GO
```

执行结果如下：

消息 547，级别 16，状态 0，第 1 行

DELETE 语句与 REFERENCE 约束"FK_Employees_Departments"冲突。该冲突发生于数据库"HrSystem"，表"dbo.Employees", column 'Dep_id'。

语句已终止。

如果要删除表中的所有数据，可以使用 TRUNCATE TABLE 语句，基本语法如下：

TRUNCATE TABLE 表名

【例 6-27】使用 TRUNCATE TABLE 语句删除表 Employees 中的全部数据，具体语句如下：

```
USE HrSystem
GO
TRUNCATE TABLE Employees
GO
```

## 6.3.3　修改数据

在 SQL Server Management Studio 中用鼠标右键单击要修改数据的表，在弹出的快捷菜单中选择"选择前 200 行"或"选择前 1000 行"，可以查看表中的数据，用户可以直接在表格中修改数据。

也可以使用 UPDATE 语句修改（更新）表中的数据，UPDATE 语句的基本语法结构如下：

UPDATE 表名 SET 列名 1=值 1 [, 列名 2=值 2，…，列名 $n$=值 $n$ ]

　　　[WHERE 更新条件]

【例 6-28】使用 UPDATE 语句将表 Employees 的所有记录的工资加 100，具体语句如下：

```
USE HrSystem
GO
UPDATE Employees SET Wage=Wage+10
GO
```

【例 6-29】使用 UPDATE 语句将表 Employees 中所有部门编号为 1 的记录的工资加 100，具体语句如下：

```
USE HrSystem
GO
UPDATE Employees SET Wage=Wage+10
WHERE Dep_id=1
GO
```

在修改数据时，同样要注意不能违反表约束或规则。

### 1．不允许修改标识列的值

【例 6-30】在表 Departments 中，假定列 Dep_id 被设置为标识列，其编号由系统自动生成。试在 UPDATE 语句中设置该列的值。

具体语句如下：

UPDATE Departments SET Dep_id=100 WHERE Dep_id=1

执行结果如下：

消息 8102，级别 16，状态 1，第 1 行

无法更新标识列'Dep_id'。

### 2. 修改结果不允许使唯一性约束列具有相同的数据

【例 6-31】在表 Employees 中，假定列 Emp_name 被设置为唯一性约束。表 Employees 中存在姓名为"张三"和"李四"的两条记录。试使用 UPDATE 语句将姓名为"李四"的记录的"姓名"值修改为"张三"。

具体语句如下：

```
UPDATE Employees SET Emp_name='张三' WHERE Emp_name='李四'
```

执行结果如下：

消息 2601，级别 14，状态 1，第 1 行

不能在具有唯一索引'IX_Employees' 的对象'dbo.Employees' 中插入重复键的行。

语句已终止。

从返回结果可以看到，UPDATE 语句违反了唯一性约束"IX_Employees"，语句被终止。

### 3. 不能违反检查约束

【例 6-32】在表 Employees 中，假定列 Wage 被设置为检查约束，检查条件为"Wage>0"。试使用 UPDATE 语句将张三的入学成绩修改为–1。

具体语句如下：

```
UPDATE Employees
 SET Wage=-1 WHERE Emp_name='张三'
```

执行结果如下：

消息 547，级别 16，状态 0，第 1 行

UPDATE 语句与 CHECK 约束"CK_Employees"冲突。该冲突发生于数据库"HrSystem",表"dbo.Employees", column 'Wage'.

从返回结果可以看到，UPDATE 语句违反了检查约束 CK_Employees，语句被终止。

# 6.4　表 的 查 询

在数据库应用系统中，表的查询是经常使用的操作。可以在 Management Studio 中通过图形界面查询数据，也可以使用 SELECT 语句完成查询操作。

为了演示 SELECT 语句的执行情况，首先首先给出演示数据——基于 HrSystem 数据库的表 Departments 和表 Employees。假定表 Departments 中的数据如表 6-3 所示。

表 6-3　　　　　　　　　　表 Departments 中的演示数据

| Dep_id | Dep_name |
| --- | --- |
| 1 | 人事部 |
| 2 | 办公室 |
| 3 | 财务部 |
| 4 | 技术部 |
| 5 | 服务部 |

表 Employees 中的数据如表 6-4 所示。

表 6-4　　　　　　　　　　　　　　　表 Employees 中的演示数据

| Emp_Id | Emp_Name | Sex | Title | Wage | IdCard | Dep_Id |
|---|---|---|---|---|---|---|
| 1 | 张三 | 男 | 部门经理 | 6000 | 110123aadx1 | 1 |
| 2 | 李四 | 男 | 职员 | 3000 | 110123dddx2 | 1 |
| 3 | 王五 | 女 | 职员 | 3500 | 110123aadx3 | 1 |
| 4 | 赵六 | 男 | 部门经理 | 6500 | 110123dddx4 | 2 |
| 5 | 高七 | 男 | 职员 | 2500 | 110123aadx5 | 2 |
| 6 | 马八 | 男 | 职员 | 3100 | 110123dddx6 | 2 |
| 7 | 钱九 | 女 | 部门经理 | 5000 | 110123aadx7 | 3 |
| 8 | 孙十 | 男 | 职员 | 2800 | 110123dddx8 | 3 |

## 6.4.1　使用图形界面工具查询数据

在 Management Studio 中，用鼠标右键单击要查询数据的表，在弹出的快捷菜单中选择"选择前 1000 行"，打开查询窗口，查看选择表的数据，如图 6-28 所示。

图 6-28　查询表中的前 1000 行数据

## 6.4.2　SELECT 语句

SELECT 语句的作用是从数据库中查询满足条件的数据，并以表格的形式返回。例如语句：

```
SELECT * FROM Department
```

表示从表 Department 中返回所有记录。

SELECT 语句的基本语法如下：

```
SELECT 子句
[ INTO 子句 ]
FROM 子句
[ WHERE 子句 ]
[ GROUP BY 子句 ]
```

```
[ HAVING 子句 ]
[ ORDER BY 子句 ]
```

除了以上子句，SELECT 语句中经常出现的关键字还包括 UNION 运算符、COMPUTE 子句、FOR 子句和 OPTION 子句。

SELECT 语句中各子句的主要作用如表 6-5 所示。

表 6-5                          SELECT 语句中各子句的说明

| SELECT 语句 | 说　明 |
| --- | --- |
| SELECT 子句 | 指定由查询返回的列 |
| INTO 子句 | 创建新表并将查询结果行插入新表中 |
| FROM 子句 | 指定从其中检索行的表 |
| WHERE 子句 | 指定查询条件 |
| GROUP BY 子句 | 指定查询结果的分组条件 |
| HAVING 子句 | 指定组或统计函数的搜索条件 |
| ORDER BY 子句 | 指定对结果集如何排序 |
| UNION 运算符 | 将两个或更多查询的结果集组合为单个结果集，该结果集包含联合查询中的所有查询的全部记录 |

以上各子句的具体使用方法将在下面各小节中结合实例介绍。可以使用 Management Studio 执行 SELECT 语句，并查看执行结果。

## 6.4.3　最基本的 SELECT 语句

最基本的 SELECT 语句只包括 SELECT 子句和 FROM 子句。

SELECT 子句是 SELECT 语句的关键部分，它的作用是指定由查询返回的列。SELECT 子句的基本语法如下：

```
SELECT [ ALL | DISTINCT ]
    [ TOP n [ PERCENT ] ]
    选择显示的列表
```

SELECT 子句的参数说明如表 6-6 所示。

表 6-6                           SELECT 子句的参数说明

| 参　数 | 说　明 |
| --- | --- |
| ALL | 指定显示结果集的所有行，可以显示重复行。ALL 是默认设置 |
| DISTINCT | 指定在结果集中只能显示唯一行。空值被认为相等。ALL 和 DISTINCT 不能同时使用 |
| TOP n [PERCENT] | 指定只从查询结果集中输出前 n 行。如果还指定了 PERCENT，则只从结果集中输出前百分之 n 行。当带 PERCENT 时，n 必须是 0~100 之间的整数 |
| 选择显示的列表 | 为结果集选择的列。选择列表是以逗号分隔的一系列表达式。如果返回查询到的所有列，则使用*表示 |

FROM 子句指定从其中检索行的表，它的基本语法如下：

```
FROM 表1, [表2, … , 表n]
```

SELECT 语句可以同时从多个表中读取数据。

【例 6-33】下面是最简单的 SELECT 语句，它的功能是从表 Employees 中查询的所有数据。

```
SELECT * FROM Employees
```

查询结果如图 6-29 所示。

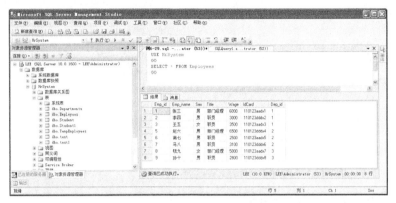

图 6-29　例 6-33 的运行结果

## 1. 指定要查询的列

在 SELECT 语句中使用"*"可以查询指定表中的所有列。但查询表中所有的数据可能会导致结果集中包含一些不需要的数据，从而影响查询数据库的效率。

可以在 SELECT 语句中指定要查询的列名，不同列名间使用逗号分隔。

【例 6-34】要查询表 Employees 中所有员工信息的姓名、性别和职务信息，可以使用下面的 SELECT 语句。

```
SELECT Emp_name, Sex, Title FROM Employees
```

执行结果如图 6-30 所示。

图 6-30　例 6-34 的运行结果

## 2. 使用 DISTINCT 关键字

DISTINCT 关键字的作用是指定结果集中返回指定列存在不重复数据的记录。

【例 6-35】查询表 Employees 中所有的职务数据，可以执行下面的语句：

```
SELECT Title FROM Employees
```

运行结果如图 6-31 所示。这个结果并不是我们需要的，原因是存在许多重复数据。

【例 6-36】在 SELECT 语句中使用 DISTINCT 关键字，过滤掉重复的数据，具体语句如下：

```
SELECT DISTINCT Title FROM Employees
```

结果如图 6-32 所示。从结果集中可以看到，重复的职务数据已经被过滤掉，结果集中包含了表 Employees 中所有有效的职务数据。

图 6-31　查询所有职务数据　　　　　　　图 6-32　查询不重复的职务数据

### 3. 使用 TOP *n* [PERCENT]关键字

在查询数据库时，如果只需要显示结果集中的前 *n* 行，则可以在 SELECT 语句中使用 TOP *n* [PERCENT]关键字。

【例 6-37】要查询表 Employees 中的前 3 个员工记录，可以使用下面的语句：

```
SELECT TOP 3 * FROM Employees
```

运行结果如图 6-33 所示。

如果在 Top *n* 后面 PERCENT 关键字，则查询前面百分之 *n* 条记录。

【例 6-38】只显示表 Employees 中前 20%的员工记录，代码如下：

```
SELECT TOP 20 PERCENT * FROM Employees
```

运行结果如图 6-34 所示。

图 6-33　使用 TOP 关键字查询前 *n* 个记录　　　图 6-34　使用 TOP 关键字查询前 *n* 个记录

### 4. 改变显示的列标题

从上面的实例中可以看到，结果中的标题部分都显示为列名。对于不熟悉数据库结构的用户来说，这些列名很不容易理解。可以在 <select_list> 中使用 AS 子句，自定义显示标题。

【例 6-39】在结果集中使用中文显示列名，代码如下：

```
SELECT Emp_Name AS 姓名, Sex AS 性别, Title AS 职务, Wage AS 工资, IdCard AS 身份证 FROM Employees
```

运行结果如图 6-35 所示。

## 6.4.4　设置查询条件

在 SELECT 语句中使用 WHERE 子句可以指定查询条件。它的基本语法如下：

```
WHERE 条件表达式
```

图 6-35　显示列标题

### 1. 简单查询条件

【例 6-40】使用 SELECT 语句在表 Employees 中查询所有工资大于 3000 元并且小于 4000 元的记录，具体语句如下：

```
SELECT * FROM Employees WHERE Wage > 3000 AND Wage < 4000
```

执行结果如图 6-36 所示。

### 2. 在查询条件中使用 BETWEEN 关键字

在 WHERE 子句中使用 BETWEEN 可以指定查询的范围。

【例 6-41】使用 BETWEEN 关键字在表 Employees 中查询所有工资大于 3000 元并且小于 4000 元的记录，具体语句如下：

```
SELECT * FROM Employees WHERE Wage BETWEEN 3000 AND 4000
```

运行结果如图 6-37 所示。

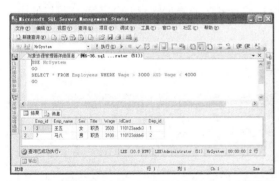

图 6-36　查询工资大于 3000 元并且小于 4000 元的记录　图 6-37　查询工资大于 3000 元并且小于 4000 元的记录

### 3. 在查询条件中使用 IN 关键字

在 WHERE 子句中使用 IN 可以指定查询的取值列表。

【例 6-42】在表 Employees 中查询姓名为张三、李四和王五的员工信息，具体语句如下：

```
SELECT * FROM Employees WHERE Emp_name IN ('张三', '李四', '王五')
```

运行结果如图 6-38 所示。

### 4. 模糊查询

可以在 WHERE 子句中使用 LIKE 关键字和通配符实现模糊查询。SQL Server 的通配符及其含义如表 6-7 所示。

图 6-38  在查询中使用 IN 关键字

表 6-7                              SQL Server 通配符及其含义

| 通 配 符 | 含 义 |
|---|---|
| % | 包含零个或多个任意字符的字符串 |
| _ | 任意单个字符 |
| [] | 指定范围或集合中的任意单个字符，例如，[a-f]表示 a ~ f 中的一个字符；[abcdef]表示在集合中出现的任意一个字符 |
| [^] | 不属于指定范围或集合中的任意单个字符。例如，[^A-M]表示不在 A ~ M 之间的任意一个字符 |

【例 6-43】要查询所有身份证号中包含 ddd 的员工记录，可以使用以下语句：

```
SELECT * FROM Employees WHERE IDCard LIKE '%ddd%'
```

运行结果如图 6-39 所示。

上面的实例中使用通配符%表示任意字符串，也可以使用通配符_表示任意一个字符。

【例 6-44】要查询所有身份证号以 110123 开头、中间包含任意一个字符、其后为 adx、最后包含任意一个字符的员工记录（即身份证格式为 110123?adx?，?表示任意一个字符），可以使用以下语句：

```
SELECT * FROM Employees WHERE IDCard LIKE '110123_adx_'
```

运行结果如图 6-40 所示。

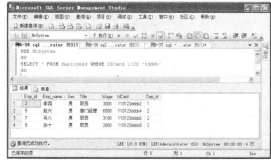

图 6-39  使用 LIKE 关键字和通配符%进行查询

图 6-40  使用 LIKE 关键字和通配符_进行查询

### 5. 使用 AND 和 OR 运算符

在查询条件中使用 AND 表示两个条件都满足时查询条件才为真，使用 OR 表示两个条件中有一个满足时查询条件即为真。

【例 6-45】使用 SELECT 语句查询表 Employees 中所有职务为"部门经理"的女性员工。具体语句如下：

```
SELECT * FROM Employees WHERE Title= '部门经理' AND Sex='女'
```

执行结果如图 6-41 所示。

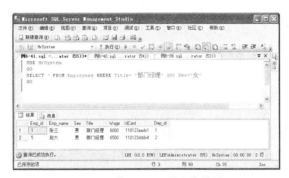

图 6-41　使用 AND 的查询结果

## 6.4.5　对查询结果排序

使用 ORDER BY 子句可以对查询结果进行排序。它的基本语法如下：

```
ORDER BY { 排序表达式 [ ASC | DESC ] } [ ,…n ]
```

排序表达式可以是一个列，也可以是一个表达式。ASC 表示按照递增的顺序排列，DESC 表示按照递减的顺序排列。ASC 为默认值。在 ORDER BY 子句中，可以同时按照多个排序表达式进行排序，排序的优先级从左至右。

【例 6-46】使用下面的语句可以在查询员工数据时按照员工姓名进行排序。

```
SELECT * FROM Employees ORDER BY Emp_name
```

运行结果如图 6-42 所示。

在 ORDER BY 子句中对多个列进行排序，不同的列名之间使用逗号分隔。

【例 6-47】在查询表 Employees 时按员工性别和工资排序，具体语句如下：

```
SELECT * FROM Employees ORDER BY Sex, Wage
```

运行结果如图 6-43 所示。

图 6-42　按姓名对结果集进行排序

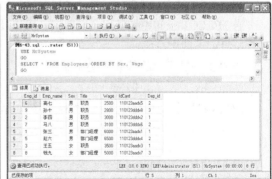

图 6-43　按性别和工资对结果集进行排序

可以看到，结果集中的记录首先按性别的升序排序，性别相同的记录则按照工资的升序排序。

### 6.4.6 使用聚合函数

SELECT 语句不仅可以显示表或视图中的列，还可以对列应用聚合函数，实现对表中指定数据的统计，如求总和、计数、求平均值等。

#### 1. COUNT()函数

COUNT()函数可以用于统计记录个数。

【例 6-48】统计表 Employees 的记录个数，具体语句如下：

```
SELECT COUNT(*) AS 记录数量 FROM Employees
```

执行结果如图 6-44 所示，可以看到记录个数为 10。

|   | 记录数量 |
|---|---|
| 1 | 8 |

图 6-44 使用 COUNT()函数计数结果

#### 2. AVG()函数

AVG()函数可以统计指定表达式的平均值。

【例 6-49】统计表 Employees 中所有员工的平均工资，具体语句如下：

```
SELECT AVG(Wage) AS 平均工资
FROM Employees
```

执行结果如图 6-45 所示。

|   | 平均工资 |
|---|---|
| 1 | 4050 |

图 6-45 AVG()函数求员工的平均工资

#### 3. SUM()函数

SUM()函数可以统计指定表达式的和。

【例 6-50】统计表 Employees 中所有员工的工资之和，具体语句如下：

```
SELECT SUM(Wage) AS 工资之和 FROM Employees
```

执行结果如图 6-46 所示。

|   | 工资之和 |
|---|---|
| 1 | 32400 |

图 6-46 使用 SUM()函数求工资之和

聚合函数还可以与 WHERE 子句结合使用。

【例 6-51】统计表 Employees 中所有男员工的平均工资，具体语句如下：

```
SELECT AVG(Wage) AS 平均工资 FROM Employees WHERE Sex= '男'
```

执行结果如图 6-47 所示。

聚合函数还包含 MAX()和 MIN()等，分别用于计算最大值和最小值，其使用方法和以上函数的使用方法类似。

|   | 平均工资 |
|---|---|
| 1 | 3983.33333333333 |

图 6-47 聚合函数和 WHERE 结合使用求平均工资

### 6.4.7 对查询结果分组

当 SELECT 子句中包含聚合函数时，可以使用 GROUP BY 子句对查询结果进行分组统计，计算每组记录的汇总值。

GROUP BY 子句的基本语法如下：

```
GROUP BY [ ALL ] 分组表达式 [ ,…n ]
```

【例 6-52】在表 Employees 中按性别统计所有员工的最高工资，具体语句如下：

```
SELECT Sex AS 性别, MAX(Wage) AS 最高工资
FROM Employees
GROUP BY Sex
```

执行结果如图 6-48 所示。

在使用 GROUP BY 子句时，SELECT 子句中每一个非聚合表达式内的所有列都应包含在 GROUP BY 列表中，或者说 GROUP BY

| | 性别 | 最高工资 |
|---|---|---|
| 1 | 男 | 6500 |
| 2 | 女 | 5000 |

图 6-48 按性别分组统计结果

表达式必须与 SELECT 子句完全匹配。例如，在例 6-48 中，选择列表中非聚合表达式内的列为 Sex，它出现在 GROUP BY 子句中。

如果非聚合表达式内的列没有出现在 GROUP BY 子句中，将会返回错误信息。

【例 6-53】执行下面的语句会因为 GROUP BY 表达式与 SELECT 子句不匹配而产生错误。

```
SELECT Sex AS 性别, Dep_id, MAX(Wage) AS 最高工资
FROM Employees
GROUP BY Sex
```

执行结果如下：

```
消息 8120，级别 16，状态 1，第 2 行
选择列表中的列'Employees.Dep_id' 无效，因为该列没有包含在聚合函数或 GROUP BY 子句中。
```

如果在 GROUP BY 子句使中使用 ALL 关键字，则统计结果将包含所有组和结果集，甚至包含那些任何行都不满足 WHERE 子句指定的搜索条件的组和结果集，对于组中不满足搜索条件的汇总列将返回空值。

【例 6-54】比较下面两条 SELECT 语句的执行结果。

下面语句统计所有男员工的最高工资。

```
SELECT Sex AS 性别, MAX(Wage) AS 最高工资
FROM Employees  WHERE Sex='男'
GROUP BY Sex
```

运行结果如图 6-49 所示。

下面语句统计所有男员工的最高工资，但在 GROUP BY 子句中增加了 ALL 关键字。

```
USE HrSystem
SELECT Sex AS 性别, MAX(Wage) AS 最高工资
FROM Employees  WHERE Sex='男'
GROUP BY ALL Sex
```

图 6-49 不包含 ALL 的 GROUP BY 子句的统计结果

图 6-50 包含 ALL 的 GROUP BY 子句的统计结果

运行结果如图 6-50 所示。

虽然"Sex='女'"的行并不满足 WHERE 子句的要求，但是因为有 ALL 关键字，所以它们也出现在结果集中，只不过它们对应的聚合函数值都为 NULL。

## 6.4.8　指定组或聚合的搜索条件

HAVING 子句的功能是指定组或聚合的搜索条件。HAVING 通常与 GROUP BY 子句一起使用。如果不使用 GROUP BY 子句，HAVING 的作用与 WHERE 子句一样。

HAVING 与 WHERE 的区别在于：WHERE 子句的搜索条件在进行分组操作之前应用；而 HAVING 搜索条件在进行分组操作之后应用。HAVING 语法与 WHERE 语法类似，但在 HAVING 子句中可以包含聚合函数。

【例 6-55】统计最高工资超过 6000 的部门及最高工资信息，具体语句如下：

```
SELECT Dep_id, MAX(Wage) AS 最高工资 FROM Employees
GROUP BY Dep_id
HAVING MAX(Wage)>6000
```

在上面的 SELECT 语句中，使用了 HAVING 子句包含聚合函数的查询条件。注意，聚合函数不能出现在 WHERE 子句中。

【例 6-56】统计最高工资超过 6000 的部门及最高工资信息，使用 WHERE 子句包含聚合函数。具体语句如下：

```
SELECT Dep_id, MAX(Wage) AS 最高工资 FROM Employees
WHERE MAX(Wage)>6000
GROUP BY Dep_id
```

运行结果如下：

消息 147，级别 15，状态 1，第 3 行

聚合不应出现在 WHERE 子句中，除非该聚合位于 HAVING 子句或选择列表所包含的子查询中，并且要对其进行聚合的列是外部引用。

## 6.4.9　生成汇总行

使用 COMPUTE 子句可以在结果集的最后生成附加的汇总行，这样就既可以查看明细行，又可以查看汇总行。

COMPUTE 子句的语法结构如下：

```
COMPUTE
    { { AVG | COUNT | MAX | MIN | SUM } ( 表达式 ) }
    [ ,…n ]
    [ BY 表达式 [ ,…n ]
```

当 COMPUTE 不带 BY 子句时，查询结果包含以下两个结果集。

● 第一个结果集是包含查询结果的所有明细行。

● 第二个结果集有一行，其中包含 COMPUTE 子句中所指定的聚合函数的合计。

当 COMPUTE 与 BY 一起使用时，COMPUTE 子句可以对结果集进行分组并在每一组之后附加汇总行，符合查询条件的每个组都包含以下两个结果集。

● 每个组的第一个结果集是明细行集。

● 每个组的第二个结果集有一行，其中包含该组的 COMPUTE 子句中所指定的聚合函数的小计。

COMPUTE 与 BY 一起使用时，必须结合使用 ORDER BY 子句，并且 COMPUTE 子句中的表达式必须与在 ORDER BY 后列出的子句相同或是其子集，并且必须按相同的序列。例如，如果 ORDER BY 子句是：

```
ORDER BY a, b, c
```

则 COMPUTE 子句可以是：

```
COMPUTE BY a, b, c
COMPUTE BY a, b
COMPUTE BY a
```

【例 6-57】查询所有员工的工资，并统计总工资。具体语句如下：

```
SELECT Emp_name, Wage FROM Employees COMPUTE SUM(Wage)
```

运行结果如图 6-51 所示。可以看出，结果集分为两个表格，员工总工资为 32400。

图 6-51　使用 COMPUTE 子句的查询统计结果

## 6.4.10　连接查询

在很多情况下，需要从多个表中提取数据，组合成一个结果集。如果一个查询需要对多个表进行操作，则将此查询称为连接查询。例如，在表 Employees 中列 Dep_id 的值是数字类型，不方便用户查看，而该列的值对应于表 Departments 中的列 Dep_id。可以使用连接查询，从表 Employees

和表 Departments 中同时获取数据，从而可以显示员工所在部门的名称。

连接查询包括内连接、外连接和交叉连接，下面分别介绍不同类型的连接查询。

### 1．内连接

内连接使用比较运算符（最常使用的是等号，即等值连接），根据每个表共有列的值匹配两个表中的行。只有每个表中都存在相匹配列值的记录才出现在结果集中。在内连接中，所有表是平等的，没有主次之分。

**【例 6-58】**使用内连接从表 Employees 和表 Departmcnts 中同时获取数据，查询所有员工的姓名及其所在部门的名称。

具体语句如下：

```
SELECT  t1.Dep_name, t2.Emp_name
FROM Departments t1, Employees t2
WHERE t1.Dep_id=t2.Dep_id
```

结果　消息

| | Dep_name | Emp_name |
|---|---|---|
| 1 | 人事部 | 张三 |
| 2 | 人事部 | 王五 |
| 3 | 人事部 | 李四 |
| 4 | 办公室 | 高七 |
| 5 | 办公室 | 赵六 |
| 6 | 办公室 | 马八 |
| 7 | 财务部 | 钱九 |
| 8 | 财务部 | 孙十 |

图 6-52　使用内连接的查询结果

运行结果如图 6-52 所示。可以在 SELECT 语句中为每个表起别名，这里表 Departments 的别名是 t1，表 Employees 的别名是 t2。在 SELECT 子句的选择列表中，可以使用“表别名.列名”的方式指定要显示的列。在连接查询中，FROM 子句包含多个表，在 WHERE 子句中使用比较运算符指定表之间的连接关系。可以看到，表 Departments 中并不是所有记录都出现在结果集中，结果集中只有在表 Employees 中存在对应连接关系的记录。

在 SQL Server 中，还可以使用 INNER JOIN 关键字来定义内部连接。

**【例 6-59】**上面的 SELECT 语句也可以使用下面的语句来代替：

```
SELECT t1.Dep_name, t2.Emp_name FROM Departments t1 INNER JOIN Employees t2
ON t1. Dep_id =t2. Dep_id
```

这里的 ON 子句用于指定内连接中两个表之间的连接关系。建议使用 INNER JOIN 语法格式。

在创建内连接时，包含 NULL 值的列不与任何值匹配，因此不包含在结果集中。NULL 值也不与其他的 NULL 值匹配。

### 2．外连接

与内连接不同，参与外连接的表有主次之分。以主表的每一行数据去匹配从表中的数据列，符合连接条件的数据将直接返回到结果集中，对那些不符合连接条件的列，将被填上 NULL 值后再返回到结果集中。

外连接可以分为左向外连接、右向外连接和完整外部连接 3 种情况。

- 左向外连接以连接（JOIN）子句左侧的表为主表，主表中所有记录都将出现在结果集中。如果主表中的记录在右表中没有匹配的数据，则结果集中右表的列值为 NULL。可以使用 LEFT OUTER JOIN 或 LEFT JOIN 关键字定义左向外连接。

**【例 6-60】**使用左向外连接从表 Departments 和表 Employees 中同时获取数据，查询所有员工的姓名和所在部门名称，其中表 Departments 为主表。具体语句如下：

```
    SELECT t1.Dep_name, t2.Emp_name FROM Departments t1 LEFT JOIN
Employees t2
    ON t1. Dep_id =t2. Dep_id
```

| | Dep_name | Emp_name |
|---|---|---|
| 1 | 人事部 | 张三 |
| 2 | 人事部 | 王五 |
| 3 | 人事部 | 李四 |
| 4 | 办公室 | 高七 |
| 5 | 办公室 | 赵六 |
| 6 | 办公室 | 马八 |
| 7 | 财务部 | 钱九 |
| 8 | 财务部 | 孙十 |
| 9 | 技术部 | NULL |
| 10 | 服务部 | NULL |

图 6-53　使用左向外连接的查询结果

执行结果如图 6-53 所示。可以看到，在表 Employees 中没有对应记录的部门记录，其后面的姓名值为 NULL。

- 右向外连接以连接（JOIN）子句右侧的表为主表，主表中所有记录都将出现在结果集中。如果主表中的记录在左表中没有匹配的数据，则结果集中左表的列值为 NULL。使用 RIGHT

OUTER JOIN 或 RIGHT JOIN 关键字定义右向外连接。

【例 6-61】使用右向外连接从表 Departments 和表 Employees 中同时获取数据，查询所有员工的姓名和所在部门名称，其中表 Departments 为主表。具体语句如下：

```
SELECT t1.Dep_name, t2.Emp_name FROM Employees t2 RIGHT JOIN Departments t1
ON t1. Dep_id =t2. Dep_id
```

- 完整外部连接包括连接表中的所有行，无论它们是否匹配。在 SQL Server 中，还可以使用 FULL OUTER JOIN 或 FULL JOIN 关键字定义完整外部连接。

【例 6-62】使用完整外部连接从表 Departments 和表 Employees 中同时获取数据，查询所有员工的姓名和所在部门名称。具体语句如下：

```
SELECT t1.Dep_name, t2.Emp_name FROM Employees t2 FULL JOIN Departments t1
ON t1. Dep_id =t2. Dep_id
```

ON 子句用于指定两个表之间的连接关系。完整外部连接相当于左向外连接和右向外连接的并集。

- 使用 IS NULL 和 IS NOT NULL

在使用外连接时，结果集中会出现一些值为 NULL 的记录。在查询条件中使用 IS NULL 或 IS NOT NULL 关键字，可以查询某字段值等于或不等于 NULL 的记录。

【例 6-63】使用外连接查询没有员工的部门。具体语句如下：

```
SELECT t1.Dep_name, t2.Emp_name FROM Departments t1 LEFT JOIN Employees t2
ON t1. Dep_id =t2. Dep_id
WHERE t2.Emp_name IS NULL
```

执行结果如图 6-54 所示。

| | Dep_name | Emp_name |
|---|---|---|
| 1 | 技术部 | NULL |
| 2 | 服务部 | NULL |

图 6-54 在使用外连接时结合使用 IS NULL 的查询结果

### 3. 交叉连接

在交叉连接查询中，两个表中的每两行都可能互相组合成为结果集中的一行。交叉连接并不常用，除非需要穷举两个表的所有可能的记录组合。

【例 6-64】使用交叉连接从从表 Departments 和表 Employees 中同时获取数据，查询所有员工的姓名和所在部门名称。具体语句如下：

```
SELECT t1.Dep_name, t2.Emp_name FROM Employees t2 CROSS JOIN Departments t1
```

因为两表中的任意两行都可以组合，所以不需要使用 ON 子句指定表之间的连接关系。执行结果如图 6-55 所示。在结果集中，每个部门都与所有员工组合，形成一条记录。

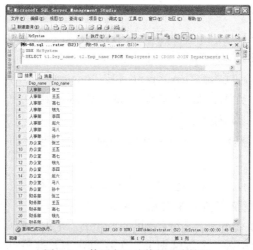

图 6-55 使用交叉连接的查询结果

## 6.4.11　子查询

子查询就是在一个 SELECT 语句中又嵌套了另一个 SELECT 语句。在 WHERE 子句和 HAVING 子句中都可以嵌套 SELECT 语句。

**1. 使用 IN 关键字连接子查询**

**【例 6-65】**查询和张三在同一个部门的所有员工的姓名，可以使用以下语句：

```
SELECT Emp_name FROM Employees WHERE Dep_id IN
(SELECT Dep_id FROM Employees WHERE Emp_name ='张三')
```

运行结果如图 6-56 所示。

| | Emp_name |
|---|---|
| 1 | 张三 |
| 2 | 王五 |
| 3 | 李四 |

图 6-56　使用 IN 关键字连接子查询的查询结果

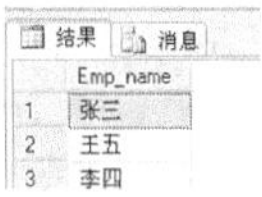

**2. 使用等号连接子查询**

**【例 6-66】**要显示财务部的所有员工信息，可以使用以下语句：

```
SELECT * FROM Employees WHERE Dep_id
= (SELECT Dep_id FROM Departments WHERE Dep_name='财务部')
```

运行结果如图 6-57 所示。

| | Emp_id | Emp_name | Sex | Title | Wage | IdCard | Dep_id |
|---|---|---|---|---|---|---|---|
| 1 | 8 | 钱九 | 女 | 部门经理 | 5000 | 110123aadx7 | 3 |
| 2 | 9 | 孙十 | 男 | 职员 | 2800 | 110123dddx8 | 3 |

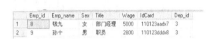

图 6-57　使用等号连接子查询的查询结果

**3. 使用 EXISTS 关键字连接子查询**

**【例 6-67】**要显示示财务部的所有员工信息，可以使用以下语句：

```
SELECT  * FROM Employees WHERE EXISTS
(SELECT * FROM Departments WHERE Dep_id = Employees. Dep_id AND Dep_name ='财务部')
```

EXISTS 关键字用于检测子句的结果集是否为空。

**4. 在 HAVING 子句中使用子查询**

**【例 6-68】**要显示部门平均工资大于所有员工平均工资的记录，可以使用以下语句：

```
SELECT  Departments. Dep_name, AVG(Employees.Wage) FROM Employees, Departments
WHERE Employees. Dep_id = Departments. Dep_id
GROUP BY Departments. Dep_name
HAVING AVG(Employees. Wage) > (SELECT AVG(Wage) FROM Employees)
```

如果不考虑 HAVING 子句，前半部分 SELECT 语句用于统计各部门的平均工资。本例在 HAVING 子句中使用子查询从表 Employees 中统计平均工资，并以此平均工资为 HAVING 子句的比较条件。

## 6.4.12　合并查询

合并查询是将两个或更多查询的结果组合为单个结果集，该结果集包含联合查询中的所有查询的全部行。

使用 UNION 运算符组合两个查询的结果集的两个前提是：

- 所有查询结果中的列数和列的顺序必须相同；
- 对应列的数据类型必须兼容。

合并查询经常用来返回明细和统计信息。因为明细和统计信息需要分别统计，所以可以使用合并查询将它们统一到一个结果集中。

**【例 6-69】**从表 Departments 中查询各部门信息，然后在从表 Employees 中查询各个部门的部门经理。具体语句如下：

```
SELECT Dep_Id, Dep_Name FROM Departments
UNION
```

```
SELECT Dep_Id, Emp_Name FROM Employees WHERE Title = '部门经理'
GO
```

运行结果如图 6-58 所示。在第 2 个 SELECT 语句中，使用“合计”和 NULL 来填充指定的列，目的是和第 1 个 SELECT 语句中的列相匹配。合并查询中只能使用一个 ORDER BY 子句，它对整个结果集起作用。如果分别为每个 SELECT 语句指定 ORDER BY 子句，将会出现错误。

【例 6-70】下面的合并查询分别为每个 SELECT 语句指定 ORDER BY 子句。

```
SELECT Dep_Id, Dep_Name FROM Departments
ORDER BY Dep_Name
UNION
SELECT Dep_Id, Emp_Name FROM Employees WHERE Title = '部门经理'
ORDER BY Emp_Name
GO
```

| | Dep_Id | Dep_Name |
|---|---|---|
| 1 | 1 | 人事部 |
| 2 | 2 | 办公室 |
| 3 | 2 | 赵六 |
| 4 | 3 | 财务部 |
| 5 | 3 | 钱九 |
| 6 | 4 | 技术部 |
| 7 | 5 | 服务部 |
| 8 | 100 | 1234 |

图 6-58　合并查询结果

执行的结果为：

```
消息 156，级别 15，状态 1，第 3 行
关键字'UNION' 附近有语法错误。
```

### 6.4.13　保存查询结果

有时需要将查询结果保存到新表或变量中，以便在其他地方使用。

**1. 保存到新表**

在 SELECT 语句中使用 INTO 子句可以创建一个新表，并用 SELECT 的结果集填充该表。新表的结构由选择列表中列的特性定义。基本语法如下：

```
SELECT 子句 [ INTO 子句 ]  FROM 子句
```

【例 6-71】使用下面的语句将员工姓名、性别、所属部门名称等信息保存到临时表“#员工信息”中。

```
USE HrSystem
DROP TABLE #员工信息
SELECT Employees.Emp_name, Employees.Sex, Departments.Dep_name
INTO #员工信息
FROM Employees, Departments
WHERE Departments.Dep_id=Employees.Dep_id
```

为了防止表“#员工信息”已经存在，这里首先执行 DROP TABLE 语句，将其从数据库中删除。执行上面语句后，查看表“#员工信息”的内容，确认和 SELECT INTO 语句的结果集相同。

**2. 保存到变量**

可以在 SELECT 子句中使用等号将当前记录的字段值赋值到指定的变量中，基本语法如下：

```
SELECT @变量名 = 列名, …
FROM 子句
```

【例 6-72】将记录编号为 1 的记录的员工姓名和工资信息分别保存到变量@name 和@wage 中，并显示变量的值。具体代码如下：

```
USE HrSystem
DECLARE @name varchar(50)
DECLARE @wage float
SELECT @name = Emp_Name, @wage = wage
FROM Employees WHERE Emp_id=1
SELECT @name, @wage              --显示变量的值
```

运行结果如图 6-59 所示。

在编写存储过程时，经常会把当前查询的记录值赋值到变量中进行处理。使用 SELECT 语句可以输出变量的值，如本例的最后一条语句。

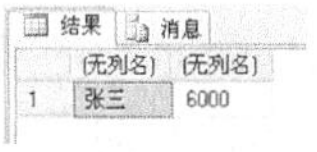

图 6-59　将查询结果保存到变量中

# 6.5　视　图　管　理

视图是保存在数据库中的 SELECT 查询，其内容由查询定义，因此，视图不是真实存在的基础表，而是从一个或者多个表（或其他视图）中导出的虚拟的表。同真实的表一样，视图包含一系列带有名称的列和行数据，但视图中的行和列数据来自由定义视图的查询所引用的表，并且在引用视图时动态生成。因此，视图所对应的数据并不实际地以视图结构存储在数据库中，而是存储在视图所引用的表中。

本节将介绍视图的基本概念，以及如何创建、修改和删除视图。

## 6.5.1　视图概述

视图看上去同表似乎一模一样，具有一组命名的字段和数据项，但它其实是一个虚拟的表，在物理上并不实际存在。视图是由查询数据库表产生的，它限制了用户能看到和修改的数据。

视图兼有表和查询（例如 SELECT 语句）的特点：与查询相似的是，视图可以用来从一个或多个相关联的表或视图中提取有用信息；与表相似的是，视图可以用来更新其中的信息，并将更新结果永久保存在磁盘上。

概括地说，视图有以下特点。

● 视图可以使用户只关心他感兴趣的某些特定数据，不必要的数据可以不出现在视图中。例如，可以定义一个视图，只检索部门编号为 2 的员工数据，这样，部门编号为 2 的部门管理员就可以使用该视图，只操作其感兴趣的数据。

● 视图增强了数据的安全性。因为用户只能看到视图中所定义的数据，而不是基础表中的数据。

● 使用视图可以屏蔽数据的复杂性，用户不必了解数据库的全部结构，就可以方便地使用和管理他所感兴趣的那部分数据。

● 简化数据操作。视图可以简化用户操作数据的方式。可将经常使用的复杂条件查询定义为视图，这样，用户每次对特定的数据执行进一步操作时，不必指定所有条件和限定。例如，一个用于报表目的，并执行子查询、外连接及聚合以从一组表中检索数据的复合查询，就可以创建为一个视图。这样每次生成报表时无须编写或提交基础查询，而是查询视图。

● 视图可以让不同的用户以不同的方式看到不同或者相同的数据集。

● 组合分区数据。用户可以把来自不同表的两个或多个查询结果组合成单一的结果集。这在用户看来是一个单独的表，称为分区视图。

例如，从员工表 Employees 中提取 Emp_name、Sex 和 Title 组成一个员工简表视图，如图 6-60 所示。

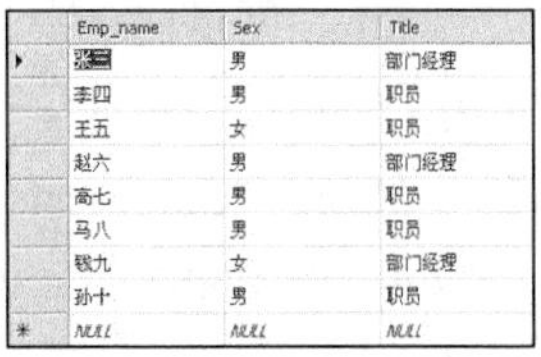

## 6.5.2　创建视图

下面将通过实例演示如何创建视图。

图 6-60　"员工简表"视图

【例 6-73】从员工表 Employees 中选择部门编号为 2 的记录，提取 Emp_name、Sex、Title 和表 Departments 中的部门名称表 Dep_name 组成一个视图 EmpView1。

### 1. 使用视图设计器创建视图

可以在 SQL Server Management Studio 中指定数据库的"视图"目录下创建视图，方法如下。

（1）在 SQL Server Management Studio 的对象资源管理器中，展开指定实例的数据库，右键单击"视图"，在弹出的快捷菜单中选择"新建视图"，打开"视图设计器"窗口，并弹出"添加表"对话框，如图 6-61 所示。

图 6-61　添加表

（2）分别选中表 Departments 和表 Employees，然后单击"添加"按钮，将它们添加到"视图设计器"窗口。单击"关闭"按钮进入到"视图设计器"，如图 6-62 所示。可以看到表 Employees 和表 Departments 之间有一个默认的从 Employees.Dep_id 到 Departments.Dep_id 的连接。

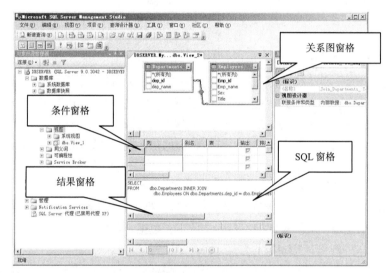

图 6-62　视图设计器

"视图设计器"包含关系图窗格、网格窗格、SQL 窗格和结果窗格 4 个部分。关系图窗格中显示当前视图中包含的表、显示列以及表之间的关系；条件窗格中显示了视图中选中的列及其属性信息，设置查询条件；SQL 窗格中显示定义视图的 SQL 语句；结果窗格中显示视图的查询结果。

（3）在关系图网格中，选中表 Employees 的 Emp_name、Sex、Title 列和表 Departments 的 Dep_name、Dep_id 列（选中列左侧的复选框）。同时，网格窗格和 SQL 窗格的内容也发生变化，如图 6-63 所示。

（4）在网格窗格中，取消 Departments.Dep_id 的输出复选框，因为它只用于设置查询条件，不用于输出。

（5）在 Departments.Dep_id 列的"筛选器"栏中，添加"=2"。

（6）设置完成后，单击工具栏中的"运行"按钮  ，结果出现在"结果窗格"中，如图 6-64 所示。

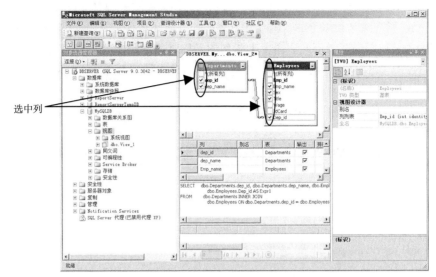

图 6-63　选择输入列

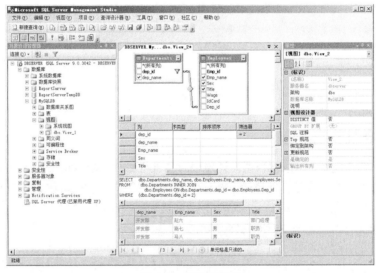

图 6-64　创建新视图

（7）单击"保存"图标，在"另存为"对话框中输入视图名 EmpView1。关闭"视图设计器"，视图 EmpView1 已经出现在对象资源管理器中。

## 2. 使用 CREATE VIEW 语句创建视图

CREATE VIEW 语句的基本语法如下：

```
CREATE VIEW 视图名 [ ( 列名 [ ,…n ] ) ]
   [ WITH  ENCRYPTION ]
   AS
   SELECT 语句
```

各参数说明如下。

● 视图名：是视图的名称。视图名称必须符合标识符的命名规则。可以在该名称前面选择是否指定视图所属的数据库及所有者名称。

- 列名：视图中的列名称，如果省略列名，则视图的列采用 SELECT 语句产生的列名。当列是从算术表达式、函数或常量派生的，两个或更多的列可能会具有相同的名称（通常是因为连接），或者视图中的某列需要赋予不同于派生来源列的名称时，需要指定列名。
- WITH ENCRYPTION：对包含在系统表 syscomments 内的 CREATE VIEW 语句文本进行加密。
- SELECT 语句：用于创建视图的 SELECT 语句，利用 SELECT 语句可以从表或视图中选择列构成新视图的列。

【例 6-74】使用 CREATE VIEW 命令创建视图"员工信息简表"，语句如下：

```
USE HrSystem
GO
CREATE VIEW 员工信息简表
AS
SELECT e.Emp_name, e.Sex, e.Title, d.Dep_name
FROM Employees e INNER JOIN Departments d
ON e.Dep_id = d.Dep_id
```

【例 6-75】使用 CREATE VIEW 命令创建加密视图"软件系学生简表 2"。具体代码如下：

```
USE HrSystem
GO
CREATE VIEW 员工信息简表 2
WITH ENCRYPTION
AS
SELECT e.Emp_name, e.Sex, e.Title, d.Dep_name
FROM Employees e INNER JOIN Departments d
ON e.Dep_id = d.Dep_id
```

## 6.5.3  修改视图

对于已经存在的视图，可以在视图设计器中对其进行修改。在 SQL Server Management Studio 中，右键单击需要修改的视图，选择弹出菜单中的"设计"命令，就可以在打开的视图设计器中根据需要对视图进行修改，过程与上一节中介绍的添加视图相似。

还可以使用 ALTER VIEW 语句修改视图，基本语法如下：

```
ALTER VIEW <视图名>
[ WITH 视图参数 ]
AS <SELECT 语句>
```

可以看到，ALTER VIEW 语句的语法与 CREATE VIEW 语句相似。

【例 6-76】使用 ALTER VIEW 命令修改视图"员工信息简表"，在视图中增加工资项，具体代码如下：

```
USE HrSystem
GO
ALTER VIEW 员工信息简表
AS
SELECT e.Emp_name, e.Sex, e.Title, e.Wage, d.Dep_name
FROM Employees e INNER JOIN Departments d
ON e.Dep_id = d.Dep_id
GO
```

运行此语句后，在对象资源管理器中右键单击"员工信息简表"视图，在弹出菜单中选择"编

辑前 200 行"，可以查看视图数据，如图 6-65 所示。可以
看到，视图中增加了员工工资数据。

| Emp_name | Sex | Title | Wage | Dep_name |
|---|---|---|---|---|
| test1 | 男 | 职员 | 5000 | 人事部 |
| 张三 | 男 | 总经理 | 6000 | 人事部 |
| 王五 | 女 | 职员 | 3500 | 人事部 |
| 李四 | 男 | 职员 | 3000 | 人事部 |
| 高七 | 男 | 职员 | 2500 | 办公室 |
| 赵六 | 男 | 部门经理 | 6500 | 办公室 |
| 马八 | 男 | 职员 | 3100 | 办公室 |
| 钱九 | 女 | 部门经理 | 5000 | 财务部 |
| 孙十 | 男 | 职员 | 2800 | 财务部 |
| NULL | NULL | NULL | NULL | NULL |

图 6-65　查看修改后的视图数据

## 6.5.4　删除视图

有相关权限的用户，可以删除视图，而表和视图所基
于的数据并不受到影响。

在 SQL Server Management Studio 的对象资源管理器中，右击要删除的视图，在弹出菜单中
选择"删除"，打开"删除对象"对话框，单击"确定"按钮，即可删除选中的视图。

也可以使用 DROP VIEW 语句删除视图，基本语法如下：

```
DROP VIEW 视图名
```

【例 6-77】使用 DROP VIEW 命令删除视图"员工信息简表"，具体代码如下：

```
DROP VIEW 员工信息简表
```

# 练 习 题

## 一、选择题

1. 在创建表时，（　　　）是不能指定的。
   A．表名　　　　　　B．列名　　　　　　C．列属性　　　　　D．表中的数据

2. 使用 ALTER TABLE 可以（　　　）。（多选）
   A．修改表名　　　B．向表中增加列　C．修改列属性　　D．从表中删除列

3. 下面（　　　）语句用于在表中添加数据。
   A．INSERT　　　　B．APPEND　　　　C．ADD_DATA　　D．DELETE

4. 关于 DELETE 语句，下面说法正确的是（　　　）。
   A．DELETE 语句只能删除表中的一条记录
   B．DELETE 语句可以删除表中的多条记录
   C．DELETE 语句不能删除表中的全部记录
   D．DELETE 语句可以删除表

5. 关于 UPDATE 语句，下面说法正确的是（　　　）。
   A．UPDATE 语句只能更新表中的一条记录
   B．UPDATE 语句可以更新表中的多条记录
   C．UPDATE 语句不能更新表中的全部记录
   D．UPDATE 语句可以修改表结构

6. 关于 SELECT 语句，下面说法错误的是（　　　）。
   A．SELECT 语句可以查询表或视图中的数据
   B．SELECT 语句只能从一个表中获取数据
   C．在 SELECT 语句中可以设置查询条件
   D．在 SELECT 语句中可以对查询结果进行排序

7. 在 SELECT 语句的 WHERE 子句中使用 LIKE 关键字，可以（　　　）。
   A．查询用户喜欢的记录　　　　　　　B．查询最近添加的记录
   C．实现模糊查询　　　　　　　　　　D．实现所有查询

8. 在模糊查询中，可以代表任何字符串的通配符是（　　　　）。

　　A. *　　　　　　　　B. @　　　　　　　C. %　　　　　　　D. #

9. 在 SELECT 语句中，限制查询结果中不能出现重复行的关键字是（　　　　）。

　　A. ONLY　　　　　　B. DISTINCT　　　C. CONSTRAINT　D. TOP

10. 在 SELECT 语句中，如果查询条件中出现聚合函数，则定义查询条件的关键字是（　　　　）。

　　A. GROUP BY　　　B. WHERE　　　　C. HAVING　　　　D. ORDER BY

### 二、填空题

1. SQL Server 数据库的表由_____和_____组成。

2. 在 SQL Server 中，表分为_____和_____两种。数据通常存储在_____表中，如果用户不手动删除，_____表和其中的数据将永久存在。_____表存储在 tempdb 数据库中。

3. 使用_____语句可以创建表。

4. SQL Server 的表约束包括_____、_____、_____、_____和_____。

5. _____约束是用于建立和加强两个表数据之间连接的一列或多列。通过将表中的主键列添加到另一个表中，可创建两个表之间的连接。

6. 使用_____存储过程可以将规则绑定到指定的表。

7. 使用_____语句可以快速地删除表中的所有数据。

8. HAVING 子句的功能是指定组或聚合的搜索条件。HAVING 子句通常与_____子句一起使用。

9. 使用_____子句可以生成合计作为附加的汇总列出现在结果集的最后。

10. 连接查询可以分为_____、_____和_____3种。

11. 使用_____运算符可以组合两个查询的结果集。

12. 在 SELECT 语句中使用_____子句可以创建一个新表，并用 SELECT 的结果集填充该表。

### 三、判断题

1. 定义为主键的列可以唯一标识表中的每一行记录。（　　　）

2. 可以从回收站中恢复被删除的表。（　　　）

3. 表中只能有一个列被定义为主键。（　　　）

4. 检查约束的功能是检查表中列属性的定义是否有效。（　　　）

5. 使用 INSERT 语句向表中插入数据时，可以不考虑表中的约束。（　　　）

6. 在 SELECT 语句中，ORDER BY 子句默认情况下按递减顺序排列结果集。（　　　）

7. 在 SELECT 语句中使用 GROUP BY 子句时，SELECT 子句中必须包含聚合函数。（　　　）

8. 在 SELECT 语句的 HAVING 子句中可以包含聚合函数。（　　　）

9. 在视图中可以添加和修改数据，在表中可以查看到数据的变化。（　　　）

### 四、问答题

1. 试述 SQL Server 中包含几种类型的表约束。

2. 试述规则与 CHECK 约束的区别和联系。

3. 试述 SELECT 语句中，连接查询的分类和使用情况。

4. 试述视图的基本概念和作用。

### 五、上机练习题

（一）表的定义及约束

1. 建立名称为"职工"的数据库，数据库属性自定。按以下要求完成各步操作，保存或记录完成各题功能的 Transact-SQL 语句。

2．使用 CREATE TABLE 语句在"职工"数据库中按以下要求创建各表。

（1）"职工基本信息"表：表结构如表 6-8 所示。

表 6-8             "职工基本信息"表

| 字 段 名 | 职 工 编 号 | 姓 名 | 性 别 | 出 生 日 期 | 部 门 编 号 |
|---|---|---|---|---|---|
| 类型及说明 | Char(5)，主键 | Char(10)，不允许为空 | Char(2) | Datetime | Char(3) |

（2）"工资"表：表结构如表 6-9 所示。

表 6-9             "工资"表

| 字 段 名 | 职 工 编 号 | 基 本 工 资 | 奖 金 | 实 发 工 资 |
|---|---|---|---|---|
| 类型及说明 | Char(5)，主键 | Money | Money | Money |

（3）"部门信息"表：表结构如表 6-10 所示。

表 6-10           "部门信息"表

| 字 段 名 | 部 门 编 号 | 部 门 名 称 | 部 门 简 介 |
|---|---|---|---|
| 类型及说明 | Char(3)，主键 | Char(20)，不允许为空 | Varchar(50) |

3．使用 ALTER TABLE 语句向"职工基本信息"表中添加一列，列名称为"职称"，类型为 char，长度为 10。

4．使用 ALTER TABLE 语句删除第 3 题添加的"职称"列。

5．为"部门信息"表的部门名称字段添加一个唯一性约束，以限制部门名称的唯一性。

6．限制"职工基本信息"表的"性别"字段只接受"男"和"女"两个值。

7．限制"工资"表的"基本工资"字段的值为不小于 0 的数。

8．限制"工资"表的"基本工资"和"奖金"字段的默认值为 0。

9．设"职工基本信息"表的"性别"字段的默认值为"男"。

10．创建外部键约束，定义职工基本信息表的"部门编号"为外部键，引用"部门信息"表的"部门编号"；定义"工资"表的"职工编号"为外部键，引用"职工基本信息"表的"职工编号"。

11．删除第 9 题创建的外部键约束。

（二）表的更新

继续使用第（一）题创建的"职工"数据库，完成以下各题功能，保存或记录相应的 FSQL 语句。

1．用 INSERT 语句向"职工基本信息"表中插入如表 6-11 所示的 4 行数据。

表 6-11          "职工基本信息"表中的数据

| 职 工 编 号 | 姓 名 | 性 别 | 出 生 日 期 | 部 门 编 号 |
|---|---|---|---|---|
| 10001 | 王佳 | 女 | 1979 年 2 月 1 日 | 001 |
| 20001 | 张欣 | 男 | 1965 年 5 月 10 日 | 002 |
| 20003 | 李勇 | 男 | 1976 年 8 月 1 日 | 002 |
| 10002 | 刘军 | 男 | 1973 年 7 月 1 日 | 001 |

2．用 INSERT 语句向"工资"表中插入如表 6-12 所示的两行数据（即部门编号为"001"的职工工资信息）。

表 6-12　　　　　　　　　　　　部门编号为"001"的职工工资信息

| 职 工 编 号 | 基 本 工 资 | 奖　金 |
| --- | --- | --- |
| 10001 | 2000 | 2200 |
| 10002 | 2500 | 3000 |

3．在"职工"数据库中再创建一张新表，表名为"临时工资信息"，其结构和内容如表 6-13 所示。

表 6-13　　　　　　　　　　　　　　"临时工资信息"表

| 职 工 编 号 | 姓　名 | 基 本 工 资 | 奖　金 |
| --- | --- | --- | --- |
| 20001 | 张欣 | 2000 | 2500 |
| 20003 | 李勇 | 2200 | 2000 |

用带子查询的 INSERT 语句将该新表的有关数据添加到"工资"表中。

4．用 CREATE TABLE 语句在"职工"数据库中创建一个新表"部门平均年龄"，包含"部门编号"和"平均年龄"两个字段。

5．使用 INSERT 语句将每一个部门编号及对应的职工平均年龄添加到以上"部门平均年龄"表中。（提示：在子查询语句中可以使用"YEAR(GETDATE())- YEAR（出生日期）"求每一个职工的年龄，再对其使用 AVG 函数求平均）

6．用 UPDATE 语句给"工资"表中所有所属部门编号为"001"的职工的奖金增加 10%。

7．用 UPDATE 语句求所有职工的实发工资（即计算"工资"表的实发工资一列的值，等于基本工资+奖金）。

8．删除职工编号为"10001"的职工的工资信息。

9．删除"工资"表中所属部门编号为"001"的所有职工的工资信息。

（三）表的查询

以下各题基于数据库 HrSystem，编写 SELECT 语句，完成以下各题的查询要求，保存或记录下实现各题功能的查询语句。

1．查询员工表 Employees 的全部信息。

2．查询员工表 Employees 的姓名、性别及工资。

3．要将所有员工工资上涨 20%，显示所有员工的姓名、性别和上涨后的工资。将上涨后的工资一列的标题显示为"NewWage"。

4．查询员工表 Employees 中有哪些职务（使用 title 字段，这里需要去掉重复的职务）。

5．查询部门编号为 1 的员工姓名和职务。

6．查询图书类型职务为"部门经理"且性别为女的员工的姓名。

7．使用 BETWEEN 表示范围，找出工资在 3000 ~ 4000 元的所有员工信息。

8．使用 BETWEEN 表示范围，找出工资不在 3000 ~ 4000 元的所有工资信息。

9．找出部门为人事部（编号为 1）和办公室（编号为 2）的所有员工信息（条件使用 IN）。

10．从 Employees 表中找出所有身份证以'110'开头的员工的所有信息。

11．查询 Employees 表中所有身份证第 1 个字母在 0 ~ 3 之间的员工的所有信息。

12．统计员工的最高工资、最低工资、总工资和平均工资。

13．统计一共有几种职务。

14．统计职务为"部门经理"的员工总人数。

15．统计每一个部门的员工人数，统计结果中包含部门编号和员工人数。（提示：使用 group by 实现分类汇总）

16．统计每一部门（按 Dep_id 分类）的平均工资（Wage），要求统计结果列标题显示为"部门编号"及"平均工资"。（提示：使用 group by 实现分类汇总）

17．统计每一个部门（按 Dep_Id 分类）的平均工资（Wage），要求显示每一个部门的明细内容后再显示该部门的平均工资，明细中要求显示部门编号、部门名称、姓名和工资。（提示：使用 COMPUTE…BY…）

18．查询每一个员工的明细信息。查询结果包括姓名、性别、职务和对应的部门名称。使用 where 条件指定表间的连接。（提示：使用表 Employees 和表 Departments）

19．实现第 18 题功能，改成使用 INNER JOIN 实现表间连接。

20．查询每一个部门所包含的员工信息。查询结果包括姓名、性别、职务和对应的部门名称。对于没有员工的部门，在查询结果中要同样列出，其对应的员工信息显示为空（NULL）。（提示：使用外连接，使用 Employees 和表 Departments）

21．使用子查询实现：查询比部门为'办公室'的员工。

（四）视图

1．创建视图 view1，使该视图中包含 HrSystem 数据库中所用一个的明细信息（视图中的列名全部使用中文）。

2．显示第 1 题创建的视图 view1 的所有数据。

3．利用第 1 题创建的视图 view1，列出视图中所有姓李的员工的所有信息。

4．使用 ALTER VIEW 修改第 1 题创建的视图 view1，使其只包含所有作者的姓名、职务和部门三列（视图中的列名全部使用中文）。

5．删除以上创建的视图 view1。

# 第 7 章
# 规则和索引

规则和索引是 SQL Server 中常用的对象，规则可以指定表中数据需要满足的条件，索引则可以提高查询数据的效率。俗话说没有规矩不成方圆，如果没有规则来约束，表中就有可能保存一些不符合逻辑的垃圾数据，如工资为–5 000，年龄为 400，性别为马等。这种数据会给应用程序带来混乱。而索引则类似于图书的目录（实际上索引的情况要比目录复杂得多），创建索引可以帮助数据库引擎快速的查询数据。这两个对象虽然不是必须的，但合理地设计规则和索引对于创建完善、高效的数据库应用程序是很有帮助的。

## 7.1　规　　则

规则不是数据库中必须定义的对象，但定义规则可以保证表中的数据都能满足设计者的要求。因此，管理员在设计数据库结构时，不能忽略这个重要的数据库对象。

### 7.1.1　规则的概念

规则（Rules）是用于执行一些与检查约束相同的功能。检查约束比规则更简明，一个列只能应用一个规则，但是却可以应用多个检查约束。

检查约束可以在 CREATE TABLE 语句中定义，而规则作为独立的对象创建，然后绑定在指定的列上。

规则也是维护数据库中数据完整性的一种手段，使用它可以避免表中出现不符合逻辑的数据，如工资小于 0。

### 7.1.2　创建规则

使用 CREATE RULE 语句可以创建规则，其语法结构如下：

```
CREATE RULE <架构名>.<规则名>
AS <规则表达式>
```

规则表达式中可以包含算术运算符、关系运算符和谓词（例如 IN、LIKE、BETWEEN 等）。

【例 7-1】创建一个规则 SexRule，指定变量@sex 的取值只能为'男'或'女'，代码如下：

```
CREATE RULE SexRule
AS @sex IN ('男', '女')
```

也可以在规则表达式中使用 BETWEEN 将变量限定在一定的范围内。

【例 7-2】创建一个规则 WageRule，指定变量@wage 的取值范围为 0~50000，代码如下：

```
CREATE RULE WageRule
AS @wage BETWEEN 0 AND 50000
```

提示

BETWEEN 是 SQL Server 谓词，它用于指定变量的应用范围。

## 7.1.3 查看规则

打开 SQL Server Management Studio，在对象资源管理器中展开要管理的数据库，如 HrSystem。再展开"可编程性"/"规则"，可以查看选择数据库中的所有规则对象。如果还没有创建规则对象，则"规则"节点下没有子节点。右击一个规则对象，在弹出的快捷菜单中选择"编写规则脚本为"/"CREATE 到"/"新查询编辑器窗口"，会打开一个新的查询编辑器窗口，并在其中显示该规则的定义语句，如图 7-1 所示。

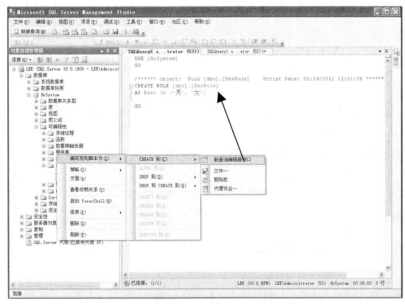

图 7-1 查看规则对象

## 7.1.4 绑定规则

绑定规则是指将已经存在的规则应用到列或用户自定义的数据类型中。使用存储过程 sp_bindrule 可以将规则绑定到列或用户自定义的数据类型，语法如下：

```
sp_bindrule [ @rulename = ] 规则名,
    [ @objname = ] 对象名
```

规则名是执行 CREATE RULE 语句时定义的规则名称，对象名可以是表名和列名，也可以是自定义的数据类型。

【例 7-3】将规则 SexRule 绑定到表 Employees 的列 Sex 上的语句如下：

```
USE HrSystem
GO
EXEC sp_bindrule 'SexRule', 'Employees.Sex'
```

```
GO
```

执行的结果如下：

已将规则绑定到表的列。

下面通过一个 INSERT 语句验证规则的应用效果。执行下面的 INSERT 语句，向表 Employees 中插入一条记录：

```
USE HrSystem
GO
INSERT INTO Employees (Emp_name, Sex, Title, Wage, IdCard, Dep_id)
VALUES ('小李', '无', '职员', 10000, '110123xxxx', 1)
GO
```

注意，INSERT 语句设置列 Sex 的值为"无"。因为列 Sex 绑定到规则 SexRule，而在规则 SexRule 中规定列值只能是"男"或"女"。因此，执行 INSERT 语句的结果如下：

消息 513，级别 16，状态 0，第 2 行

列的插入或更新与先前的 CREATE RULE 语句所指定的规则发生冲突。该语句已终止。冲突发生于数据库 'HrSystem'，表 'dbo.Employees'，列 'Sex'。

语句已终止。

返回结果中提示 INSERT 语句中指定的列 Sex 的指定值（'无'）不满足之前绑定的规则。

## 7.1.5 解除绑定规则

使用存储过程 sp_unbindrule 可以解除规则的绑定，它的基本语法如下：

```
sp_unbindrule [ @objname = ] 对象名
```

对象名可以是表名和列名，也可以是自定义的数据类型。

【例 7-4】使用存储过程 sp_unbindrule 取消表 Employees 的列 Sex 上绑定的规则，具体语句如下：

```
USE HrSystem
GO
EXEC sp_unbindrule 'Employees.Sex'
GO
```

执行的结果如下：

（所影响的行数为 1 行）

已从表的列上解除了规则的绑定。

## 7.1.6 删除规则

在 SQL Server Management Studio 中，右键单击指定的规则，在弹出的快捷菜单中选择"删除"项则删除指定的规则对象。

也可以使用 DROP RULE 语句从当前数据库中删除一个或多个规则，语法如下：

```
DROP RULE 规则名 1 [, 规则名 2, …, 规则名 n]
```

在删除规则前，需要调用 sp_unbindrule 存储过程解除该规则的绑定。

【例 7-5】使用 DROP RULE 删除规则 SexRule，具体语句如下：

```
USE HrSystem
EXEC sp_unbindrule 'Employees.Sex'
DROP RULE SexRule
```

# 7.2　索　　引

索引是关系型数据库的一个基本概念。本节将介绍索引的概念，以及如何创建、管理和删除索引。

## 7.2.1　设计索引

用户对数据库最常用的操作就是查询数据。在数据量比较大时，搜索满足条件的数据可能会花费很长时间，从而占用较多的服务器资源。为了提高数据检索的能力，数据库中引入了索引的概念。

数据库的索引和书籍中的目录相似。有了索引，就可以快速地在书中找到需要的内容，而无须顺序浏览全书了。书中的目录是主要章节的列表，其中注明了包含各一章节的页码。而数据库中的索引是一个表中所包含的值的列表，其中注明了表中包含各个值的记录所在的存储位置。可以为表中的单个列建立索引，也可以为一组列建立索引。

索引提供指针以指向存储在表中指定列的数据值，然后根据指定的排序次序排列这些指针。数据库使用索引的方式与使用书的目录很相似：通过搜索索引找到特定的值，然后跟随指针到达包含该值的行。因为索引是有序排列的，所以会大大提高索引的效率。

用户可以利用索引快速访问数据库表中的特定信息。索引是对数据库表中一个或多个列的值进行排序的结构。例如，如果想根据表 Employees 的姓名来查找特定的员工，则按列 Emp_name 建立索引将大大缩短查询的时间。

在 SQL Server 中，表或视图可以包含两种索引，即聚集索引和非聚集索引。

### 1. 聚集索引

在聚集索引中，表中各行的物理顺序与索引键值的逻辑（索引）顺序相同。一个表只能包含一个聚集索引，因为表中数据只能按照一种顺序进行存储。聚集索引通常可加快 UPDATE 和 DELETE 操作的速度，因为这两个操作需要读取大量的数据。创建或修改聚集索引可能要花很长时间，因为执行这两个操作时要在磁盘上对表的行进行重组。

如果一个表中包含聚集索引，则该表被称为聚集表。

以表 Employees 为例，如果经常按照员工姓名查询记录，则可以在列 Emp_name 上创建聚集索引。索引行和数据行之间的映射关系如图 7-2 所示。

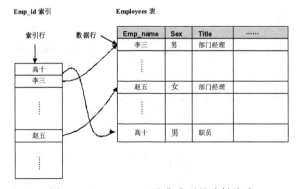

图 7-2　Emp_name 上聚集索引的映射关系

在 SQL Server 中，聚集索引按照 B 树结构进行组织，其示意图如图 7-3 所示。

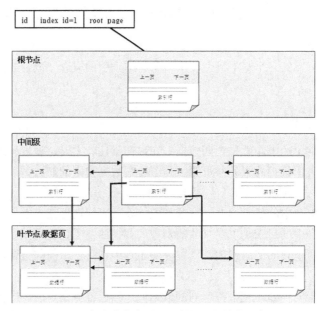

图 7-3　保存聚集索引的 B 树的组织结构示意图

### 2．非聚集索引

因为一个表中只能有一个聚集索引，如果需要在表中建立多个索引，则可以创建为非聚集索引。表中的数据并不按照非聚集索引列的顺序存储，但非聚集索引的索引行中保存了非聚集键值和行定位器，可以快捷地根据非聚集键的值来定位记录的存储位置。

非聚集索引也使用 B 树结构进行组织，只是 B 树的叶层是由索引页而不是数据页组成的。

### 3．唯一索引

无论是聚集索引，还是非聚集索引，都可以是唯一索引。在 SQL Server 中，当唯一性是数据本身的特点时，可创建唯一索引，但索引列的组合不同于表的主键。例如，如果要频繁查询表 Employees（该表主键为列 Emp_id）的列 Emp_name，而且要保证姓名是唯一的，则在列 Emp_name 上创建唯一索引。如果用户为多个员工输入了相同的姓名，则数据库显示错误，并且不能保存该表。

通常情况下，只有当经常查询索引列中的数据时，才需要在表上创建索引。索引将占用磁盘空间，并且降低添加、删除和更新行的速度。不过在多数情况下，索引所带来的数据检索速度的优势大大超过它的不足之处。

## 7.2.2　创建索引

可以在表属性对话框中通过"索引/键"对话框创建索引，方法如下。

（1）在 SQL Server Management Studio 中，选择并右击要创建索引的表，从弹出菜单中选择"设计"，打开表设计器。右键单击表设计器，从弹出菜单中选择"索引/键"命令，打开"索引/键"对话框。对话框中列出了已经存在的索引，如图 7-4 所示。

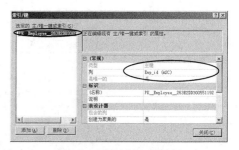

图 7-4　"索引/键"对话框

（2）单击"添加"按钮。在"选定的主/唯一键或索引"框显示系统分配给新索引的名称。

（3）在"列"属性下选择要创建索引的列，可以选择多达 16 列。为获得最佳性能，最好只选择一列或两列。对所选的每一列，可指出索引是按升序还是降序组织列值。

（4）如果要创建唯一索引，则在"是唯一的"属性中选择"是"。

（5）设置完成后，单击"确定"按钮。

（6）当保存表时，索引即创建在数据库中。

也可以使用 CREATE INDEX 语句创建索引，其基本语法如下：

```
CREATE [ UNIQUE ] [ CLUSTERED | NONCLUSTERED ] INDEX 索引名
    ON { 表名 | 视图名 } ( 列名 [ ASC | DESC ] [ ,…n ] )
```

参数说明如下。

### 1. 使用 UNIQUE 参数创建唯一索引

在创建唯一索引时，如果数据已存在，SQL Server 会检查是否有重复值，如果存在重复的键值，将取消 CREATE INDEX 语句，并返回错误信息，给出第一个重复值。

【例 7-6】在数据库 HrSystem 中为表 Employees 创建基于 IDCard 列的唯一索引 IX_Employees，可以使用以下命令：

```
USE HrSystem
GO
CREATE UNIQUE NONCLUSTERED INDEX [IX_Employees] ON dbo.Employees(IdCard)
GO
```

### 2. 聚集/非聚集索引

使用 CLUSTERED 和 NONCLUSTERED 参数创建聚集和非聚集索引。在不使用 CLUSTERED / NOCLUSTERED 的情况下，默认为非聚集索引。

CLUSTERED / NOCLUSTERED 可以和 UNIQUE 同时出现。

【例 7-7】为表 Employees 创建基于列 IDCard 的唯一、聚集索引 IX_Employees1，可以使用以下命令：

```
USE HrSystem
GO
CREATE UNIQUE CLUSTERED INDEX [IX_Employees1] ON [dbo].[Employees](IdCard)
GO
```

需要注意的是，在一个表中只允许存在一个聚集索引。因此，如果表 Employees 中已经存在一个聚集索引，则执行上面的语句时将会提示下面的错误信息。

```
消息 1902，级别 16，状态 3，第 1 行
```

无法对表'dbo.Employees' 创建多个聚集索引。请在创建新聚集索引前删除现有的聚集索引'PK__Employee_ _263E2DD300551192'。

### 3. 升序和降序

使用 ASC 和 DESC 参数来确定具体某个索引列的升序或降序排序方向。默认设置为 ASC。

【例 7-8】对表 Employees 的列 Emp_name 按照降序创建索引，可以使用以下命令：

```
USE HrSystem
GO
CREATE NONCLUSTERED INDEX [IX_Employees2] ON [dbo].[Employees]
(
    [Emp_name] DESC
)
GO
```

#### 4. 在非聚集索引中包含非键列

非聚集索引中可以包含索引键列，也可以包含非键列。当查询中的所有列都包含在索引的键列或非键列中时，可以显著地提高查询效率。除了 text、ntext、image 等大容量数据类型外，索引包含列可以是其他任何一种数据类型。

在 CREATE INDEX 语句中使用 INCLUDE 子句，可以在创建索引时定义包含的非键列，其语法结构如下：

```
CREATE NONCLUSTERED  INDEX 索引名
    ON { 表名 | 视图名 } ( 列名 [ ASC | DESC ] [ ,…n ] )
   INCLUDE (<列名 1>, <列名 2>, [, … n])
```

【例 7-9】在表 Employees 上创建非聚集索引 IX_Wage，索引中的键列为 Wage，非键列为 Emp_name、Sex 和 Title，具体语句如下：

```
USE HrSystem
GO
CREATE NONCLUSTERED  INDEX IX_Wage
  ON Employees ( Wage )
   INCLUDE (Emp_name, Sex, Title)
GO
```

在创建索引 IX_Wage 后，当表 Employees 中的数据量比较大时，执行下面的 SELECT 语句将会明显地改进查询效率。

```
USE HrSystem
GO
SELECT Emp_name, Sex, Title, Wage
FROM Employees
WHERE Wage BETWEEN 1000 AND 3000
GO
```

### 7.2.3 修改索引

在 SQL Server Management Studio 中，选择并右击要创建索引的表，从弹出的菜单中选择"设计表"，打开表设计器。右键单击表设计器，从弹出菜单中选择"索引/键"命令，打开"索引/键"对话框，并查看已经存在的索引及修改索引的属性信息。

也可以使用 ALTER INDEX 语句修改索引，其基本语法如下：

```
ALTER INDEX { 索引名 | ALL }
    ON <表名 | 视图名>
    { REBUILD | DISABLE  | REORGANIZE }[ ; ]
```

ALTER INDEX 语句的参数比较复杂，这里只介绍它的基本使用情况。参数说明如下：

- REBUILD 指定重新生成索引；
- DISABLE 指定将索引标记为已禁用；
- REORGANIZE 指定将重新组织的索引叶级。

【例 7-10】要禁用索引 IX_Employees，可以使用下面的语句：

```
USE HrSystem
GO
ALTER INDEX IX_Employees ON Employees DISABLE
GO
```

【例 7-11】可以使用下面的语句重新启用被禁用的索引 IX_Employees。

```
USE HrSystem
GO
```

```
ALTER INDEX IX_Employees ON Employees REBUILD
GO
```

## 7.2.4　删除索引

在 SQL Server Management Studio 中，选择并右击要创建索引的表，从弹出菜单中选择"设计表"，打开表设计器。右键单击表设计器，从弹出菜单中选择"索引/键"命令，在打开的"索引/键"对话框中列出了已经存在的索引。单击"删除"按钮，即可删除索引信息。

也可以使用 DROP INDEX 语句删除索引，基本语法如下：

```
DROP INDEX 表名.索引名 | 视图名.索引名 [ ,…n ]
```

【例 7-12】删除表 Employees 的索引 IX_Employees 的命令如下：

```
USE HrSystem
DROP INDEX Employees.IX_Employees
```

可以同时删除多个索引。DROP INDEX 语句不适用于通过定义 PRIMARY KEY 或 UNIQUE 约束创建的索引。

## 7.2.5　查看索引信息

可以在 SQL Server Management Studio 中查看索引信息，也可以使用系统存储过程和系统视图查看索引的明细信息。

### 1. 使用图形界面工具查看索引信息

在 SQL Server Management Studio 中，展开"索引"目录，可以查看表或视图所有的索引信息，如图 7-5 所示。

双击一个索引，在打开"属性"窗口中可查看该索引的基本信息，如图 7-6 所示。在索引属性对话框中，可以查看到索引对应的列、索引的类型、索引名称等属性信息。

图 7-5　查看索引信息

图 7-6　索引属性对话框

### 2. 使用 sp_helpindex 存储过程

也可以使用 sp_helpindex 存储过程来查看指定表或视图的索引信息，基本语法如下：

```
sp_helpindex 表名| 视图名
```

【例 7-13】要查看表 Employees 的索引信息，可以使用下面的代码：

```
USE HrSystem
exec sp_helpindex Employees
```

运行结果如图 7-7 所示。

图 7-7　使用 sp_helpindex 存储过程查看索引信息

### 3. 从系统视图 sys.indexes 中查询索引信息

系统视图 sys.indexes 中保存指定数据库中的所有表或视图等对象的索引信息，它的主要列及其描述信息如表 7-1 所示。

表 7-1　　　　　　　　　　　　系统视图 sys.indexes 的主要列及其描述信息

| 列　　名 | 描　　述 |
|---|---|
| object_id | 该索引所属的对象的 ID |
| name | 索引的名称 |
| index_id | 索引的 ID，该 ID 值在指定对象（表或视图）中是唯一的 |
| type | 索引的类型。0 表示堆，1 表示聚集索引，2 表示非聚集索引，3 表示 XML 索引，4 表示空间索引 |
| is_unique | 等于 0 表示索引不是唯一的，等于 1 表示索引是唯一的 |
| is_primary_key | 等于 1 表示该索引是 PRIMARY KEY 约束的一部分 |
| is_unique_constraint | 等于 1 表示该索引是 UNIQUE 约束的一部分 |
| is_disabled | 等于 1 表示禁用索引 |

视图 sys.indexes 的内容如图 7-8 所示。

可以看到，直接查询系统视图 sys.indexes 时，结果集中会出现很多 ID，这样不利于用户理解其中的含义。

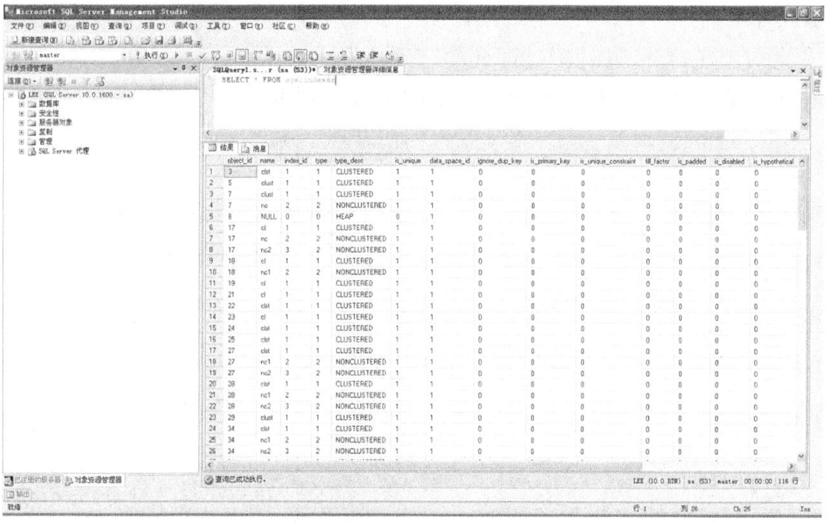

图 7-8　从系统视图 sys.indexes 中查看索引信息

【例 7-14】使用连接查询的方式，将 sys.indexes 与系统视图 sys.objects 相关联，获得更容易结果集数据，具体语句如下：

```
USE HrSystem
SELECT o.name AS 表名, i.name AS 索引名, i.type_desc AS 类型描述,
is_primary_key AS 主键约束, is_unique_constraint AS 唯一约束, is_disabled AS 禁用
FROM sys.objects o INNER JOIN sys.indexes i
ON i.object_id=o.object_id
```

执行结果如图 7-9 所示。

图 7-9　使用连接查询从系统视图 sys.indexes 中查看索引信息

从结果集中可以直观地看到索引所属的表或视图名称、索引名、索引类型、是否主键约束、是否 UNIQUE 约束和是否被禁用等信息。

#### 4. 从系统视图 sys.index_columns 中查询索引信息

系统视图 sys.index_columns 中保存指定数据库中的所有索引的列信息，它的主要列及其描述信息如表 7-2 所示。

表 7-2　　　　　　　　　系统视图 sys.index_columns 的主要列及其描述信息

| 列　名 | 描　述 |
| --- | --- |
| object_id | 该索引所属的对象的 ID |
| index_id | 索引的 ID，该 ID 值在指定对象（表或视图）中是唯一的。ID 值等于 0 表示当前索引是堆；等于 1 表示当前索引是聚集索引；等于 2 表示当前索引是非聚集索引 |
| index_column_id | 索引列的 ID |
| column_id | 索引列在 object_id 指定的表或视图中对应的列的 ID |
| is_descending_key | 索引键列的排序类型。1 表示子子降序排列，0 表示升序排列 |
| is_included_column | 为 1 表示当前列是使用 CREATE INDEX INCLUDE 加入索引的非键列；为 0 表示列不是包含性列 |

【例 7-15】使用连接查询的方式，将 sys.index_columns 与系统视图 sys.objects、sys.indexes 和 sys.columns 相关联，获得更容易结果集数据，具体语句如下：

```
SELECT o.name AS 表名, i.name AS 索引名, c.name AS 列名, i.type_desc AS 类型描述,
is_primary_key AS 主键约束, is_unique_constraint AS 唯一约束, is_disabled AS 禁用
FROM sys.objects o INNER JOIN sys.indexes i ON i.object_id=o.object_id
INNER JOIN sys.index_columns ic ON ic.index_id=i.index_id AND ic.object_id=i.object_id
INNER JOIN sys.columns c ON ic.column_id=c.column_id AND ic.object_id=c.object_id
```
上面 SELECT 语句的执行结果如图 7-10 所示。

从结果集中可以直观地看到索引所属的表或视图名称、索引名、列名、索引类型、是否主键约束、是否 UNIQUE 约束和是否被禁用等信息。

#### 5. 从系统视图 sys.sysindexkeys 中查询索引的键或列信息

系统视图 sysindexkeys 中保存着索引中键或列的信息，其常用字段及其说明如表 7-3 所示。

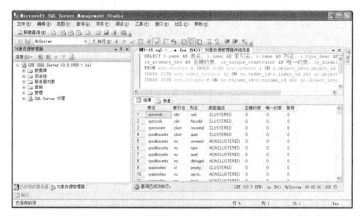

图 7-10  使用连接查询从系统视图 sys.index_columns 中查看索引列信息

表 7-3                              系统视图 sysindexkeys 的主要字段

| 字　段　名 | 具 体 说 明 |
| --- | --- |
| id | 表的编号 |
| indid | 索引的编号 |
| colid | 索引对应列的编号 |
| keyno | 该列在索引中的位置 |

【例 7-16】使用下面的 SELECT 语句可以查询表 Employees 的索引情况，其中包含索引对应列的编号。

```
USE HrSystem
SELECT o.Name AS 表名, i.Name AS 索引名, c.name AS 列名
FROM sysindexes i INNER JOIN sysobjects o ON i.id=o.id
INNER JOIN sysindexkeys k ON o.id=k.id AND i.indid=k.indid
INNER JOIN syscolumns c ON c.id=i.id AND k.colid=c.colid
WHERE o.Name='Employees'
```

在 SELECT 语句中，将 sysobjects 的 id 列与 sysindexkeys 的 id 列连接，同时将 sysindexes 的 indid 列与 sysindexkeys 的 id 列连接，从而得到索引对应的列编号 sysindexkeys.colid，再与 syscolumns.colid 连接，获得列名，运行结果如图 7-11 所示。

图 7-11  使用连接查询从系统视图 sys.sysindexkeys 中查看索引列信息

## 7.2.6　使用索引优化数据库查询效率

如果需要在表中按指定的列来查询数据，则在该列上创建索引可以提高查询的效率。下面介绍如何使用索引提高查询效率，以及如何对索引进行优化。

#### 1. 不宜创建索引的情形

首先应注意在如下两种情况下，不宜创建索引。

（1）对于经常插入、修改和删除数据的表，不宜创建过多地索引。因为表中的数据发生变化时，索引都要做相应地调整，索引越多，需要花费的时间也越多。

（2）对于数据量比较小的表，不必创建索引。因为查询优化器在搜索索引时所花费的时间可能会大于遍历全表的数据所需要的时间。

#### 2. 适合创建索引的情形

（1）为 WHERE 子句中出现的列创建索引

为在 WHERE 子句中出现的列创建索引，可以提高数据库的查询效率。

【例 7-17】在数据库 HrSystem 中，需要根据员工姓名查询其员工记录的 SELECT 语句如下：

```
USE HrSystem
SELECT * FROM Employees WHERE Emp_name='张三'
```

此时在 Emp_name 列上创建索引，可以提高查询效率。

（2）创建组合索引

如果 SELECT 语句中的 WHERE 子句中涉及多个列，则可以创建由多列组成的索引。

【例 7-18】查询姓名为张三且工资总额超过 5000 元的员工记录，可以使用下面的 SELECT 语句：

```
SELECT * FROM Employees WHERE Emp_name='张三' AND Wage>5000
```

创建包含列 Emp_name 和 Wage 的索引可以优化此 SELECT 语句的执行效率。

组合索引中列的顺序也很重要。查询语句中的列只能与组合索引中的第 1 列相匹配时，才能在查询中应用此索引。

【例 7-19】如果在组合索引中的列顺序为 Emp_name 和 Wage，则下面的 SELECT 语句不会使用到此索引。

```
SELECT * FROM Employees WHERE Wage>5000
```

可见，应该综合分析所有查询时间较长的 SELECT 语句，定义最恰当的索引。

（3）为 GROUP BY 子句中出现的列创建索引

为在 GROUP BY 子句中出现的列创建索引，可以提高数据库的查询效率。

【例 7-20】在数据库 HrSystem 中，需要根据性别查询其工资金额之和，对应的 SELECT 语句如下：

```
SELECT Title, SUM(Wage) FROM Employees GROUP BY Title
```

此时在 Title 列上创建索引，可以提高查询效率。

#### 3. 聚集索引的设计原则

因为表中数据需要按照聚集索引列的升序或降序存储，所以一个表中只能定义一个聚集索引。一般而言，在聚集索引中使用的列越少越好，并且应该遵循下面的设计原则创建聚集索引。

（1）该列的数值是唯一的或很少有重复的记录。

例如，在表 Employees 中，列 IdCard 的数值是唯一的，不存在身份证号相同的两个员工。因此，在表 Employees 的列 IdCard 上创建聚集索引可以大大提高按身份证号查询记录的效率，是一个很好的索引设计。

（2）经常使用 BETWEEN…AND…按顺序查询的列。

【例 7-21】经常执行下面的 SELECT 语句，可以在 Wage 上创建聚集索引。

```
SELECT * FROM Employees WHERE Wage BETWEEN 1000 AND 5000
```

（3）定义为 IDENTITY 的唯一列。

（4）经常用于对数据进行排序的列。

不宜在频繁变化的列上创建索引，不也适合对多个列创建组合的聚集索引。

对于其他需要创建索引的情形，可以创建非聚集索引。唯一索引可以确保索引键中不包含重复的数据，如在表 Employees 的 IdCardno 列上可以创建唯一索引。在创建表的主键或 UNIQUE 约束时，可以自动在该列上创建唯一索引。

## 7.2.7　无法使用索引的 SELECT 语句

即使正确地创建了索引，在使用 SELECT 语句时也需要注意索引列的使用方法，否则就可能无法在查询过程中应用索引。

### 1．对索引列应用了函数

【例 7-22】假定在表 Employees 中创建了一个聚集索引 IX_Wage，索引列为 Wage。查询所有工资金额为 2000 元的记录，可以使用下面的 SELECT 语句：

```
SELECT * FROM Employees WHERE Wage = 2000
```

在执行上面的 SELECT 语句时，会使用到索引 IX_Wage，从而提高查询效率。如果在列 Wage 中使用函数，则在执行 SELECT 语句时不会使用相应的索引，例如：

```
SELECT * FROM Employees WHERE ABS(Wage) = 2000
```

### 2．对索引列使用了 LIKE '%xx'

在 SELECT 语句中使用 LIKE 语句可能导致查询无法使用索引。

【例 7-23】如果表 Employees 存在索引 IX_IdCard，索引列为 IdCard，则下面的 SELECT 语句无法使用索引：

```
SELECT * FROM Employees WHERE IdCard LIKE '%1'
```

但也不是所有使用 LIKE 关键字的 SELECT 语句都无法使用索引，如果通配符%出现在最后，则查询时可以使用到索引，例如：

```
SELECT * FROM Employees WHERE IdCard LIKE '110%'
```

### 3．在 WHERE 子句中对列进行类型转换

使用 CAST 和 CONVERT 函数可以对列进行类型转换。在 WHERE 子句中使用这两个函数对列进行类型转换将导致 SELECT 语句无法使用该列上定义的索引。

【例 7-24】使用下面的 SELECT 语句将无法使用 IX_Wage 索引。

```
SELECT * FROM Employees WHERE CAST(Wage AS VARCHAR(50))='3'
```

### 4．在组合索引的第 1 列不是使用最多的列

在一个数据库应用系统中，可能会对多个列进行查询。为了能使更多 SELECT 语句能够使用索引，提高查询效率，可以创建一个由多列组成的组合列。在 SELECT 语句中，只有在 WHERE 子句中使用了组合索引的第 1 列，才能在执行时使用到该索引。

【例 7-25】在系统中使用了以下 3 个 SELECT 语句。

```
SELECT * FROM Employees WHERE Title='职员' AND Wage=3000
```

```
SELECT Title, Sum(Wage) FROM Employees GROUP BY Title
SELECT * FROM Employees WHERE Title='经理' AND IdCard='1101234567880'
```

创建一个组合索引，按顺序包含 IdCard、Wage 和 Title 列。因为第 1 个和第 2 个 SELECT 语句中都不包含列 IdCard，则它们都不会使用到该索引。可见，这并不是一个好的索引设计。组合索引中正确的列顺序应该为 Title、Wage 和 IdCard 列。

### 5. 在 WHERE 子句中使用 IN 关键字的情况

并不是所有在 WHERE 子句中使用 IN 关键字的情况都会导致无法使用索引。

【例7-26】下面的语句将会使用到在 IdCard 列上创建的索引。

```
SELECT * FROM Employees WHERE IdCard IN ('1101234567891', '1101234567892')
```

该 SELECT 语句相当于下面的 SELECT 语句。

```
SELECT * FROM Employees WHERE IdCard='1101234567891' OR IdCard='1101234567892'
```

但是，如果在 IN 关键字后面使用嵌套的 SELECT 语句，将无法使用在该列上定义的索引，例如：

```
SELECT * FROM Employees WHERE Dep_id IN (SELECT Dep_id FROM Departments WHERE Dep_name='人事部')
```

# 练 习 题

## 一、选择题

1. 使用存储过程（　　）可以将规则绑定到列或用户自定义的数据类型。

    A．sp_unbindrule　　B．sp_bindrule　　C．sp_addrule　　D．sp_applyrule

2. 使用（　　）语句可以创建索引。

    A．CREATE DATABASE　　　　　B．CREATE VIEW

    C．CREATE INDEX　　　　　D．CREATE TABLE

3. 用 CREATE INDEX 语句中使用（　　）关键字创建聚集索引。

    A．UNIQUE　　　B．CLUSTERED　C．NONCLUSTERED　D．ON

4. 使用（　　）语句可以修改索引。

    A．MODIFY INDEX　　　　　B．EDIT INDEX

    C．ALTER INDEX　　　　　D．DROP INDEX

5. 在 ALTER INDEX 语句中使用（　　）关键字可以重新启用被禁用的索引。

    A．REUSED　　　B．ENABLED　　C．REBUILD　　D．DISABLE

## 二、填空题

1. 使用＿＿＿＿语句可以创建规则。

2. 将已经存在的规则应用到列或用户自定义的数据类型中，称为＿＿＿＿。

3. 使用存储过程＿＿＿＿可以解除规则的绑定。

4. 可以使用＿＿＿＿语句从当前数据库中删除一个或多个规则。

5. 在＿＿＿＿索引中，表中各行的物理顺序与索引键值的逻辑（索引）顺序相同。

6. 聚集索引按照＿＿＿＿结构进行组织。

7. 可以使用＿＿＿＿语句创建索引。

8. 在 CREATE INDEX 语句中使用＿＿＿＿子句，可以在创建索引时定义包含的非键列。

**三、判断题**

1. 一个表只能包含一个聚集索引。（      ）

2. 可以使用 DROP INDEX 语句删除通过定义 PRIMARY KEY 或 UNIQUE 约束创建的索引。
（      ）

3. 也可以使用 sp_showindex 存储过程来查看指定表或视图的索引信息。（      ）

4. 对于经常插入、修改和删除数据的表，不宜创建过多地索引。（      ）

5. 对于数据量比较小的表，不必创建索引。（      ）

**四、问答题**

1. 试述的规则与检查约束的异同。

2. 试述索引的基本概念和作用。

3. 举例说明无法使用索引的 SELECT 语句。

**五、上机练习题**

（一）规则

以下操作均针对数据库 HrSystem。

1. 使用 CREATE RULE 语句创建规则 SexRule，指定变量@sex 的取值只能为'男'或'女'。

2. 完成后，在对象资源管理器中展开数据库 HrSystem→"可编程性"→"规则"，确认可以看到规则 SexRule。

3. 使用存储过程 sp_bindrule 可以将规则 SexRule 绑定到表 Employees 的列 Sex 上。

4. 执行下面的 INSERT 语句，向表 Employees 中插入一条记录。

```
USE HrSystem
GO
INSERT INTO Employees (Emp_name, Sex, Title, Wage, IdCard, Dep_id)
VALUES ('小李', '无', '职员', 10000, '110123xxxx', 1)
GO
```

确认是否可以成功执行 INSERT 语句，为什么？

5. 使用存储过程 sp_unbindrule 取消表 Employees 的列 Sex 上绑定的规则。成功后再执行第 4 步中的 INSERT 语句，确认是否可以成功执行 INSERT 语句，为什么？

6. 使用 DROP RULE 删除规则 SexRule。完成后，在对象资源管理器中展开数据库 HrSystem→"可编程性"→"规则"，确认是否可以看到规则 SexRule。

（二）索引

执行以下语句，利用数据库 HrSystem 的表 Employees 产生一个新表 emp，该新表包含了表 Employees 中的所有记录。

```
USE HrSystem
SELECT * INTO emp FROM Employees
```

1. 在新表 emp 上建立一个唯一聚集索引，索引名称为 name_ind，索引字段为 Emp_name。

2. 使用 SQL Server Management Studio 查看索引 name_ind 的属性信息。

3. 使用 DROP INDEX 语句删除第 1 题创建的索引 name_ind。

# 第8章
## 存储过程、函数和触发器

存储过程、函数和触发器实际上都是使用 Transact-SQL 语言编写的程序。存储过程和函数需要显式调用才能执行，而触发器则在满足指定条件时自动执行。了解它们的工作原理是编写存储过程、函数和触发器的前提。

# 8.1 存 储 过 程

## 8.1.1 什么是存储过程

存储过程是 Transact-SQL 语句的预编译集合，这些语句在一个名称下存储并作为一个单元进行处理。SQL Server 提供了一系列存储过程以管理 SQL Server、显示有关数据库和用户的信息。SQL Server 提供的存储过程称为系统存储过程。

存储过程由参数、编程语句和返回值组成。可以通过输入参数向存储过程中传递参数值，也可以通过输出参数向调用者传递多个输出值；存储过程中的编程语句可以是 Transact-SQL 的控制语句、表达式、访问数据库的语句，也可以调用其他的存储过程；存储过程只能有一个返回值，通常用于表示调用存储过程的结果是成功还是失败。

使用 SQL Server 中的存储过程而不使用存储在客户计算机本地的 Transact-SQL 程序的优势有：

### 1. 允许模块化程序设计

只需创建一个过程并将其存储在数据库中，就可以在程序中任意调用该过程。存储过程可由在数据库编程方面有专长的人员创建，并可独立于程序源代码而单独修改。

### 2. 允许更快执行

如果某操作需要大量 Transact-SQL 代码或需重复执行，存储过程将比 Transact-SQL 批代码的执行要快。将在创建存储过程时对其进行分析和优化，并可在首次执行该过程后使用该过程的内存中版本。每次运行 Transact-SQL 语句时，都要从客户端重复发送，并且在 SQL Server 每次执行这些语句时，都要对其进行编译和优化。

### 3. 减少网络流量

一个需要数百行 Transact-SQL 代码的操作由一条执行过程代码的单独语句就可实现，而不需要在网络中发送数百行代码。

### 4. 可作为安全机制使用

即使对于没有直接执行存储过程中语句的权限的用户，也可授予他们执行该存储过程的权限。

存储过程有以下几类。

- 系统存储过程：系统存储过程是 SQL Server 内置的存储过程，存储在 master 库中，主要用途是执行 SQL Server 的某些管理功能、显示有关数据库和用户的信息。系统存储过程名以 SP_ 开头，可以在任何数据库中执行系统存储过程。

- 用户自定义存储过程：指用户自行创建并存储在用户数据库中的存储过程。

- 临时存储过程：临时存储过程又分为局部临时存储过程和全局临时存储过程。局部临时存储过程名称以#开头，存放在 tempdb 数据库中，只由创建并连接的用户使用，当该用户断开连接时将自动删除局部临时存储过程。全局临时存储过程名称以##开头，存放在 tempdb 数据库中，允许所有连接的用户使用，在所有用户断开连接时自动被删除。

- 远程存储过程：指位于远程服务器上的存储过程。

- 扩展存储过程：指利用外部语言（如 C）编写的存储过程，以弥补 SQL Server 的不足之处，扩展新的功能。

## 8.1.2　创建存储过程

可以使用 CREATE PROCEDURE 语句和图形界面工具两种方式创建存储过程。

### 1. 使用 CREATE PROCEDURE 语句创建存储过程

CREATE PROCEDURE 语句的作用是创建存储过程，它的语法结构如下：

```
CREATE PROC[ EDURE ] 存储过程名
    [ { @parameter data_type }
        [ VARYING ] [ = default ] [ OUTPUT ]
    ]
AS SQL 语句 [ …n ]
```

参数说明如下。

- 存储过程的名称必须符合标识符规则，而且对于数据库及其所有者必须是唯一的。如果要创建局部临时过程，可以在存储过程名前面加一个编号符（#procedure_name），如果要创建全局临时过程，可以在存储过程名前面加两个编号符（##procedure_name）。完整的名称（包括 # 或 ##）不能超过 128 个字符。指定过程所有者的名称是可选的。

- @paramete 表示过程中的参数。在 CREATE PROCEDURE 语句中可以声明一个或多个参数。用户必须在执行过程时提供每个所声明参数的值（除非定义了该参数的默认值）。使用@符号作为第一个字符来指定参数名称。参数名称必须符合标识符的规则。每个过程的参数仅用于该过程本身；相同的参数名称可以用在其他过程中。在默认情况下，参数只能代替常量，而不能用于代替表名、列名或其他数据库对象的名称。

- data_type 表示参数的数据类型。所有数据类型（包括 text、ntext 和 image）都可以用作存储过程的参数。

- VARYING 指定作为输出参数支持的结果集，仅适用于游标参数。

- default 指定参数的默认值。如果定义了默认值，不必指定该参数的值即可执行过程。默认值必须是常量或 NULL。如果过程中对该参数使用 LIKE 关键字，那么默认值中可以包含通配符（%、_、[]和[^]）。

- OUTPUT 表明参数是返回参数。使用 OUTPUT 参数可将信息返回给调用过程。text、ntext 和 image 参数可用作 OUTPUT 参数。

- AS 关键字指定过程要执行的操作。

过程中可以包含的任意数目和类型的 Transact-SQL 语句。

【例 8-1】创建存储过程 IncreaseWage，功能是将表 Employees 中所有员工的工资数据增加 10%，具体语句如下：

```
USE HrSystem
GO
CREATE PROCEDURE IncreaseWage
AS
UPDATE Employees SET Wage = Wage * 1.1
GO
```

【例 8-2】为了进一步增强存储过程的可用性，在例 8-1 的基础上添加参数信息，由用户通过参数动态地设置工资增长的比例。示例代码如下：

```
USE HrSystem
GO
CREATE PROCEDURE IncreaseWage1
@IncRate SMALLINT
AS
UPDATE Employees SET Wage = Wage * (1 + @IncRate / 100)
GO
```

与 IncreaseWage 相比，此存储过程多了一个参数@IncRate。在调用 IncreaseWage1 时，可以将需要上调工资的比例通过参数告知存储过程，存储过程再根据参数动态调整工资数额。

**2. 使用 SQL Server Management Studio 中的菜单命令创建存储过程**

在 SQL Server Management Studio 中，展开要创建存储过程的数据库，如 HrSystem。右击"可编程性"下面的"存储过程"项，在弹出菜单中选择"新建存储过程"命令，打开新建存储过程页面，如图 8-1 所示。

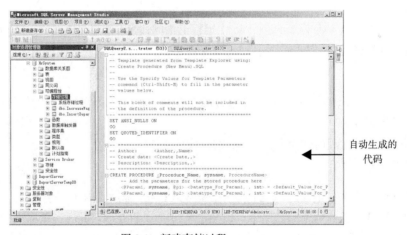

自动生成的
代码

图 8-1　新建存储过程

存储过程的具体内容需要用户自己输入。

### 8.1.3　执行不带参数的存储过程

使用 Transact-SQL 语言的 EXCUTE 语句可以执行存储过程。

【例 8-3】执行存储过程 IncreaseWage 的命令如下：

```
USE HrSystem
GO
```

```
EXEC IncreaseWage
GO
```
运行结果为：

（所影响的行数为 9 行）

用户可以在 SQL Server Management Studio 中，查看表 Employees 的变化，检验存储过程 WageIncrease 的执行情况。

## 8.1.4　带参数的存储过程

为了提高存储过程的灵活性，SQL Server 支持在存储过程中使用参数。存储过程的参数分为输入参数和输出参数两种类型，输入参数用于向存储过程中带入数据，而输出参数则能将存储过程中的数据返回到调用程序。

在定义存储过程时，可以同时指定参数，格式如下：

```
@参数名 数据类型 [=默认值] [OUTPUT][, … n]
```

如果参数后面使用 OUTPUT 关键字，则表明它是输出参数。

【例 8-4】创建存储过程 add_proc，实现计算两个参数之和并将其输出的功能，具体语句如下：

```
CREATE PROCEDURE add_proc
@num1 INT = 0,
@num2 INT = 0
AS
DECLARE @num3 INT
SET @num3 = @num1 + @num2
PRINT @num3
```

存储过程 add_proc 定义了两个参数@num1 和@num2，它们都是输入参数，参数类型为 INT，默认值为 0。

在 SQL Server Management Studio 中运行上面的命令，创建存储过程 add_proc，并执行如下命令，运行存储过程：

```
EXEC add_proc
GO
```

运行结果为 0。因为在执行存储过程时没有带参数，所以两个参数的值都被设置为默认值 0，它们的和等于 0。

在运行存储过程时使用参照 13 和 25，代码如下：

```
EXEC add_proc 13, 25
GO
```

运行结果为 38。上面的例子中将两个整数之和在存储过程中计算并输出。有时需要将存储过程中的计算结果返回到调用程序中，以便进行进一步的处理。此时，就需要使用到输出参数。

【例 8-5】看一个使用输出参数的例子。创建存储过程 add_proc1，它的功能是计算两个参数之和，并将结果使用输出参数返回，具体语句如下：

```
CREATE PROCEDURE add_proc1
@num1 INT = 0,
@num2 INT = 0,
@num3 INT OUTPUT
AS
SET @num3 = @num1 + @num2
```

在 SQL Server Management Studio 中执行如下代码，可以将存储过程 add_proc1 的输出参数值保存到@num 变量中。

```
DECLARE @num AS INT
EXEC add_proc1 12, 23, @num OUTPUT
PRINT @num
```

运行结果为 38。

上面两个例子只是简单的存储过程，它并没有访问数据库。下面介绍一个与数据库相关的存储过程。

【例 8-6】创建存储过程 AvgWage，它的功能是根据给定的部门名称计算平均工资，并将结果使用输出参数返回，具体语句如下：

```
CREATE PROCEDURE AvgWage
@depname varchar(100),
@wage float OUTPUT
AS
DECLARE @depid int
SET @depid = 0
-- 根据参数中指定的部门名称@depname，获取部门编号
SELECT @depid = Dep_Id FROM Departments WHERE Dep_Name=@depname
IF @depid = 0
   BEGIN
        SET @wage = 0
     PRINT '指定的部门记录不存在'
   END
ELSE
   BEGIN
    SELECT @wage = AVG(Wage) FROM Employees
        WHERE Dep_Id=@depid
        GROUP BY Dep_Id
   END
GO
```

执行如下代码，可以将存储过程 AvgWage 的输出参数值（即办公室的平均工资）保存到@wage变量中，并打印平均工资数据。

```
DECLARE @wage float
EXEC AvgWage '办公室', @wage OUTPUT
PRINT @wage
```

## 8.1.5　存储过程的返回值

可以在存储过程中使用 RETURN 语句返回一个状态值，返回值只能是整数。

【例 8-7】创建存储过程 AvgWage1，它的功能是根据给定的部门名称计算平均工资，并将结果使用输出参数返回。如果指定的部门存在，则返回 1；否则返回 0。具体语句如下：

```
USE HrSystem
GO
CREATE PROCEDURE AvgWage1
@depname varchar(100),
@wage float OUTPUT
AS
DECLARE @depid int
SET @depid = 0
-- 根据参数中指定的部门名称 depname，获取部门编号
SELECT @depid = Dep_Id FROM Departments WHERE Dep_Name=@depname
IF @depid = 0
   RETURN 0
```

```
ELSE
   BEGIN
    SELECT @wage = AVG(Wage) FROM Employees
        WHERE Dep_Id=@depid
        GROUP BY Dep_Id
        RETURN 1
   END
GO
```

执行如下脚本，可以将存储过程 AvgWage1 的输出参数值保存到@wage 变量中。

```
DECLARE @wage float
DECLARE @result int
EXEC @result = AvgWage1 '办公室', @wage OUTPUT
-- 检查返回值
IF @result = 1
        PRINT @wage
ELSE
        PRINT '没有对应的记录'
```

## 8.1.6  获取存储过程信息

从 系 统 视 图 INFORMATION_SCHEMA.ROUTINES 中 获 取 存 储 过 程 信 息 。INFORMATION_SCHEMA.ROUTINES 中各列的含义如表 8-1 所示。

表 8-1                    INFORMATION_SCHEMA.ROUTINES 中各列的含义

| 属　　性 | 描　　述 |
| --- | --- |
| ROUTINE_CATALOG | 存储过程或函数所属的数据库 |
| ROUTINE_SCHEMA | 存储过程或函数所属的构架 |
| ROUTINE_NAME | 存储过程或函数名 |
| ROUTINE_TYPE | 为存储过程返回 PROCEDURE；为函数返回 FUNCTION |
| DATA_TYPE | 函数返回值的数据类型 |
| NUMERIC_PRECISION | 返回值的数字精度 |
| NUMERIC_PRECISION_RADIX | 返回值的数字精度基数 |
| NUMERIC_SCALE | 返回值的小数位数 |
| DATETIME_PRECISION | 如果返回值是 datetime 类型，则表示秒的小数精度。否则，返回 NULL |
| ROUTINE_BODY | 对于 Transact-SQL 函数，返回 SQL；对于外部编写的函数，返回 EXTERNAL |
| ROUTINE_DEFINITION | 如果函数或存储过程未加密，返回函数或存储过程的定义文本最前面的 4000 字符。否则，返回 NULL |
| CREATED | 创建例程的时间 |
| LAST_ALTERED | 最后一次修改函数的时间 |

在 SQL Server Management Studio 中打开查询窗口，并执行下面的命令：

```
USE HrSystem
GO
SELECT * FROM INFORMATION_SCHEMA.ROUTINES
GO
```

运行结果如图 8-2 所示。

图 8-2　查看 INFORMATION_SCHEMA.ROUTINES 的数据

## 8.1.7　修改和重命名存储过程

可以使用 SQL Server Management Studio 和 Transact-SQL 语句修改存储过程。

### 1. 使用图形界面工具修改存储过程

在 SQL Server Management Studio 中选择存储过程所在的数据库，依次选择"可编程性"/"存储过程"。在右侧的窗口中，列出了选择数据库的所有存储过程，如图 8-3 所示。

图 8-3　查看存储过程列表

右键单击要修改的存储过程，在弹出菜单中选择"修改"，打开编辑存储过程的窗口，如图 8-4 所示。编辑完成后，单击工具栏中的保存图标。

### 2. 使用图形界面工具重命名存储过程

在 SQL Server Management Studio 中右键单击要重命名的存储过程，选择"重命名"菜单项，就可以在当前位置上修改存储过程的名字。

### 3. 使用 ALTER PROCEDURE 语句修改存储过程

使用 ALTER PROCEDURE 语句可以修改存储过程的属性。

【例 8-8】修改存储过程 IncreaseWage1，在参数中增加@Dep_Id，对指定的部门按照指定的比例上调工资。使用的代码如下：

```
USE HrSystem
```

图 8-4　编辑存储过程的窗口

```
GO
ALTER PROCEDURE IncreaseWage1
@IncRate SMALLINT, @Dep_Id SMALLINT
AS
UPDATE Employees SET Wage = Wage * (1 + @IncRate / 100)
WHERE Dep_id = @Dep_Id
GO
```

#### 4. 使用 sp_rename 重命名存储过程

还可以使用系统存储过程 sp_rename 重命名存储过程。

【例 8-9】要将存储过程 WageIncrease 重命名为 WageInc，则可以使用以下命令：

```
EXEC sp_rename 'IncreaseWage', 'WageInc'
GO
```

## 8.1.8　删除存储过程

可以在 SQL Server Management Studio 中，右击要删除的存储过程，在弹出菜单中选择"删除"命令，并确认删除。也可以使用 DROP PROCEDURE 语句来删除存储过程。

DROP PROCEDURE 语句的语法结构如下：

```
DROP PROCEDURE <存储过程名称>
```

【例 8-10】删除存储过程 WageInc，可以使用以下命令：

```
DROP PROCEDURE WageInc
GO
```

## 8.1.9　系统存储过程

SQL Server 提供了丰富的系统存储过程，使用户可以更加方便地查询系统表中的信息，以及完成与数据库和系统管理相关的任务。

下面将介绍一些常用的系统存储过程。

#### 1. sp_databases

存储过程 sp_databases 列出 SQL Server 数据库的基本情况。执行此存储过程，结果如图 8-5 所示。

在返回结果中包括当前 SQL Server 实例中的所有数据库及其大小和描述信息。

#### 2. sp_tables

存储过程 sp_tables 可以列出当前环境下可查询的所有对象列表。执行此存储过程，结果如图

8-6 所示。

图 8-5 存储过程 sp_databases 的执行结果

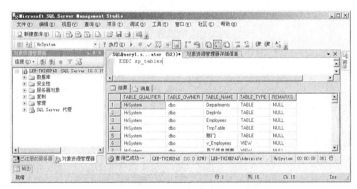

图 8-6 存储过程 sp_tables 的执行结果

返回结果中包括系统表（SYSTEM TABLE）、用户表（TABLE）和视图（VIEW）。可以在 sp_tables 命令后面指定查询条件。

【例 8-11】使用 sp_tables 存储过程返回所有用户表，可以使用如下语句：

```
USE HrSystem
GO
EXEC sp_tables @table_type = "'TABLE'"
GO
```

结果如图 8-7 所示。

图 8-7 使用 sp_tables 存储过程返回所有用户表

### 3. xp_logininfo

系统存储过程 xp_logininfo 可以列出当前账户的基本信息，包括账户类型、账户的特权级别、账户的映射登录名和账户访问 SQL Server 的权限路径等信息。

执行此存储过程，结果如图 8-8 所示。

图 8-8　存储过程 xp_logininfo 的执行结果

### 4. xp_msver

存储过程 xp_msver 列出当前 SQL Server 的版本信息，除了服务器的内部版本号外，还包括多种环境信息。执行此存储过程的结果如图 8-9 所示。

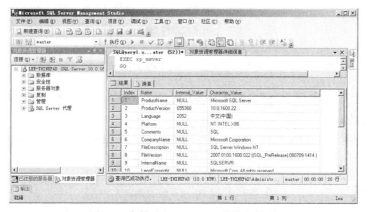

图 8-9　存储过程 xp_msver 的执行结果

# 8.2　用户定义函数

## 8.2.1　什么是用户定义函数

SQL Server 支持用户定义函数。与存储过程相似，用户定义函数也是由一个或多个 Transact-SQL 语句组成的子程序，它由函数名、参数、编程语句和返回值组成。用户定义函数与存储过程的区别如下。

- 存储过程支持输出参数，向调用者返回值；用户定义函数只能通过返回值返回数据。
- 存储过程可以作为一个独立的主体被执行，而用户定义函数可以出现在 SELECT 语句中。

- 存储过程的功能比较复杂，而用户定义函数通常都具有比较明确的、有针对性的功能。

SQL Server用户定义函数包含两种类型，即标量值函数和表值函数。标量值函数使用RETURN语句返回单个数据值，返回类型可以是除 text、ntext、image、cursor 和 timestamp 外的任何数据类型；表值函数返回 table 数据类型。

表值函数又分为内连表值函数和多语句表值函数。内连表值函数没有函数主体，返回的表值是单个 SELECT 语句的结果集；多语句表值函数指在 BEGIN…END 之前定义函数主体，其中包含一系列 Transact-SQL 语句，这些语句可以生成行并将其插入到返回的表中。

## 8.2.2　创建标量值函数

使用 CREATE FUNCTION 语句可以创建标量值函数，它的语法结构如下：

```
CREATE FUNCTION <用户定义函数名>
    ( <参数列表> )
RETURNS <返回值类型>
AS <函数主体>
```

【例 8-12】创建标量值函数 GetDepartmentAvgWage，它的功能是获取表 Employees 中指定部门的平均工资，具体语句如下：

```
USE HrSystem
GO
CREATE FUNCTION GetDepartmentAvgWage (@dep_id int)
RETURNS float
AS
BEGIN
    DECLARE @avgWage float
    SELECT @avgWage = AVG(Wage) FROM Employees
    WHERE Dep_id = @dep_id
    GROUP BY Dep_id

    RETURN @avgWage
END
GO
```

创建完成后，执行下面的语句调用标量值函数 GetDepartmentAvgWage()获取编号为 1 的部门的平均工资。

```
USE HrSystem
GO
SELECT dbo.GetDepartmentAvgWage(1)
GO
```

执行结果为 4166.66666666667。

也可以在 SQL Server Management Studio 中创建标量值函数。展开要创建标量值函数的数据库，如 HrSystem。右击"可编程性"下面的"函数"/"标量值函数"项，在弹出菜单中选择"新建标量值函数"命令，打开新建函数页面，如图 8-10 所示。

函数的具体内容需要用户自己输入。

## 8.2.3　创建内连表值函数

使用 CREATE FUNCTION 语句还可以创建内连表值函数，它的语法结构如下：

```
CREATE FUNCTION <用户定义函数名>
```

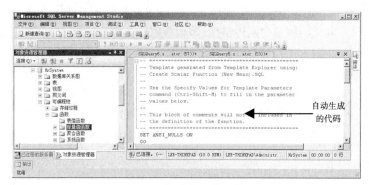

图 8-10　新建标量值函数

```
( <参数列表> )
RETURNS TABLE
AS
RETURN <SELECT 语句>
```

函数返回 SELECT 语句的结果集。

【例 8-13】创建内连表值函数 DepartmentWageTable，它的功能是获取表 Employees 中指定部门的员工工资信息，具体语句如下：

```
USE HrSystem
GO
CREATE FUNCTION DepartmentWageTable(@dep_id int)
RETURNS TABLE
AS
RETURN
(
SELECT Emp_name, Sex, Title, Wage FROM Employees
    WHERE Dep_id = @dep_id
)
GO
```

创建完成后，执行下面的语句调用函数 DepartmentAvgWageTable 获取编号为 1 的部门的员工工资记录。

```
USE HrSystem
GO
SELECT * FROM dbo.DepartmentWageTable(1)
GO
```

执行结果如图 8-11 所示。

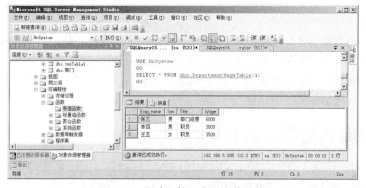

图 8-11　创建和使用内联表值函数

## 8.2.4 创建多语句表值函数

使用 CREATE FUNCTION 语句还可以创建多语句表值函数，它的语法结构如下：

```
CREATE FUNCTION <用户定义函数名>
    ( <参数列表> )
RETURNS <表变量名> TABLE
AS
BEGIN
    <SQL 语句块>
RETURN
END
```

【例 8-14】创建多语句表值函数 uf_FindReports，它的功能是获取表 Employees 中指定员工的下属员工信息，具体语句如下：

```
USE HrSystem
GO
CREATE FUNCTION dbo.uf_FindReports (@InEmpID INT)
RETURNS @retFindReports TABLE
(
    EmployeeID int primary key NOT NULL,
    Name nvarchar(50) NOT NULL,
    Title nvarchar(50) NOT NULL,
    Wage float NOT NULL
)
AS
BEGIN
  WITH DirectReports(Name, Title, EmployeeID, Wage) AS
   (SELECT Emp_name, Title, Emp_id, Wage
    FROM Employees WHERE Dep_id IN
    (SELECT Dep_id FROM Employees WHERE Emp_id = @InEmpID AND Title='部门经理')
    AND Title='职员'
   )
   INSERT @retFindReports
   SELECT EmployeeID, Name, Title, Wage
   FROM DirectReports
   RETURN
END;
GO
```

上面脚本的具体说明如下。

（1）函数名为 uf_FindReports，参数@InEmpID 表示指定的员工编号。

（2）使用 RETURNS 子句定义返回表变量为@retFindReports，并定义了表变量的结构。

（3）使用 SELECT 语句查询参数@InEmpID 所在部门中职务为职员的员工记录，并且@InEmpID 对应员工记录的职务应为部门经理。将查询到的记录信息保存到 DirectReports 中。

（4）使用 INSERT…SELECT 语句将 DirectReports 中的记录保存到表变量@retFindReports 中，然后执行 RETURN 语句返回表变量@retFindReports。

执行上面的脚本创建函数后，再执行下面的语句调用函数 uf_FindReports 获取编号为 1 的员工的下属员工记录。

```
USE HrSystem
GO
```

```
SELECT * FROM dbo.uf_FindReports(1)
GO
```

执行结果如图 8-12 所示。

图 8-12　创建和使用多语句表值函数

## 8.2.5　修改和重命名用户定义函数

可以使用图形界面工具和 Transact-SQL 语句修改和重命名用户定义函数。

### 1．使用图形界面工具修改用户定义函数

在 SQL Server Management Studio 中选择用户定义函数所在的数据库，依次选择"可编程性"→"函数"，可以查看到用户定义函数的列表。右键单击要修改的函数，在弹出菜单中选择"修改"，打开编辑用户定义函数的窗口，如图 8-13 所示。编辑完成后，单击工具栏中的"保存"图标。

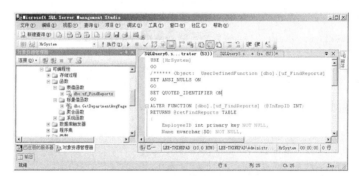

图 8-13　编辑函数的窗口

### 2．使用图形界面工具重命名函数

在 SQL Server Management Studio 中右键单击要重命名的函数，选择"重命名"菜单项，就可以在当前位置上修改函数的名字。

### 3．使用 ALTER FUNCTION 语句修改函数

使用 ALTER FUNCTION 语句可以修改用户定义函数的属性。ALTER FUNCTION 语句的使用方法与 CREATE FUNCTION 语句相似。

### 4．使用 sp_rename 重命名用户定义函数

系统存储过程 sp_rename 的功能是更改当前数据库中用户创建对象（如表、列或用户定义数据类型）的名称。

【例 8-15】要将用户定义函数 GetDepartmentAvgWage 重命名为 GetDepartmentAvgWage1，则可以使用以下命令：

```
EXEC sp_rename 'GetDepartmentAvgWage', 'GetDepartmentAvgWage1'
```

## 8.2.6　删除用户定义函数

可以在 SQL Server Management Studio 中，右击要删除的用户定义函数，在弹出菜单中选择"删除"命令，并确认删除。

也可以使用 DROP FUNCTION 语句来删除用户定义函数。DROP PROCEDURE 语句的语法结构如下：

```
DROP FUNCTION <用户定义函数名称>
```

【例 8-16】删除存储过程 GetDepartmentAvgWage，可以使用以下语句：

```
DROP FUNCTION GetDepartmentAvgWage
```

# 8.3　触　发　器

## 8.3.1　触发器的基本概念

触发器是一种特殊类型的存储过程，它在指定的表中的数据发生变化时自动生效。下面将介绍触发器的基本概念，以及创建和管理触发器的方法。

触发器与普通存储过程的不同之处在于：触发器的执行是由事件触发的，而普通存储过程是由命令调用执行的。

SQL Server 提供了两种触发器选项，即 DML 触发器和 DDL 触发器。

### 1. DML 触发器

当数据库服务器中发生数据操作语言（DML）事件时触发。DML 事件包括对表或视图发出的 UPDATE、INSERT 或 DELETE 语句。DML 触发器通常用于在数据被修改时强制执行业务规则，以及扩展 SQL Server 约束、默认值和规则的完整性检查逻辑。

DML 触发器是对 SQL Server 2008 触发器的继承，它包括以下 3 种类型。

● AFTER 触发器。在执行了 INSERT、UPDATE 或 DELETE 语句操作之后执行 AFTER 触发器。指定 AFTER 与指定 FOR 相同，而后者是 SQL Server 早期版本中唯一可使用的选项。AFTER 触发器只能在表上指定。

● INSTEAD OF 触发器。执行 INSTEAD OF 触发器以代替引发触发器的数据库操作。

● CLR 触发器。可以是 AFTER 触发器或 INSTEAD OF 触发器，还可以是 DDL 触发器。CLR 触发器将执行在托管代码（在.NET Framework 中创建并在 SQL Server 中上载的程序集的成员）中编写的方法，而不用执行 Transact-SQL 存储过程。

### 2. DDL 触发器

DDL 触发器响应数据定义语言（DDL）语句时触发。它们可以用于在数据库中执行管理任务，如审核以及规范数据库操作。

DML 触发器是针对 INSERT、UPDATE 和 DELETE 数据库操作语句进行触发，而 DDL 则是针对 CREATE、ALTER 和 DROP 数据库定义语句进行触发。

设计 DDL 触发器的主要目的如下。

● 禁止修改数据库结构。

- 当修改数据库结构时执行一些特定的操作。
- 记录对数据库结构的修改。

使用触发器可以避免用户因为考虑不周而删除或修改有效数据，并可避免数据库中存在不满足逻辑关系的无效数据。

触发器的主要优点如下。

- 触发器是自动执行的，不需要管理员手动维护数据库的数据完整性。
- 触发器可以对数据库中的相关表进行级联更改。例如，可以在表 Departments 中定义触发器，当用户删除表 Departments 中的记录时，触发器将删除表 Employees 中对应部门的记录。
- 触发器可以限制向表中插入无效的数据，这一点与 CHECK 约束的功能相似。但在 CHECK 约束中不能使用到其他表中的字段，而在触发器中则没有此限制。例如，可以在表 Employees 中定义触发器，限制插入的记录其 Dep_id 字段值必须在表 Departments 中存在对应的记录。

## 8.3.2　deleted 表和 inserted 表

触发器语句中使用了两种特殊的表：deleted 表和 inserted 表。SQL Server 自动创建和管理这两个表。可以使用这两个临时的驻留内存的表测试某些数据修改的效果及设置触发器操作的条件，但不能直接更改表中的数据。

- deleted 表用于存储 DELETE 和 UPDATE 语句所影响的行的复本。在执行 DELETE 或 UPDATE 语句时，行从触发器表中删除，并传输到 deleted 表中。deleted 表和触发器表通常没有相同的行。
- inserted 表用于存储 INSERT 和 UPDATE 语句所影响的行的最终数据副本。在一个插入或更新事务处理中，新建行被同时添加到 inserted 表和触发器表中。inserted 表中的行是触发器表中新行的副本。

更新事务类似于在删除之后执行插入，首先旧行被复制到 deleted 表中，然后新行被复制到触发器表和 inserted 表中。

在设置触发器条件时，应当为引发触发器的操作恰当地使用 inserted 和 deleted 表。通常在插入数据时，可以从 inserted 表中读取新插入的值，此时 deleted 表不会发生变化；在删除数据时，可以从 deleted 表中读取已经删除的值，而 inserted 表不会发生变化；在更新数据时，inserted 表和 deleted 表都发生变化。可以从 deleted 表中读取原有的值，从 inserted 表中读取修改后的值。

## 8.3.3　事务的概念及应用

在触发器中经常会取消用户先前进行的操作，例如，不允许插入不符合条件的数据。SQL Server 提供了一种叫做事务的机制，它可以保证指定的对数据库的一系列操作作为一个整体被执行，在最终提交操作之间，用户可以随时取消前面的操作，将数据库还原到没有执行操作前的状态。

事务是作为单个逻辑工作单元执行的一系列操作，它具有如下的 4 个属性。

- 原子性：事务必须是原子工作单元。它对数据库所进行的操作，要么全都执行，要么全都不执行。
- 一致性：事务在完成时，必须使所有的数据都保持一致状态。在相关数据库中，所有规则都必须应用于事务的修改，以保持所有数据的完整性。事务结束时，所有的内部数据结构都必须是正确的。
- 隔离性：由并发事务所作的修改必须与任何其他并发事务所作的修改隔离。事务查看数据时数据所处的状态，要么是另一并发事务修改它之前的状态，要么是另一事务修改它之后的状态，事务不会查看中间状态的数据。

● 持久性：事务完成之后，它对于系统的影响是永久性的。该修改即使出现系统故障也将一直保持。

下面以日常生活中的例子来说明事务的概念。通过网上支付的方式进行购物的过程如下。

（1）用户在网上商场选择商品，然后向商家提交购物请求，并进行网上支付。此时，交易状态为提交。

（2）商家获得用户提交的购物请求，在确认收到网上支付的金额后向用户邮寄商品。此时，交易状态为已处理。

（3）用户在收到商品并确认商品无质量后，在网上商场确认已收到商品。此时，交易状态为成功。

如果将这 3 个操作比喻成一个事务，它们应该具有上面提到的 4 个属性。

● 原子性：这些操作应该全部被执行或全都不执行才是符合要求的。如果用户网上支付后，没有收到商家邮寄的商品，这显然是用户无法接受的。此时，用户可以提出取消前面的操作，由商家返还已支付的金额，那么以上操作相当于全都没有执行。

● 一致性：当交易成功后，交易数据将作为历史记录保存。如果用户需要购买其他商品，则需要重新进行交易。因此，交易完成后数据具有一致性。

● 隔离性：不同用户进行的交易相互隔离，不会因为其他用户交易失败而影响当前用户的交易。

● 持久性：一旦用户确认交易成功，此次交易就结束了。用户将不能取消前面的操作。当然，如果后来发现商品质量有问题，用户再找商家投诉，这就是另外一个交易了。

定义一个事务需要 3 种操作，即启动事务、回滚事务和提交事务。启动事务相当于用户提交购物请求之前的状态，回滚事务相当于用户取消当前交易，提交事务相当于用户确认交易成功。

### 1. 启动事务

SQL Server 中包括两种启动事务的模式，即显式事务和隐式事务。

（1）显式事务通过 BEGIN TRANSACTION 语句显式启动事务。

BEGIN TRANSACTION 语句的基本语法如下：

```
BEGIN TRANSACTION [事务名]
```

在显式事务中，事务名是可选项。事务名必须符合标识符的命名规则，但只使用它的前 32 个字符。

（2）当用户没有显式地定义事务时，SQL Server 按其默认的规定自动划分事务。

### 2. 回滚事务

如果服务器错误使事务无法成功完成，SQL Server 将自动回滚该事务，并释放该事务占用的所有资源。如果客户端与 SQL Server 的网络连接中断了，那么当网络告知 SQL Server 该中断时，将回滚该连接的所有未完成事务。

如果用户需要手动回滚事务，可以使用 ROLLBACK TRANSACTION 语句，基本语法如下：

```
ROLLBACK TRANSACTION [事务名]
```

其中，"事务名"是给 BEGIN TRANSACTION 上的事务指派的名称。事务名必须符合标识符的命名规则，但只使用事务名称的前 32 个字符。嵌套事务时，事务名必须是来自最近的 BEGIN TRANSACTION 语句的名称。

如果在触发器中发出 ROLLBACK TRANSACTION，则系统将按照如下情况处理。

- 将回滚对当前事务所做的所有数据修改，包括触发器所做的修改。
- 触发器继续执行 ROLLBACK 语句之后的所有其余语句。如果这些语句中的任意语句修改数据，则不回滚这些修改。执行其余的语句不会激发嵌套触发器。
- 在批处理中，不执行所有位于激发触发器的语句之后的语句。

因为触发器是由 INSERT、UPDATE 或 DELETE 等操作触发的，而在触发器中使用 ROLLBACK TRANSACTION 语句可以取消这些操作对数据库的影响，所以 ROLLBACK TRANSACTION 语句在触发器中比较常用。

### 3. 提交事务

COMMIT TRANSACTION 语句可以标志一个成功的隐性事务或显式事务的结束，它的基本语法如下：

```
COMMIT [TRANSACTION] [事务名]
```

注意，不能在发出 COMMIT TRANSACTION 语句之后回滚事务，因为数据修改已经成为数据库的永久部分。

**【例 8-17】**定义一个事务，向表 Employees 中插入两条记录。其中，第 1 条 INSERT 语句是正确的，而第 2 条 INSERT 语句是错误的。执行此事务语句后，查看表 Employees 中的数据，确认第 1 条语句没有被执行。

```
USE HrSystem
GO
BEGIN TRANSACTION
INSERT INTO Employees VALUES('test1', '男', '职员', 5000, '110123456789', 1)
INSERT INTO Employees VALUES(101, 'test2', '女', '职员', 4000, '110123456780', 1)
COMMIT TRANSACTION
GO
```

第 2 条语句因为指定了标识列的值,所以产生错误。

执行此事务语句的结果如下：

```
消息 8101，级别 16，状态 1，第 3 行
```

仅当使用了列列表并且 IDENTITY_INSERT 为 ON 时，才能为表'Employees'中的标识列指定显式值。

查看表 Employees 的内容如图 8-14 所示。

| | Emp_id | Emp_name | Sex | Title | Wage | IdCard | Dep_id |
|---|---|---|---|---|---|---|---|
| 1 | 1 | 张三 | 男 | 总经理 | 6000 | 110123aadx1 | 1 |
| 2 | 3 | 王五 | 女 | 职员 | 3500 | 110123aadx3 | 1 |
| 3 | 6 | 高七 | 男 | 职员 | 2500 | 110123aadx5 | 2 |
| 4 | 8 | 钱九 | 女 | 部门经理 | 5000 | 110123aadx7 | 3 |
| 5 | 2 | 李四 | 男 | 职员 | 3000 | 110123dddx2 | 1 |
| 6 | 5 | 赵六 | 男 | 部门经理 | 6500 | 110123dddx4 | 2 |
| 7 | 7 | 马八 | 男 | 职员 | 3100 | 110123dddx6 | 2 |
| 8 | 9 | 孙十 | 男 | 职员 | 2800 | 110123dddx8 | 3 |

图 8-14　事务回滚查看表 Employees 的内容

可以看到，因为第 2 条 INSERT 语句出现错误，导致事务回滚，所以第 1 条语句所插入的记录也没有出现在结果集中。

**【例 8-18】**定义一个事务，向表 Employees 中插入一条记录，然后将事务回滚。执行此事务语句后，查看表 Employees 中的数据，确认 INSERT 语句插入的数据不在结果集中。

```
USE HrSystem
GO
BEGIN TRANSACTION
INSERT INTO Employees VALUES('test1', '男', '职员', 5000, '110123456789', 1)
COMMIT TRANSACTION
GO
```

执行此事务语句的结果如下：

```
(所影响的行数为 1 行)
```

证明 INSERT 语句已经被执行。查看表 Employees 的内容，可以看到显示结果与图 8-14 相同。

因为执行了 ROLLBACK TRANSACTION 语句，导致事务回滚，所以 INSERT 语句所插入的

记录也没有出现在结果集中。

## 8.3.4  创建触发器

可以使用图形界面工具和 SQL 语句创建触发器。

### 1. 在图形界面工具中创建触发器

打开 SQL Server Management Studio，在对象资源管理器中展开要添加触发器的表，如 Employees。右击"触发器"项，在弹出菜单中选择"新建触发器"，打开新建触发器窗口，如图 8-15 所示。

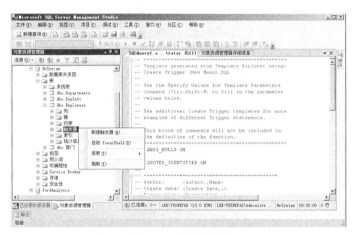

图 8-15  创建触发器

在右侧的编辑窗口中可以创建触发器的 CREATE TRIGGER 语句。

### 2. 使用 CREATE TRIGGER 语句创建触发器

可以使用 CREATE TRIGGER 语句来创建触发器。它的基本语法结构如下：

```
CREATE TRIGGER <触发器名>
ON { <表名> | <视图名> }
[ WITH ENCRYPTION ]
{
    { { FOR | AFTER | INSTEAD OF } { [ INSERT ] [ , ] [ UPDATE ] }
      AS
      <SQL 语句>[ …n ]
    }
}
```

参数说明如下。

● <触发器名>必须符合标识符规则，并且在数据库中必须唯一。可以选择是否指定触发器所有者名称。

● <表名>|<视图名>是在其上执行触发器的表或视图，有时称为触发器表或触发器视图。可以选择是否指定表或视图的所有者名称。

● WITH ENCRYPTION 可以对触发器进行加密处理。

● AFTER 指定触发器只有在触发 SQL 语句中指定的所有操作都已成功执行后才激发。所有的引用级联操作和约束检查也必须成功完成后，才能执行此触发器。如果仅指定 FOR 关键字，则 AFTER 是默认设置。不能在视图上定义 AFTER 触发器。

- INSTEAD OF 指定执行触发器而不是执行触发 SQL 语句，从而替代触发语句的操作。

在表或视图上，每个 INSERT、UPDATE 或 DELETE 语句最多可以定义一个 INSTEAD OF 触发器。

- { [DELETE] [,] [INSERT] [,] [UPDATE] }是指定在表或视图上执行哪些数据修改语句时将激活触发器的关键字。必须至少指定一个选项。在触发器定义中允许使用以任意顺序组合的这些关键字。如果指定的选项多于一个，需用逗号分隔这些选项。

- AS 指定触发器要执行的操作。

- <SQL 语句>是触发器的条件和操作。触发器条件指定其他准则，以确定 DELETE、INSERT 或 UPDATE 语句是否导致执行触发器操作。当尝试 DELETE、INSERT 或 UPDATE 操作时，Transact-SQL 语句中指定的触发器操作将生效。

下面分别介绍 INSERT、UPDATE 和 DELETE 触发器的实例。

【例 8-19】在表 Employees 中创建一个 INSERT 触发器，如果插入记录的 Dep_Id 值在表 Departments 中不存在，则不执行插入操作，并提示用户。具体代码如下：

```
USE HrSystem
GO
CREATE TRIGGER insert_Employees ON Employees
FOR INSERT
AS
-- 从表 inserted 中获取新插入记录的部门编号
DECLARE @depid int
DECLARE @depname varchar(100)
SELECT @depid = Dep_Id FROM inserted
-- 判断插入的部门编号是否存在
SELECT @depname=Dep_name FROM Departments WHERE Dep_id=@depid
IF @depname IS NULL
    BEGIN
        PRINT '指定部门不存在，请选择具体部门！'        -- 提示错误信息
        ROLLBACK TRANSACTION -- 回滚操作
    END
GO
```

为了验证触发器是否正常工作，执行如下语句：

```
USE HrSystem
GO
INSERT INTO Employees VALUES ('test', '男', '职员', 3000, '110123abcde1', 111)
GO
```

因为部门编号为 111 的记录在表 Departments 中不存在，所以在表 Employees 和 Departments 之间不存在外键约束时返回结果如下：

指定部门不存在，请选择具体部门！
消息 3609，级别 16，状态 1，第 1 行
事务在触发器中结束。批处理已中止。

【例 8-20】在表 Employees 中创建一个 UPDATE 触发器，如果修改记录的部门编号值在表 Departments 中不存在对应部门记录，则不执行修改操作，并提示用户。具体代码如下：

```
USE HrSystem
GO
CREATE TRIGGER update_EmpInfo ON Employees
FOR UPDATE
```

```
AS
-- 从表 inserted 中获取新插入记录的部门编号
DECLARE @depid int
DECLARE @depname varchar(100)
SELECT @depid = Dep_Id FROM inserted
-- 判断插入的部门编号是否存在
SELECT @depname=Dep_name FROM Departments WHERE Dep_id=@depid
IF @depname IS NULL
    BEGIN
      PRINT '指定部门不存在，请选择具体部门！ '  -- 提示错误信息
      ROLLBACK TRANSACTION  -- 回滚操作
    END
GO
```

为了验证触发器是否正常工作，执行如下语句：

```
USE HrSystem
GO
UPDATE Employees SET Dep_Id=111 WHERE Dep_Id=2
GO
```

因为编号为 111 的部门不存在，所以在表 Employees 和 Departments 之间不存在外键约束时返回结果如下：

指定部门不存在，请选择具体部门！

消息 3609，级别 16，状态 1，第 1 行

事务在触发器中结束。批处理已中止。

【例 8-21】在表 Departments 中创建一个 DELETE 触发器，如果删除记录的部门编号值在表 Employees 中存在对应的员工记录，则不执行删除操作，并提示用户。

```
USE HrSystem
GO
CREATE TRIGGER delete_Departments ON Departments
FOR DELETE
AS
-- 从表 deleted 中获取删除记录的部门编号
DECLARE @depid int
DECLARE @empname varchar(100)
SELECT @depid = Dep_Id FROM deleted
-- 判断插入的部门编号是否存在
SELECT @empname=Emp_name FROM Employees WHERE Dep_id=@depid
IF @empname IS NOT NULL
    BEGIN
      PRINT '指定部门存在员工，不允许删除！ '     -- 提示错误信息
      ROLLBACK TRANSACTION  -- 回滚操作
    END
GO
```

为了验证触发器是否正常工作，执行如下语句：

```
USE HrSystem
GO
DELETE FROM Departments WHERE Dep_Id=1
GO
```

因为编号为 1 的部门存在员工记录，所以返回结果如下：

指定部门存在员工，不允许删除！

消息 3609，级别 16，状态 1，第 1 行
事务在触发器中结束。批处理已中止。

上面 3 个实例都使用了默认的 AFTER 触发器，因为此类触发器在执行数据库操作后被触发，所以需要使用 ROLLBACK TRANSACTION 语句来回滚事务，从而达到取消数据库操作的功能。

【例 8-22】下面实例演示 INSTEAD OF 触发器的使用。

```
USE HrSystem
GO
CREATE TRIGGER delete_DepInfo ON Departments
INSTEAD OF DELETE
AS
-- 从表 deleted 中获取删除记录的部门编号
DECLARE @depid int
DECLARE @empname varchar(100)
SELECT @depid = Dep_Id FROM deleted
-- 判断插入的部门编号是否存在
SELECT @empname=Emp_name FROM Employees WHERE Dep_id=@depid
IF @empname IS NOT NULL
    PRINT '指定部门存在员工，不允许删除！'        -- 提示错误信息
ELSE
    DELETE FROM Departments WHERE Dep_Id=@depid
GO
```

因为 INSTEAD OF 触发器使用触发器中定义的代码取代原操作，所以不需要进行回滚操作。当然，如果原操作符合规定的条件，还需要在触发器中重新执行此操作。

为了验证触发器是否正常工作，执行如下语句：

```
USE HrSystem
GO
DELETE FROM Departments WHERE Dep_Id=1
GO
```

因为部门编号为 1 的记录存在员工数据，所以返回结果如下：

指定部门存在员工，不允许删除！

(1 行受影响)

## 8.3.5　修改触发器

打开 SQL Server Management Studio，在对象资源管理器窗口中展开要修改触发器的表，然后展开"触发器"项，可以在下面看到当前表中定义的触发器信息。右击要修改的触发器，在弹出菜单中选择"修改"，即可在右侧打开修改触发器的编辑窗口，如图 8-16 所示。

图 8-16　修改触发器

在编辑窗口中使用 ALTER TRIGGER 语句修改触发器的属性，它的基本语法结构如下：

```
ALTER TRIGGER <触发器名>
ON { <表名> | <视图名> }
[ WITH ENCRYPTION ]
{
    { { FOR | AFTER | INSTEAD OF } { [ INSERT ] [ , ] [ UPDATE ] }
        AS
        SQL 语句[ …n ]
    }
}
```

ALTER TRIGGER 语句中参数与 CREATE TRIGGER 语句相似，请参照理解。

【例 8-23】使用 WITH ENCRYPTION 子句对 delete_Departments 触发器进行加密处理，具体代码如下：

```
USE HrSystem
GO
ALTER TRIGGER delete_Departments ON Departments
WITH ENCRYPTION
FOR DELETE
AS
-- 从表 deleted 中获取删除记录的部门编号
DECLARE @depid int
DECLARE @empname varchar(100)
SELECT @depid = Dep_Id FROM deleted
-- 判断插入的部门编号是否存在
SELECT @empname=Emp_name FROM Employees WHERE Dep_id=@depid
IF @empname IS NOT NULL
    BEGIN
        PRINT '指定部门存在员工，不允许删除！'    -- 提示错误信息
        ROLLBACK TRANSACTION  -- 回滚操作
    END
GO
```

执行此语句后，在 SQL Server Management Studio 中右击触发器 delete_Departments，可以看到弹出菜单中的"修改"菜单被置灰，无法选择，如图 8-17 所示。因为触发器已经被加密，所以无法看到其定义的代码。

使用系统存储过程 sp_rename 可以重命名触发器。使用方法与重命名存储过程等数据库对象时完全一样。

图 8-17 查看已经加密的触发器

【例 8-24】将触发器 delete_DepInfo 改名为 del_DepInfo，具体代码如下：

```
USE HrSystem
EXEC sp_rename 'delete_DepInfo', 'del_DepInfo'
```

## 8.3.6 删除触发器

在 SQL Server Management Studio 中，右键单击要删除的触发器，在弹出菜单中选择"删除"，打开确定删除对话框。单击"确定"按钮后即可删除选中的触发器。

也可以使用 DROP TRIGGER 命令删除触发器。它的语法结构如下：

```
DROP TRIGGER 触发器名 [ ,…n ]
```

可以同时删除多个触发器。

【例 8-25】删除触发器 delete_DepInfo，具体代码如下：

```
USE HrSystem
DROP TRIGGER delete_DepInfo
```

### 8.3.7 禁用和启用触发器

在 SQL Server Management Studio 中，右键单击要禁用的触发器，在弹出菜单中选择"禁用"，打开禁用触发器对话框，对触发器执行禁用操作。禁用完成后，单击"关闭"按钮，关闭禁用触发器对话框，此时触发器的图标变成 。

右键单击要启用的触发器，在弹出菜单中选择"启用"，打开启用触发器对话框，对触发器执行启用操作。启用完成后，单击"关闭"按钮，关闭启用触发器对话框，此时触发器的图标变成 。

可以使用 DISABLE TRIGGER 命令禁用触发器，它的语法结构如下：

```
DISABLE TRIGGER <触发器名> ON <表名>
```

【例 8-26】要禁用表 Employees 上的触发器 insert_Employees，可以使用下面的语句：

```
USE HrSystem
GO
DISABLE TRIGGER insert_Employees ON Employees
GO
```

可以使用 ENABLE TRIGGER 语句启用触发器。它的语法结构如下：

```
ENABLE TRIGGER <触发器名> ON <表名>
```

【例 8-27】要启用表 Employees 上的触发器 insert_Employees，可以使用下面的语句：

```
USE HrSystem
GO
ENABLE TRIGGER insert_Employees ON Employees
GO
```

## 练 习 题

### 一、选择题

1. 创建存储过程的语句为（    ）。
   A. CREATE STORE
   B. CREATE PROCEDURE
   C. CREATE FUNCTION
   D. CREATE TRIGGER

2. 执行存储过程的命令为（    ）。
   A. DO
   B. EXECUTE
   C. EXE
   D. DOIT

3. 标识存储过程输出参数的关键字为（    ）。
   A. OUT
   B. OUTSIDE
   C. PRINT
   D. OUTPUT

4. 下面关于存储过程返回值的说法正确的是（    ）。
   A. 存储过程没有返回值
   B. 存储过程可以有多个返回值
   C. 存储过程的返回值只能是整数
   D. 存储过程的返回值可以是任何类型

5. （    ）表用于存储 DELETE 和 UPDATE 语句所影响的行的复本。
   A. delete
   B. deleted
   C. update
   D. updated

6. （　　）表用于存储 INSERT 和 UPDATE 语句所影响的行的最终数据复本。

    A．insert          B．inserted         C．update         D．updated

7. 下面（　　）操作不是对事务的操作。

    A．启动事务        B．回滚事务        C．暂停事务        D．提交事务

## 二、填空题

1. 存储过程在_____端对数据库中的数据进行处理，并将结果返回到_____端。

2. 存储过程可以分为 5 类，即_____、_____、_____、_____和_____。

3. 临时存储过程可以分为_____和_____。

4. 局部临时存储过程名称以_____开头；全局临时存储过程名称以_____开头。

5. 存储过程的参数分为_____和_____两种类型。

6. 在存储过程中使用_____语句返回一个状态值。

7. 修改存储过程的语句是_____。

8. 用户定义函数由_____、_____、_____和_____组成。

9. 触发器与存储过程不同，触发器的执行是由_____触发的，而存储过程是由_____执行的。

10. SQL Server 提供了以下 3 种 DML 触发器选项，即_____、_____和_____。

11. 事务具有_____、_____、_____和_____4 个属性。

12. SQL Server 中包括两种启动事务的模式，即_____和_____。

13. 回滚事务的命令是_____。

## 三、判断题

1. 可以对存储过程进行加密处理。（　　）

2. 存储过程不可以使用参数。（　　）

3. 触发器的执行是由事件触发的，而普通存储过程是由命令调用执行的。（　　）

4. 创建触发器的命令是 ALTER TRIGGER。（　　）

## 四、问答题

1. 试述存储过程的优点。

2. 试述存储过程和触发器的区别和联系。

3. 试述触发器的主要优点。

## 五、上机练习题

（一）存储过程

完成以下各题功能，保存或记录下实现各题功能的 Transact-SQL 语句。

1. 在数据库 HrSystem 中创建存储过程 avg_wage，用于求所有员工的平均工资，并通过输出参数返回该平均工资。要求在创建存储过程之前要首先判断该存储过程是否已经存在，如果存在，则将其删除。

2. 执行第 1 题创建的存储过程 avg_wage，打印员工平均工资。

3. 在数据库 HrSystem 中创建存储过 max_wage，根据指定的部门名称（输入参数）返回该部门的最高工资（输出参数）。要求在创建存储过程之前要首先判断该存储过程是否已经存在，如果存在，则将其删除。

4. 执行第 3 题创建的存储过程 max_wage，指定部门为"财务部"，打印该类部门的最高工资。

5．删除存储过程 avg_wage 和 max_wage。

（二）触发器

创建一个"学生信息"数据库，包含"学生基本信息"表、"专业"表和"系"表，各表包含的字段如下。

- "学生基本信息"表：学号；姓名；性别；班级；出生日期；专业编号。
- "专业"表：专业编号；专业名称；系编号。
- "系"表：系编号；系名称；系简介。

各字段类型按其实际含义自行定义，输入一些数据，要求数据要有代表性。

以下操作要求全部在 SQL Server Management Studio 中完成，保存或记录实现各题功能的 Transcat-SQL 语句（包括测试相应触发器是否生效的相关语句及测试结果）。

1．在"专业"表上创建一个 INSERT 触发器"TRG1"。当发生插入专业表操作时，将显示插入的记录。

2．在"专业"表上创建一个 DELETE 触发器"TRG2"，当发生删除操作时，将给出警告、列出删除的记录并撤销删除。

3．在"专业"表上创建一个 UPDTAE 触发器"TRG3"，当发生更新"专业名称"字段的操作时，给出警告并撤销更新。

4．在"学生基本信息"表上创建一个更新触发器"TRG4"，当发生更新"学号"或"姓名"字段的操作时给出警告，并撤销更新。

5．删除以上各题创建的所有触发器。

做好"学生信息"数据库的备份，以备第 10 章、第 11 章上机操作时使用。

# 第9章
# 游　标

游标通常是在存储过程中使用的，在存储过程中使用 SELECT 语句查询数据库时，查询返回的数据存放在结果集中。用户在得到结果集后，需要逐行逐列地获取其中包含的数据，从而在应用程序中使用这些值。游标就是一种定位并控制结果集的机制。掌握游标的概念和使用方法对于编写复杂的存储过程是必要的。

# 9.1　游　标　概　述

把复杂的数据库访问和处理放在存储过程中实现可以减少客户端应用程序的工作量和访问数据库的次数，客户端程序只要调用一次存储过程，所有的工作就都完成了。如果要在存储过程中对数据进行处理，就要使用游标来读取结果集中的数据，可以说比较复杂的存储过程几乎都离不开游标。

## 9.1.1　游标的概念

用数据库语言来描述，游标是映射结果集并在结果集内的单个行上建立一个位置的实体。有了游标，用户就可以访问结果集中的任意一行数据了。在将游标放置到某行之后，可以在该行或从该位置开始的行块上执行操作。最常见的操作是提取（检索）当前行或行块。

游标的示意图如图 9-1 所示。可以看到，游标对应结果集中的一行，它定义了用户可以读取和修改数据的范围。用户可以在结果集中移动游标的位置，对结果集中不同的数据进行读写操作。

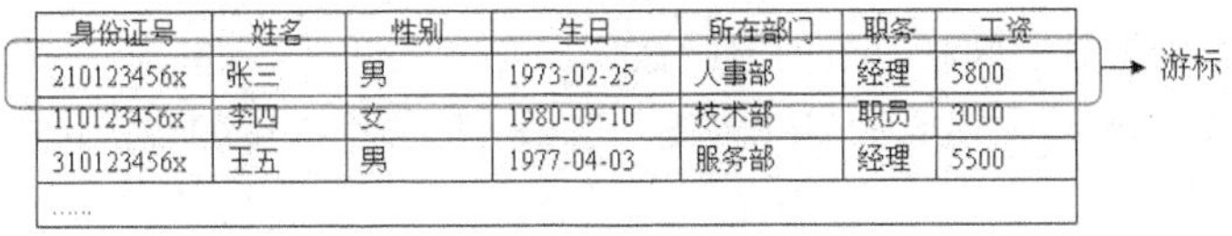

| 身份证号 | 姓名 | 性别 | 生日 | 所在部门 | 职务 | 工资 | |
|---|---|---|---|---|---|---|---|
| 210123456x | 张三 | 男 | 1973-02-25 | 人事部 | 经理 | 5800 | → 游标 |
| 110123456x | 李四 | 女 | 1980-09-10 | 技术部 | 职员 | 3000 | |
| 310123456x | 王五 | 男 | 1977-04-03 | 服务部 | 经理 | 5500 | |
| …… | | | | | | | |

图 9-1　游标示意图

执行 SELECT 语句所得到的结果集叫做游标结果集，而指向游标结果集中某一条记录的指针叫做游标位置。

游标有以下主要的功能。

- 允许定位在结果集的特定行。
- 从结果集的当前位置检索一行或多行。

- 支持对结果集中当前位置的行进行数据修改。
- 如果其他用户需要对显示在结果集中的数据库数据进行修改,游标可以提供不同级别的可见性支持。
- 提供在脚本、存储过程和触发器中使用的、访问结果集中的数据的 Transact-SQL 语句。

游标被定义后存在两种状态,即打开和关闭。当游标关闭时,游标结果集不存在;当游标打开时,用户可以按行读取或修改游标结果集中的数据。

## 9.1.2　游标的分类

SQL Server 支持以下 3 种游标的实现。

（1）Transact-SQL 游标:使用 Transact-SQL 语句创建的游标,主要用在 Transact-SQL 脚本、存储过程和触发器中。Transact-SQL 游标在服务器上实现并由从客户端发送到服务器的 Transact-SQL 语句管理。它们还包含在批处理、存储过程或触发器中。

（2）应用编程接口（API）服务器游标:支持 OLE DB、ODBC 和 DB-Library 中的 API 游标函数。API 服务器游标在服务器上实现。每次客户应用程序调用 API 游标函数时,SQL Server OLE DB 提供程序、ODBC 驱动程序或 DB-Library 动态链接库（DLL）就把请求传送到服务器,以便对 API 服务器游标进行操作。

（3）客户端游标:由 SQL Server ODBC 驱动程序、DB-Library DLL 和实现 ADO API 的 DLL 在内部实现。客户端游标通过在客户端高速缓存所有结果集行来实现。每次客户应用程序调用 API 游标函数时,SQL Server ODBC 驱动程序、DB-Library DLL 或 ADO DLL 就对高速缓存在客户端中的结果集进行执行游标操作。

由于 Transact-SQL 游标和 API 服务器游标都在服务器端实现,它们一起被称为服务器游标。

SQL Server 支持 4 种 API 服务器游标类型,分别为静态游标、动态游标、只进游标和键集驱动游标。

### 1. 静态游标

静态游标的完整结果集在游标打开时建立在 tempdb 中,它总是按照游标打开时的原样显示结果集,因此称之为静态游标。

静态游标打开以后,数据库中任何影响结果集的变化都不会体现在游标中。例如:

- 静态游标将不会显示其打开以后在数据库中新插入的行,即使它们符合游标 SELECT 语句的查询条件时也如此;
- 静态游标仍会显示在游标打开以后删除的行;
- 静态游标将仍然显示被修改行的原始数据。

也就是说,在静态游标中不显示 UPDATE、INSERT 或者 DELETE 操作的结果,除非关闭游标并重新打开。

提示　　　　SQL Server 静态游标始终是只读的。

### 2. 动态游标

动态游标是与静态游标相对应的概念。当滚动游标时,动态游标反映结果集中所做的所有更改。结果集中的行数据值、顺序和成员在每次提取时都可能会改变。所有用户执行的全部 UPDATE、INSERT 和 DELETE 语句的结果均通过游标可见。

### 3. 只进游标

只进游标不支持滚动,它只支持游标从头到尾顺序提取。行只在从数据库中提取出来后才能检索。对所有影响结果集中行的 INSERT、UPDATE 和 DELETE 语句,其效果在这些行从游标中提取时是可见的。但是,因为游标不能向后滚动,所以在行提取后对行所做的更改对游标是不可见的。

### 4. 键集驱动游标

键集驱动游标由一套被称为键集的唯一标识符(键)控制。键由以唯一方式在结果集中标识行的列构成。键集是游标打开时来自所有适合 SELECT 语句的行中的一系列键值。键集驱动游标的键集在游标打开时建立在 tempdb 中。

对非键集列中的数据值所做的更改,在用户滚动游标时是可见的。在游标外对数据库所做的插入在游标内是不可见的,除非关闭并重新打开游标。使用 API 函数通过游标所做的插入在游标的末尾可见。如果试图提取一个在打开游标后被删除的行,则@@FETCH_STATUS 将返回一个"行缺少"状态。

在声明游标时需要指定游标类型,在使用游标时也应考虑游标的类型。具体情况将在稍后介绍。

# 9.2　游标的使用

使用游标的流程是声明游标、打开游标、读取游标中的数据、获取游标的属性和状态,最后一定记得关闭游标,释放游标占用的资源。如果不再使用游标了,那么还应该及时将其删除。

## 9.2.1　声明游标

可以使用 DECLARE CURSOR 语句来声明 Transact-SQL 服务器游标和定义游标的特性,如游标的滚动行为和结果集的查询方式等。DECLARE CURSOR 的语法结构如下:

```
DECLARE cursor_name CURSOR
[ LOCAL | GLOBAL ]
[ FORWARD_ONLY | SCROLL ]
[ STATIC | KEYSET | DYNAMIC | FAST_FORWARD ]
[ READ_ONLY | SCROLL_LOCKS | OPTIMISTIC ]
[ TYPE_WARNING ]
FOR select_statement
[ FOR UPDATE [ OF column_name [ ,…n ] ] ]
```

参数说明如下。

● cursor_name:指定所声明的游标名称。cursor_name 必须遵从 SQL Server 的标识符规则。

● LOCAL:指定该游标的作用域对创建它的批处理、存储过程或触发器是局部的。该游标名称仅在这个作用域内有效。

● GLOBAL:指定该游标的作用域对数据库连接是全局的。在由数据库连接执行的任何存储过程或批处理中,都可以引用该游标名称。该游标仅在断开连接时被隐性释放。

● FORWARD_ONLY:指定声明的游标为只进游标。如果在指定 FORWARD_ONLY 时不指定 STATIC、KEYSET 和 DYNAMIC 关键字,则游标作为动态游标进行操作。如果 FORWARD_ONLY 和 SCROLL,均未指定,除非指定 STATIC、KEYSET 或 DYNAMIC 关键字,否则默认为 FORWARD_ONLY。STATIC、KEYSET 和 DYNAMIC 游标默认为 SCROLL。

● STATIC:指定声明的游标为静态游标。

- KEYSET：指定当前游标为键集驱动游标。
- DYNAMIC：指定声明的游标为动态游标。
- FAST_FORWARD：指定启用了性能优化的 FORWARD_ONLY、READ_ONLY 游标。如果指定 FAST_FORWARD，则不能也指定 SCROLL 或 FOR_UPDATE。FAST_FORWARD 和 FORWARD_ONLY 是互斥的；如果指定一个，则不能指定另一个。
- READ_ONLY：禁止通过该游标对数据进行更新。在 UPDATE 或 DELETE 语句的 WHERE CURRENT OF 子句中不能引用游标。
- SCROLL_LOCKS：指定确保通过游标完成的定位更新或定位删除可以成功。当将行读入游标用于修改时，SQL Server 会锁定这些行。如果还指定了 FAST_FORWARD，则不能指定 SCROLL_LOCKS。
- OPTIMISTIC：指定如果行自从被读入游标以来已得到更新，则通过游标进行的定位更新或定位删除不成功。当将行读入游标时 SQL Server 不锁定行。
- TYPE_WARNING：指定如果游标从所请求的类型隐性转换为另一种类型，则给客户端发送警告消息。
- *select_statement*：是定义游标结果集的标准 SELECT 语句。在游标声明的 *select_statement* 内不允许使用关键字 COMPUTE、COMPUTE BY、FOR BROWSE 和 INTO。

如果 *select_statemen* 内的子句与所请求的游标类型冲突，SQL Server 将游标隐性转换成另一种类型。

- UPDATE [OF *column_name* [,···*n*]]：用于定义游标内可更新的列。如果提供了 OF *column_name* [,···*n*]，则只允许修改列出的列。如果在 UPDATE 子句中未指定列的列表，除非指定了 READ_ONLY 并发选项，否则所有列均可更新。

【例 9-1】下面是定义游标的一个简单示例。

```
USE HrSystem
GO
DECLARE Employee_Cursor CURSOR
   FOR SELECT * FROM Employees WHERE Sex = '男'
GO
```

游标结果集是表 Employees 中所有的男性员工。

## 9.2.2  打开游标

OPEN 语句的功能是打开 Transact-SQL 服务器游标，然后通过执行在 DECLARE CURSOR 或 SET *cursor_variable* 语句中指定的 Transact-SQL 语句填充游标。

OPEN 语句的语法结构如下：

```
OPEN { { [ GLOBAL ] cursor_name } | cursor_variable_name }
```

参数说明如下。

- cursor_name 已声明的游标的名称。如果指定了 GLOBAL，cursor_name 指的是全局游标，否则 cursor_name 指的是局部游标。
- cursor_variable_name 指定游标变量的名称。

【例 9-2】下面是打开游标的一个简单示例。

```
USE HrSystem
GO
DECLARE Employee_Cursor CURSOR
```

```
      FOR SELECT * FROM Employees WHERE Sex = '男'
OPEN Employee_Cursor
GO
```

## 9.2.3 读取游标数据

定义游标的最终目的就是读取游标中的数据，下面介绍读取游标数据的方法。

### 1. FETCH 语句

FETCH 语句的功能是从 Transact-SQL 服务器游标中检索特定的一行。它的语法结构如下：

```
FETCH
        [ [ NEXT | PRIOR | FIRST | LAST
               | ABSOLUTE { n | @nvar }
               | RELATIVE { n | @nvar }
          ]
          FROM
        ]
{ { [ GLOBAL ] 游标名称} | @游标变量名称 }
[ INTO @variable_name [ ,…n ] ]
```

参数说明如下。

● NEXT：返回紧跟当前行之后的结果行，并且当前行递增为结果行。如果 FETCH NEXT 为对游标的第一次提取操作，则返回结果集中的第一行。NEXT 为默认的游标提取选项。

● PRIOR：返回紧临当前行前面的结果行，并且当前行递减为结果行。如果 FETCH PRIOR 为对游标的第一次提取操作，则没有行返回并且游标置于第一行之前。

● FIRST：返回游标中的第一行并将其作为当前行。

● LAST：返回游标中的最后一行并将其作为当前行。

● ABSOLUTE {n | @nvar}：如果 n 或@nvar 为正数，返回从游标头开始的第 n 行并将返回的行变成新的当前行。如果 n 或@nvar 为负数，返回游标尾之前的第 n 行并将返回的行变成新的当前行。如果 n 或@nvar 为 0，则没有行返回。n 必须为整型常量且@nvar 的类型必须为 smallint、tinyint 或 int。

● RELATIVE {n | @nvar}：如果 n 或@nvar 为正数，返回当前行之后的第 n 行并将返回的行变成新的当前行。如果 n 或@nvar 为负数，返回当前行之前的第 n 行并将返回的行变成新的当前行。如果 n 或@nvar 为 0，返回当前行。如果对游标的第一次提取操作时将 FETCH RELATIVE 的 n 或@nvar 指定为负数或 0，则没有行返回。n 必须为整型常量且@nvar 的类型必须为 smallint、tinyint 或 int。

● GLOBAL：指定 cursor_name 指的是全局游标。

● 游标名称：要从中进行提取的开放游标的名称。如果同时有以 *cursor_name* 作为名称的全局和局部游标存在，若指定为 GLOBAL，则 *cursor_name* 对应于全局游标，未指定 GLOBAL 则对应于局部游标。

● @游标变量名：引用要进行提取操作的打开的游标。

● INTO @*variable_name*[,…*n*]：允许将提取操作的列数据放到局部变量中。列表中的各个变量从左到右与游标结果集中的相应列相关联。各变量的数据类型必须与相应的结果列的数据类型匹配或是结果列数据类型所支持的隐性转换。变量的数目必须与游标选择列表中的列的数目一致。

【例 9-3】下面是读取游标数据的一个简单示例。

```
USE HrSystem
```

```
GO
DECLARE Employee_Cursor CURSOR
    FOR SELECT * FROM Employees WHERE Sex = '男'
OPEN Employee_Cursor
FETCH NEXT FROM Employee_Cursor
GO
```

运行结果如图 9-2 所示。

如果要显示结果集中的最后一行，必须在定义游标时使用 SCROLL 关键字。

【例 9-4】以下是使用 FETCH LAST 读取最后一行数据的示例。

```
USE HrSystem
GO
DECLARE Employee_Scroll_Cursor SCROLL CURSOR
    FOR SELECT * FROM Employees WHERE Sex = '男'
OPEN Employee_Scroll_Cursor
FETCH LAST FROM Employee_Scroll_Cursor
GO
```

运行结果如图 9-3 所示。

图 9-2　读取游标数据　　　　　图 9-3　使用 FETCH LAST 语句读取游标中的最后一行数据

### 2. @@FETCH_STATUS 函数

可以使用@@FETCH_STATUS 函数获取 FETCH 语句的状态。返回值等于 0 表示 FETCH 语句执行成功；返回值等于–1 表示 FETCH 语句执行失败；返回值等于–2 表示提取的行不存在。

【例 9-5】执行下面的语句可以使用游标获取表 Employees 中所有男性员工数据。

```
USE HrSystem
GO
DECLARE Employee_Scroll_Cursor SCROLL CURSOR
    FOR SELECT * FROM Employees WHERE Sex = '男'
OPEN Employee_Scroll_Cursor
WHILE @@FETCH_STATUS = 0
BEGIN
    FETCH FROM Employee_Scroll_Cursor
END
GO
```

执行结果如图 9-4 所示。

### 3. @@CURSOR_ROWS 函数

@@CURSOR_ROWS 函数返回连接上最后打开的游标中当前存在的行数量。它的返回值如表 9-1 所示。

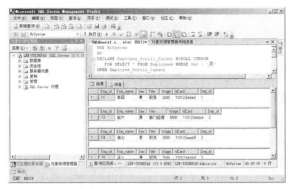

图 9-4 使用游标遍历结果集中的数据

表 9-1 @@CURSOR_ROWS 函数的返回值

| 返 回 值 | 说 明 |
|---|---|
| −m | 游标被异步填充。返回值是键集中当前的行数 |
| −1 | 游标为动态。因为动态游标可反映所有更改，所以符合游标的行数不断变化。因而永远不能确定地说所有符合条件的行均已检索到 |
| 0 | 没有被打开的游标，没有符合最后打开的游标的行，或最后打开的游标已被关闭或被释放 |
| n | 游标已完全填充。返回值是在游标中的总行数 |

【例 9-6】验证@@CURSOR_ROWS 函数的使用方法。

具体语句如下：

```
USE HrSystem
DECLARE 男员工 SCROLL CURSOR
    FOR SELECT * FROM Employees WHERE Sex='男'
-- 没有打开游标时，@@CURSOR_ROWS 返回值为 0
IF @@CURSOR_ROWS = 0
    PRINT '没有打开的游标'
OPEN 男员工
--   打开游标后，@@CURSOR_ROWSR 返回值是当前游标中的总行数
IF @@CURSOR_ROWS > 0
    PRINT @@CURSOR_ROWS
GO
```

执行结果为：

没有打开的游标

6

在没有打开游标"男员工"之前，@@CURSOR_ROWS 返回 0。在打开游标"男员工"之后，@@CURSOR_ROWS 返回 6，表示游标中包含 6 条记录。

## 9.2.4 关闭游标

CLOSE 语句的功能是关闭一个打开的游标。关闭游标将完成以下工作：

- 释放当前结果集；
- 解除定位于游标行上的游标锁定。

不允许在关闭的游标上提取、定位和更新数据，直到游标重新打开为止。CLOSE 语句的语法

结构如下：

```
CLOSE { { [ GLOBAL ] cursor_name } | cursor_variable_name }
```

参数说明如下。

● cursor_name 指定游标的名称。如果全局游标和局部游标都使用 cursor_name 作为名称，那么当指定 GLOBAL 时，cursor_name 引用全局游标；否则，cursor_name 引用局部游标。

● cursor_variable_name 指定与开放游标关联的游标变量的名称。

关闭游标并不意味着释放它的所有资源，所以在关闭游标后，不能创建同名的游标。

【例 9-7】关闭游标后不能创建同名游标的示例。

```
USE HrSystem
GO
DECLARE Employee_Cursor2 CURSOR
    FOR SELECT * FROM Employees WHERE Sex = '男'
OPEN Employee_Cursor2
CLOSE Employee_Cursor2
GO
DECLARE Employee_Cursor2 CURSOR
    FOR SELECT Emp_Name, Title FROM Employees WHERE Sex ='男'
GO
```

运行结果为：

消息 16915，级别 16，状态 1，第 2 行

名为'Employee_Cursor2' 的游标已存在。

## 9.2.5 获取游标的状态和属性

在使用游标时，经常需要根据游标的状态来决定所要进行的操作。使用 CURSOR_STATUS 函数可以获取指定游标的状态，其基本语法如下：

```
CURSOR_STATUS(<游标类型>, <游标名称或游标变量>)
```

函数返回值的说明如表 9-2 所示。

表 9-2　　　　　　　　　　　　CURSOR_STATUS 函数的返回值

| 返 回 值 | 说 明 |
| --- | --- |
| 1 | 游标的结果集中至少存在一行数据 |
| 0 | 游标的结果集为空 |
| -1 | 游标被关闭 |
| -2 | 游标不适用 |
| -3 | 指定名称的游标不存在 |

【例 9-8】使用下面的脚本可以检测声明游标前、打开游标后和关闭游标后游标的状态。

```
USE HrSystem;
GO
SELECT CURSOR_STATUS('global', 'Cursor1') AS '声明前状态'
DECLARE Cursor1 CURSOR FOR
    SELECT Emp_id FROM Employees ;
OPEN Cursor1;
SELECT CURSOR_STATUS('global', 'Cursor1') AS '打开状态'
CLOSE Cursor1;
```

```
DEALLOCATE Cursor1;
SELECT CURSOR_STATUS('global', 'Cursor1') AS '关闭后状态'
GO
```

执行结果如图 9-5 所示。可以看到，在未声明游标和关闭游标时，游标的状态等于–3，即指定的游标不存在；在打开游标后，游标的状态为 1。

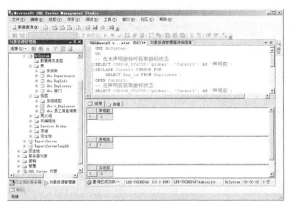

图 9-5　查看游标的状态

可以使用一组系统存储过程获取游标属性。

### 1. 使用存储过程 sp_cursor_list 获取游标属性

sp_cursor_list 的基本语法如下：

```
sp_cursor_list @cursor_return = <游标名称> OUTPUT
, @cursor_scope = <游标级别>
```

游标级别等于 1 表示所有本地游标，游标级别等于 2 表示所有全局游标，游标级别等于 3 表示所有本地和全局游标。

【例 9-9】下面的脚本演示了使用 sp_cursor_list 存储过程获取游标信息的方法。

```
USE HrSystem
GO
DECLARE Employee_Cursor CURSOR
    FOR SELECT * FROM Employees WHERE Sex = '男'
OPEN Employee_Cursor
-- 声明一个游标变量，用于保存从 sp_cursor_list 中返回的游标信息
DECLARE @Report CURSOR
-- 执行 sp_cursor_list 存储过程
EXEC sp_cursor_list @cursor_return = @Report OUTPUT,
    @cursor_scope = 2
-- 从 sp_cursor_list 获得的游标中返回所有行
FETCH NEXT from @Report
WHILE (@@FETCH_STATUS <> -1)
BEGIN
    FETCH NEXT from @Report
END
-- 关闭并释放从 sp_cursor_list 获得的游标
CLOSE @Report
DEALLOCATE @Report
GO
-- 关闭并释放 Employee_Cursor
CLOSE Employee_Cursor
```

```
DEALLOCATE Employee_Cursor
GO
```

脚本的运行过程如下。

（1）首先使用 DECLARE CURSOR 语句声明一个服务器游标 Employee_Cursor。

（2）使用 OPEN 语句打开游标 Employee_Cursor。

（3）定义一个游标变量@Report，用于保存从 sp_cursor_list 中返回的游标信息。

（4）执行存储过程 sp_cursor_list，获取当前打开的游标信息到@Report。

（5）使用 WHILE 语句遍历变量@Report 中的所有游标信息。

（6）关闭并释放游标变量@Report。

（7）关闭并释放游标 Employee_Cursor。

执行结果如图 9-6 所示。

图 9-6　使用 sp_cursor_list 存储过程的实例

存储过程 sp_cursor_list 的返回结果集中的常用字段及其说明如表 9-3 所示。

表 9-3　　　　　　存储过程 sp_cursor_list 的返回结果集中的常用字段及其说明

| 列　　名 | 说　　明 |
| --- | --- |
| reference_name | 用于引用的游标名称，可以是游标名称，也可以是定义游标的变量 |
| cursor_name | 在 DECLARE CURSOR 中声明的游标名称 |
| cursor_scope | 游标的范围，1 表示 LOCAL，2 表示 GLOBAL |
| status | 游标的状态 |
| model | 游标的类型，1 表示静态游标，2 表示键集游标，3 表示动态游标，4 表示快进游标 |
| concurrency | 1 表示只读游标，2 表示滚动锁定，3 表示乐观锁定 |
| scrollable | 0 表示只进，1 表示可滚动 |
| open_status | 0 表示关闭，1 表示打开 |
| cursor_row | 游标结果集中的行数 |
| fetch_status | 游标上次提取数据的状态。0 表示提取成功，–1 表示提取失败或超出游标的界限，–2 表示缺少所请求的行 |
| column_count | 游标结果集中的列数 |
| row_count | 上次游标操作所影响的行数 |
| last_operation | 上次对游标执行的操作 |

## 2. 使用存储过程 sp_describe_cursor 获取游标属性

sp_describe_cursor 的基本语法如下：

```
sp_describe_cursor @cursor_return = <输出游标的名称> OUTPUT
, @cursor_source = <游标类型>
, @cursor_identity = <游标名称>
```

游标类型等于 N'local'表示局部游标，等于 N'global'表示全局游标，等于 N'variable'表示游标变量。

【例 9-10】下面的脚本演示了使用 sp_describe_cursor 存储过程获取游标属性的方法。

```
USE HrSystem
GO
DECLARE Employee_Cursor CURSOR
    FOR SELECT * FROM Employees WHERE Sex = '男'
OPEN Employee_Cursor
-- 声明一个游标变量，用于保存从 sp_describe_cursor 中返回的游标信息
DECLARE @Report CURSOR
-- 执行 sp_cursor_list 存储过程
EXEC sp_describe_cursor @cursor_return = @Report OUTPUT,
    @cursor_source = N'global', @cursor_identity = N'Employee_Cursor'
-- 从 sp_cursor_list 获得的游标中返回所有行
FETCH NEXT from @Report
WHILE (@@FETCH_STATUS <> -1)
BEGIN
    FETCH NEXT from @Report
END
-- 关闭并释放从 sp_describe_cursor 获得的游标
CLOSE @Report
DEALLOCATE @Report
GO
-- 关闭并释放 Employee_Cursor
CLOSE Employee_Cursor
DEALLOCATE Employee_Cursor
GO
```

脚本的运行过程与例 9-9 相似，请参考理解。执行结果如图 9-7 所示。

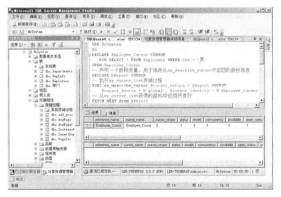

图 9-7 使用 sp_describe_cursor 存储过程的实例

存储过程 sp_describe_cursor 的返回结果集与 sp_cursor_list 的返回结果集中的字段相同，请参照表 9-3 理解。

### 3. 使用存储过程 sp_describe_cursor_columns 获取游标属性

sp_describe_cursor_columns 的基本语法如下：

```
sp_describe_cursor_columns @cursor_return = <输出游标的名称> OUTPUT
, @cursor_source = <游标类型>
, @cursor_identity = <游标名称>
```

游标类型等于 N'local'表示局部游标，等于 N'global'表示全局游标，等于 N'variable'表示游标变量。

【例 9-11】下面的脚本演示了使用 sp_describe_cursor_columns 存储过程获取游标列属性的方法。

```
USE HrSystem
GO
DECLARE Employee_Cursor CURSOR
   FOR SELECT * FROM Employees WHERE Sex = '男'
OPEN Employee_Cursor
-- 声明一个游标变量，用于保存从 describe_cursor_columns 中返回的游标信息
DECLARE @Report CURSOR
-- 执行 sp_cursor_list 存储过程
EXEC sp_describe_cursor_columns @cursor_return = @Report OUTPUT,
    @cursor_source = N'global', @cursor_identity = N'Employee_Cursor'
-- 从 sp_cursor_list 获得的游标中返回所有行
FETCH NEXT from @Report
WHILE (@@FETCH_STATUS <> -1)
BEGIN
   FETCH NEXT from @Report
END
-- 关闭并释放从 sp_describe_cursor 获得的游标
CLOSE @Report
DEALLOCATE @Report
GO
-- 关闭并释放 Employee_Cursor
CLOSE Employee_Cursor
DEALLOCATE Employee_Cursor
GO
```

脚本的运行过程与例 9-9 相似，请参考理解。执行结果如图 9-8 所示。

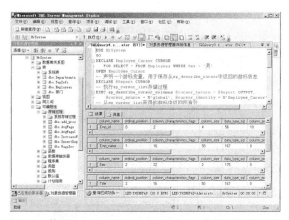

图 9-8　使用 sp_describe_cursor_columns 存储过程的实例

存储过程 sp_describe_cursor_columns 的返回结果集中的常用字段及其说明如表 9-4 所示。

表 9-4　　存储过程 sp_describe_cursor_columns 的返回结果集中的常用字段及其说明

| 列　　名 | 说　　明 |
| --- | --- |
| column_name | 结果集中的列名 |
| ordinal_position | 从结果集最左侧算起的相对位置 |
| column_size | 此列中值的最大可能大小 |
| data_type_sql | 表示列的数据类型的数字 |
| column_precision | 列的最大精度 |
| column_scale | 指定 numeric 或 decimal 数据类型小数点右边的位数 |
| order_position | 如果此列参与结果集的排序，则它表示当前列在排序列中的位置 |
| order_direction | 等于 A 表示升序排列，等于 D 表示降序排列，等于 NULL 表示当前列没有参与排序 |
| columnid | 基列的列 ID |
| objectid | 列所属的对象或基表的 ID |
| dbid | 基表所属的数据库的 ID |
| dbname | 基表所属的数据库的名称 |

#### 4. 使用存储过程 sp_describe_cursor_tables 获取游标的基表

sp_describe_cursor_tables 的基本语法如下：

```
sp_describe_cursor_tables @cursor_return = <输出游标的名称> OUTPUT
, @cursor_source = <游标类型>
, @cursor_identity = <游标名称>
```

游标类型等于 N'local' 表示局部游标，等于 N'global' 表示全局游标，等于 N'variable' 表示游标变量。

【例 9-12】下面的脚本演示了使用 sp_describe_cursor_tables 存储过程获取游标列属性的方法。

```
USE HrSystem
GO
DECLARE Employee_Cursor CURSOR
    FOR SELECT * FROM Employees WHERE Sex = '男'
OPEN Employee_Cursor
-- 声明一个游标变量，用于保存从 sp_describe_cursor_tables 中返回的游标信息
DECLARE @Report CURSOR
-- 执行 sp_describe_cursor_tables 存储过程
EXEC sp_describe_cursor_tables @cursor_return = @Report OUTPUT,
    @cursor_source = N'global', @cursor_identity = N'Employee_Cursor'
-- 从 sp_describe_cursor_tables 获得的游标中返回所有行
FETCH NEXT from @Report
WHILE (@@FETCH_STATUS <> -1)
BEGIN
    FETCH NEXT from @Report
END
-- 关闭并释放从 sp_describe_cursor_tables 获得的游标
CLOSE @Report
DEALLOCATE @Report
GO
-- 关闭并释放 Employee_Cursor
CLOSE Employee_Cursor
DEALLOCATE Employee_Cursor
GO
```

脚本的运行过程与例 9-9 相似，请参考理解。执行结果如图 9-9 所示。

图 9-9　使用 sp_describe_cursor_tables 存储过程的实例

存储过程 sp_describe_cursor_tables 的返回结果集中的常用字段及其说明如表 9-5 所示。

表 9-5　　　　存储过程 sp_describe_cursor_tables 的返回结果集中的常用字段及其说明

| 列　　　名 | 说　　　明 |
| --- | --- |
| table_owner | 表所有者的用户 ID |
| Table_name | 表名 |
| server_name | 数据库服务器的名称 |
| Objectid | 表的对象 ID |
| dbid | 表所属的数据库 ID |
| dbname | 表所属的数据库名称 |

## 9.2.6　修改游标结果集中的行

UPDATE 语句可以修改表中数据，也可以和游标相结合，修改当前游标指定的数据，基本语法如下：

```
UPDATE <表名> SET
WHERE CURRENT OF <游标名>
```

【例 9-13】下面的脚本中可以使用游标来修改表 Employees 中的姓名为张三的员工记录，将其职务修改为总经理。

```
USE HrSystem;
GO
DECLARE MyEmpCursor CURSOR FOR
    SELECT Emp_id FROM Employees
    WHERE Emp_name = '张三';
OPEN MyEmpCursor;
FETCH FROM MyEmpCursor;
UPDATE Employees SET Title = '总经理'
WHERE CURRENT OF MyEmpCursor;
CLOSE MyEmpCursor;
DEALLOCATE MyEmpCursor;
GO
```

脚本的运行过程如下。

（1）首先使用 DECLARE CURSOR 语句声明一个服务器游标 MyEmpCursor，查询表 Employees 中姓名为"张三"的员工。

（2）使用 OPEN 语句打开游标 MyEmpCursor。

（3）使用 FETCH 语句从游标 MyEmpCursor 中获取数据。

（4）在 UPDATE 语句中使用 WHERE CURRENT OF 子句，修改当前游标中的记录。

（5）关闭并释放游标 MyEmpCursor。

执行上面的脚本后，在 SQL Server Management Studio 中查询表 Employees 中的数据，确认姓名为张三的记录的 Title 字段值已经被修改为总经理。

## 9.2.7　删除游标结果集中的行

使用 DELETE 语句可以删除表中数据，也可以和游标相结合，删除当前游标指定的数据，基本语法如下：

```
DELETE FROM <表名>
WHERE CURRENT OF <游标名>
```

【例 9-14】下面的脚本中可以使用游标来删除表 Employees 中的姓名为张三的员工。

```
USE HrSystem;
GO
DECLARE MyEmpCursor CURSOR FOR
    SELECT Emp_id FROM Employees
    WHERE Emp_name = '张三';
OPEN MyEmpCursor;
FETCH FROM MyEmpCursor;
DELETE FROM Employees
WHERE CURRENT OF MyEmpCursor;
CLOSE MyEmpCursor;
DEALLOCATE MyEmpCursor;
GO
```

脚本的运行过程如下。

（1）首先使用 DECLARE CURSOR 语句声明一个服务器游标 MyEmpCursor，查询表 Employees 中姓名为"张三"的员工。

（2）使用 OPEN 语句打开游标 MyEmpCursor。

（3）使用 FETCH 语句从游标 MyEmpCursor 中获取数据。

（4）在 DELETE 语句中使用 WHERE CURRENT OF 子句，删除当前游标中的记录。

（5）关闭并释放游标 MyEmpCursor。

执行上面的脚本后，在 SQL Server Management Studio 中查询表 Employees 中的数据，确认姓名为张三的记录已经被删除。

## 9.2.8　删除游标

DEALLOCATE 语句的功能是删除游标引用。当释放最后的游标引用时，组成该游标的数据结构由 SQL Server 释放。

DEALLOCATE 语句的语法结构如下：

```
DEALLOCATE { { [ GLOBAL ] cursor_name } | @cursor_variable_name }
```

参数说明如下。

● cursor_name 是已声明游标的名称。如果指定 GLOBAL，则 cursor_name 引用全局游标；如果未指定 GLOBAL，则 cursor_name 引用局部游标。

● @cursor_variable_name 是 cursor 变量的名称。@cursor_variable_name 必须为 cursor 类型。

对游标进行操作的语句使用游标名称或游标变量引用游标。DEALLOCATE 删除游标与游标名称或游标变量之间的关联。如果名称或变量是最后引用游标的名称或变量，则游标使用的任何资源也会随之释放。

【例 9-15】在例 9-14 序中，如果增加 DEALLOCATE 语句，则可以创建新的同名游标。脚本如下：

```
USE HrSystem
GO
DECLARE Employee_Cursor3 CURSOR
    FOR SELECT * FROM Employees WHERE Sex = '男'
OPEN Employee_Cursor3
CLOSE Employee_Cursor3
DEALLOCATE Employee_Cursor3
GO
DECLARE Employee_Cursor3 CURSOR
    FOR SELECT Emp_Name, Title FROM Employees WHERE Sex ='男'
GO
```

执行此脚本，可以看到在删除游标后，可以创建同名游标。

# 练 习 题

## 一、选择题

1. （    ）不显示 UPDATE、INSERT 或者 DELETE 操作对数据的影响。
   A．静态游标　　　　B．动态游标　　　　C．只进游标　　　　D．键集驱动游标

2. 定义游标的语句为（    ）。
   A．CREATE CURSOR　　　　　　　　B．CREATE PROC
   C．DECLARE CURSOR　　　　　　　　D．DECLARE PROC

3. 读取游标数据的语句为（    ）。
   A．READ　　　　　B．GET　　　　　C．FETCH　　　　D．MAKE

4. @@CURSOR_ROWS 函数的功能是（    ）。
   A．返回当前游标的所有行　　　　　　B．返回当前游标的当前行
   C．定位游标在当前结果集中的位置　　D．返回当前游标中行的数量

5. 如果 @@CURSOR_ROWS 函数返回 0，则表示（    ）。
   A．当前游标为动态游标　　　　　　　B．游标结果集为空
   C．游标已被完全填充　　　　　　　　D．不存在被打开的游标

6. CURSOR_STATUS 函数返回-1，表示（    ）。
   A．游标的结果集中至少存在一行　　　B．游标被关闭
   C．游标不可用　　　　　　　　　　　D．游标名称不存在

## 二、填空题

1．SQL Server 2008 支持 3 种游标的实现，即_____、_____和_____。

2．SQL Server 支持 4 种 API 服务器游标类型，即_____、_____、_____和_____。

3．打开游标的语句是_____。

4．如果要显示游标结果集中的最后一行，必须在定义游标时使用_____关键字。

5．读取游标数据的语句是_____。

6．_____函数返回被 FETCH 语句执行的最后游标的状态。

7．关闭游标的语句是_____。

8．删除游标的语句是_____。

## 三、判断题

1．由于 Transact-SQL 游标和 API 服务器游标都在客户端实现，它们一起被称为客户端游标。（    ）

2．打开一个已经打开的游标时，会产生错误。（    ）

3．关闭游标后，组成该游标的数据结构被释放。（    ）

4．关闭游标后，可以声明一个同名的游标。（    ）

5．@@FETCH_STATUS 函数返回值等于 0，表示 FETCH 语句执行成功。（    ）

## 四、问答题

1．简述游标的基本概念。

2．简述 SQL Server 支持的 4 种 API 服务器游标类型。

3．简述使用游标的过程。

## 五、上机练习题

完成以下各题功能，保存或记录实现各题功能的代码。

1．使用数据库 HrSystem，声明游标 MyCursor1，打开该游标，并提取结果集的第一行和最后一行。

要求：打开该游标时所生成的结果集包括 HrSystem 数据库的 Employees 表中所有工资大于 3000 元的员工信息。

2．验证@@CURSOR_ROWS 函数的使用。

（1）声明一个静态游标 MyCursor2，结果集包含 HrSystem 数据库的 Employees 表的所有行，打开该游标，用 SELECT 显示@@CURSOR_ROWS 函数的值。

（2）声明一个键集游标 MyCursor3，结果集包含 HrSystem 数据库的表 Employees 的所有行，打开该游标，用 SELECT 显示@@CURSOR_ROWS 函数的值。

（3）声明一个动态游标 MyCursor4，结果集包含 HrSystem 数据库的表 Employees 的所有行，打开该游标，用 SELECT 显示@@CURSOR_ROWS 函数的值。

比较打开以上 3 种不同类型的游标后@@CURSOR_ROWS 函数的值。

3．使用数据库 HrSystem，声明游标 MyCursor5，打开该游标，并提取结果集的所有行，然后关闭并删除该游标。

要求：打开该游标时所生成的结果集包括 HrSystem 数据库的 Employees 表中所有男性员工。

# 第 10 章
# 维护数据库

维护数据库的正常运行、保证数据安全是 SQL Server 数据库管理员的主要工作。维护数据库的工作很琐碎，多数工作也是每天重复进行，但一旦数据库服务器出现故障，这些工作的意义就突显出来了。本章介绍的维护数据库操作包括导入和导出数据、备份和恢复数据库，以及 SQL Server 2008 的新特性——数据库快照。

## 10.1  导入和导出数据

读者可以使用 SQL Server 工具和 Transact-SQL 语句导入导出 SQL Server 数据库中的数据，也可以使用 SQL Server 提供的编程模型和应用程序接口（API），自己编写程序以导入和导出数据。

### 10.1.1  将表中数据导出到文本文件

【例 10-1】参照下面的步骤将表 Departments 中的数据导出到一个文本文件中。

（1）在"开始"菜单中依次选择"程序"/"Microsoft SQL Server 2008"/"导入和导出数据（32 位）"，打开"SQL Server 导入和导出向导"的欢迎窗口，如图 10-1 所示。

（2）在欢迎窗口中单击"下一步"按钮，打开"选择数据源"窗口。数据源选择默认的"用于 SQL Server Native Client 10.0"，数据库选择 HrSystem，如图 10-2 所示。

图 10-1  "SQL Server 导入和导出向导"的欢迎窗口

图 10-2  选择数据源

（3）单击"下一步"按钮，打开"选择目标"窗口。"目标"选择"平面文件目标"，"文件名"设置为 C:\部门.txt，如图 10-3 所示。

（4）单击"下一步"按钮，打开"指定表复制或查询"窗口。在此窗口中，用户要指定是从数据源复制一个或多个表/视图，还是复制查询结果。可以看到对话框中有以下 2 个选项：

- 复制一个或多个表和视图的数据；
- 编写查询以指定要传输的数据。

这里选择第一项，如图 10-4 所示。

图 10-3　选择导出目标

图 10-4　指定表复制或查询

（5）单击"下一步"按钮，打开"配置平面文件目标"窗口，源选择.[dbo].[Departments]。可以使用分隔符来区别各列的数据，也可以设置固定字段，使信息以等宽方式按列对齐。可以根据需要设置文件类型、行分隔符、列分隔符，以及文本限定符。如果没有特殊的需要，建议不要改变其他选项，如图 10-5 所示。

（6）单击"下一步"按钮，打开"保存并运行包"窗口，如图 10-6 所示。

图 10-5　配置平面文件目标

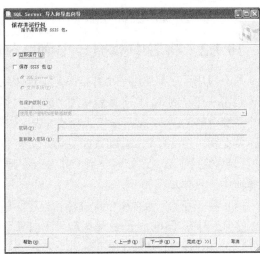

图 10-6　保存并运行包

如果选择"立即运行"，则当向导结束后，立即运行转换并创建目的数据。

如果选择"保存 SSIS 包"，则将导出数据的信息保存到 SQL Server 数据库或指定的文件中，以便日后运行。

（7）单击"下一步"按钮，打开"完成该向导"窗口，如图 10-7 所示。在"摘要"框中列出了当前导出数据的基本情况，单击"完成"按钮结束向导。

（8）因为选择了"立即运行"选项，向导将立即运行 DTS 包，并显示运行进程和结果，如图 10-8 所示。

图 10-7　完成导出

图 10-8　执行导出操作

（9）单击"关闭"按钮。打开 C:\部门.txt，其内容如下：

1,"人事部"

2,"办公室"

3,"财务部"

4,"技术部"

5,"服务部"

这正是表 Departments 的内容。

## 10.1.2　将表中数据导出到 Access 数据库

所有应用程序都使用一个数据库是很难做到的，因为应用程序的开发商不同，所以采用的数据库也不一样。例如，财务系统使用 Access 数据库，而人事管理系统采用 SQL Server 数据库。这两个系统中都包含部门表、员工表等基础表。如果财务系统中的数据已经很完备了，但人事管理系统刚刚上线，还没有录入基础数据，就可以参照下面介绍的方法将数据导入到 Access 数据库中。

【例 10-2】下面介绍如何使用 SQL Server 导出向导，将表 Departments 中的数据导出到 Access 数据库中。具体步骤如下。

（1）在"开始"菜单中依次选择"程序"/"Microsoft SQL Server 2008"/"导入和导出数据（32 位）"，打开"SQL Server 导入和导出向导"的欢迎窗口。

（2）在欢迎窗口中单击"下一步"按钮，打开"选择数据源"窗口。数据源选择默认的"用于 SQL Server Native Client 10.0"，数据库选择 HrSystem。

（3）单击"下一步"按钮，打开"选择目标"窗口。在"目标"组合框中选择 Microsoft Access。输入 Access 数据库文件名，如 "C:\部门信息"。如果存在用户名和密码，也一并输入，如图 10-9 所示。注意，选择的 Access 数据库必须已经存在。

（4）单击"下一步"按钮，打开"指定表复制或查询"窗口。在此窗口中，用户要指定是从数据源复制一个或多个表/视图，还是复制查询结果。

（5）在"指定表复制或查询"窗口中保持默认的选项，然后单击"下一步"按钮，打开"选择源表和视图"对话框，源数据选中[dbo].[Departments]，向导会自动生成同名的目的表名 Departments，如图 10-10 所示。

图 10-9　选择 Access 目的数据源　　　　图 10-10　选择源和目的表

（6）单击"下一步"按钮，打开"保存、调度和复制包"窗口。选择"立即运行"复选框，然后单击"完成"按钮，开始导出数据。

导出数据完成后，打开 Access 数据库，查看表 Departments，如图 10-11 所示。其中的数据与 SQL Server 数据库的内容相同。

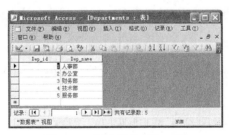

图 10-11　导出后的 Access 表

## 10.1.3　从文本文件向 SQL Server 数据库中导入数据

在应用系统刚刚上线使用时，通常数据库中的数据是不完备的，需要录入一些基础数据。而这些数据有可能已经保存在文本文件或其他格式的文件中（在没有使用应用系统进行管理时，通常使用电子文件记录数据），此时可以参照下面介绍的方法将原始数据导入到数据库中，从而省去烦琐的手工录入数据的过程。

【例 10-3】下面介绍如何将 "C:\部门.txt" 文件导入到数据库 HrManager 中。具体步骤如下。

（1）在 "开始" 菜单中依次选择 "程序" / "Microsoft SQL Server 2008" / "导入和导出数据（32 位）"，打开 "SQL Server 导入和导出向导" 的欢迎窗口。

（2）在欢迎窗口中单击 "下一步" 按钮，打开 "选择数据源" 窗口。数据源选择 "平面文本源"，"文件名" 设置为 C:\部门.txt，如图 10-12 所示。

（3）单击 "下一步" 按钮，打开 "选择文件格式" 对话框，这里需要根据导出数据时的格式设置。如果导出数据时采用的是默认设置，则导入数据时也不需要做特殊设置，如图 10-13 所示。

图 10-12  选择数据源

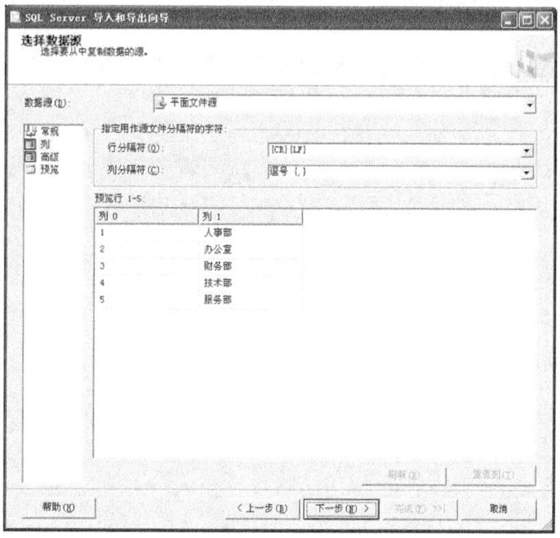

图 10-13  选择文件格式

（4）单击 "下一步" 按钮，打开 "选择目标" 窗口。"目标" 选择默认的 "SQL Server Native Client 10.0"，数据库选择 HrSystem，如图 10-14 所示。

（5）单击 "下一步" 按钮，打开 "选择源表和视图" 窗口。默认的目的表为与文本文件同名的 "[dbo].[部门]"，如图 10-15 所示。单击 "编辑映射" 按钮，打开 "列映射" 窗口，如图 10-16 所示。可以在此窗口中设置目的表的列名、列属性以及数据源和目的列的对应关系。

图 10-14  选择导入数据的目标数据库

图 10-15  选择源表和视图

（6）单击"下一步"按钮，打开"保存、运行包"窗口。

（7）单击"完成"按钮，因为选择了"立即运行"选项，向导将立即执行导入操作，并显示运行进程和结果。

查看表"部门"中的数据，如图 10-17 所示。

可以看到，如果在向导中指定的目的表在数据库中不存在，则导入数据后将创建此表。

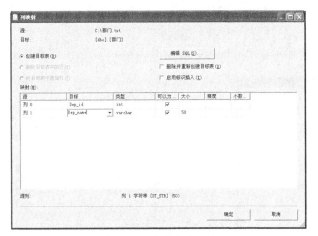

图 10-16　列映射对话框

图 10-17　导入数据后自动创建的表

## 10.1.4　从 Access 数据库中导入数据

下面将介绍使用 SQL Server 导入向导将 Access 数据库表"部门"中的数据导入到 SQL Server 的方法。具体步骤如下。

（1）在"开始"菜单中依次选择"程序"/"Microsoft SQL Server 2008"/"导入和导出数据（32 位）"，打开"SQL Server 导入和导出向导"的欢迎窗口。

（2）在欢迎窗口中单击"下一步"按钮，打开"选择数据源"窗口。数据源选择"Microsoft Access"，"文件名"设置为 C:\部门信息.mdb，如图 10-18 所示。

（3）单击"下一步"按钮，打开"选择目的"窗口。选择 SQL Server 数据库服务器，然后选择数据库 HrSystem，如图 10-19 所示。

图 10-18　选择 Access 数据源

图 10-19　选择目标数据库

（4）单击"下一步"按钮，打开"指定表复制或查询"窗口。在此窗口中，用户要指定是从数据源复制一个或多个表/视图，还是复制查询结果。这里选择第一项。

（5）单击"下一步"按钮，打开"选择源表和视图"窗口，目的数据修改为 [dbo].[DepInfo]（用于区分原表 Departments），如图 10-20 所示。

（6）单击"下一步"按钮，打开"保存、运行包"窗口。

（7）选择"立即运行"选项，然后单击"完成"按钮，向导将立即执行导入操作，并显示运行进程和结果。

查看表 DepInfo 的内容，如图 10-21 所示。

图 10-20　选择源表和视图

图 10-21　导入后的 SQL Server 表

可以看到，表 DepInfo 中的数据与 Access 表中的数据相同。

# 10.2　备份数据库

在数据库的使用过程中，难免会由于病毒、人为失误、机器故障等原因造成数据的丢失或损坏。数据对于一个企业或政府部门来说往往是非常重要的，一旦出现问题，造成的损失是巨大的。为了保证数据库的安全性，防止数据库中数据的意外丢失，应经常对数据库中的数据进行备份，以便在数据库出故障时进行及时有效的恢复。

## 10.2.1　数据库备份方式

数据库备份记录了在进行备份操作时数据库中所有数据的状态，以便在数据库遭到破坏时能够及时地将其恢复。另外，也可出于其他目的备份和恢复数据库，如将数据库从一台服务器复制到另一台服务器。通过备份一台计算机上的数据库，再将该数据库还原到另一台计算机上，可以快速容易地生成数据库的副本。备份包括对 SQL Server 的系统数据库、用户数据库或事务日志进行备份。

系统数据库存储了服务器配置参数、用户登录标识、系统存储过程等重要内容，在执行了任何影响系统数据库的操作之后，需要备份系统数据库，主要包括备份 master 数据库、msdb 数据库和 model 数据库。在系统或数据库发生故障（如硬盘发生故障）时可以使用系统数据库的备份来重建系统。

　　用户数据库包含了用户加载的数据信息，在对数据库中的数据进行一定的修改之后，需要备份用户数据库。

　　事务日志记录了用户对数据库执行的更改操作，平时系统会自动管理和维护所有的数据库事务日志。当数据库遭到破坏时，可以结合使用数据库备份和事务日志备份来有效地恢复数据库。对于一般应用环境，可以在创建数据库后首先备份数据库，其后通过单独备份事务日志的方法来备份数据库。由于日志的数据量远小于数据库数据量，所以可以更频繁地备份事务日志。

　　SQL Server 提供了以下 4 种不同的数据库备份方式。

### 1. 完整数据库备份

　　完整数据库备份指对整个数据库进行备份，包括数据和事务日志。当数据库发生故障时，可以完整地恢复数据库中的数据。对于小型数据库而言，使用完整备份是最佳的选择。但如果数据库中的数据量很大，执行完整备份会花费很多的时间，而且会占用大量的存储空间。因此，对于大型数据库而言，一般都会使用差异备份的方法进行补充。

### 2. 差异数据库备份

　　顾名思义，差异数据库备份并不对数据库执行完整的备份，它只是对上次备份数据库后所发生变化的部分进行备份。差异数据库备份需要有一个参照的基准，即上一次执行的完整数据库备份。差异数据库备份的速度比较快，在还原差异数据库备份时，需要首先还原基准数据库备份，然后在此基础上再还原差异的部分。

　　图 10-22 所示为差异数据库备份的工作原理。其中每个方块表示一个区，假定数据库由 12 个区组成，阴影区表示自上次完整备份后发生变化的区。差异备份就是对 4 个变化的区执行备份操作。

　　执行差异备份时应注意备份的时间间隔。在执行几次差异备份后，应执行一次完整数据库备份。因为距离基准备份的时间越长，发生变化的区就越多，执行差异备份所需要的时间和空间就越多。

图 10-22　差异数据库备份原理

比较合理的数据库备份计划如图 10-23 所示。

原始数据库　　完整数据库备份　　差异数据库备份 1　　差异数据库备份 2　　差异数据库备份 3　　完整数据库备份

图 10-23　合理的数据库备份计划

　　从图 10-23 中可以看到，在创建原始数据库后，管理员首先创建了一个完整数据库备份，然后以此数据库备份为基准，先后执行了 3 次差异数据库备份，每次备份的空间都会增加（通过圆柱体的大小来表现）。当执行到第 3 次差异数据库备份时，备份数据库所占用的空间已经与完整数据库备份相差无几了，此时应执行第 2 次完整数据库备份。

### 3. 事务日志备份

　　事务日志包含了自上次进行完整数据库备份、差异数据库备份或事务日志备份以来所完成的事务。可以使用事务日志备份将数据库恢复到特定的即时点或恢复到故障点。

#### 4. 数据库文件和文件组备份

只备份特定的数据库文件或文件组，常用于超大型数据库的备份。

## 10.2.2 SQL Server 2008 的备份和恢复数据库模式

SQL Server 2008 提供 3 种备份和恢复数据库的模式，即简单恢复模式下的备份、在完整恢复模式下的备份以及在大容量日志恢复模式下的备份。其中大容量日志恢复模式下的备份是一种特殊用途的备份模式，只在执行大容量操作时偶尔使用。下面对简单恢复模式和完整恢复模式下的备份进行介绍。

#### 1. 简单恢复模式下的备份

这是最简单的数据库备份和恢复模式，它提供简单、高效的数据库备份策略。在简单恢复模式下，数据库备份只支持数据库备份和文件的备份，并不支持日志备份。这种备份方式虽然简单，但由于不支持日志备份，系统无法根据事务日志对数据库执行恢复操作，因此这种备份策略只能将数据库还原到最近的一次备份，之后执行的操作将会丢失。图 10-24 所示为简单恢复模式下备份的工作原理。

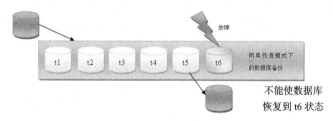

图 10-24　简单恢复模式下备份的工作原理

图 10-24 中假定对数据库执行了 6 次简单恢复模式下的数据库备份操作，分别为 t1 ~ t6。但在执行数据库备份 t6 时，数据库系统发生故障，导致数据库被损害，而且数据库备份 t6 也没有成功。此时，只能从数据库备份 t5 中还原数据库，而 t5 ~ t6 之间所发生的数据库操作将无法还原。

**提示**　　简单恢复模式下的备份并不适合于生产系统，因为生产系统是不能接受任何形式的数据丢失的。例如，在银行的业务系统中，如果实行简单恢复模式下的备份策略，则一旦出现数据库灾难，导致数据库无法恢复到最新数据，则可能导致储户的交易无效，从而造成无法挽回的损失。

#### 2. 完整恢复模式下的备份

在完整恢复模式下，数据库备份支持对事务日志进行备份。这虽然增加了备份和恢复操作的复杂度，但一旦发生故障，数据库引擎可以根据事务日志中的记录对数据库进行恢复。

完整恢复模式下备份的工作原理如图 10-25 所示。

图 10-25 中假定对数据库执行了 5 次完整恢复模式下的数据库备份操作，分别为 t1 ~ t5。同时数据库引擎对事务日志执行了两次备份操作（Log1 和 Log2）。在执行事务日志备份 Log2 后的某个时间点上，数据库出现故障，导致数据丢失。在这种情况下，数据库管理员需要首先对活动日志进行备份，得到图中标识的尾日志。因为这部分日志是数据库引擎还没有来得及备份的，所以需要管理员手动执行备份操作。然后，管理员分别对 t5、Log1 和 Log2 进行还原，最后根据尾日志执行还原操作，即可把数据库恢复到故障点，从而最大限度地恢复数据库中的数据，避免了数据丢失。

　　数据库管理员应该建立严格、规范的数据库备份计划。备份计划需要根据数据库应用系统的具体使用情况和数据库的规模来制定，不能千篇一律。数据库备份应该在不使用数据库应用系统的情况下进行，通常可以安排在凌晨由 SQL Server 自动完成。每周至少应该执行一次完整备份，平时执行差异备份即可。应该使用专用的数据库备份介质，利用磁带。如果没有条件，也可以将数据库保存保存到移动硬盘或网络中专门保存数据库备份文件的服务器上。一定不要只将数据库备份文件保存在数据库服务器的本地磁盘上，因为一旦数据库服务器的磁盘损坏，数据库备份文件也会丢失，起不到备份的作用。

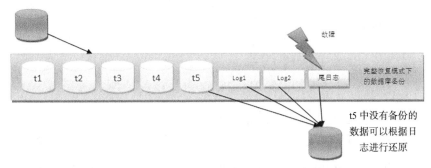

图 10-25　完整恢复模式下备份的工作原理

## 10.2.3　创建和删除备份设备

　　创建备份之前，必须首先指定存放备份数据的备份设备。SQL Server 可以将数据库、事务日志和文件备份到磁盘和磁带设备上。

　　磁盘备份设备是指硬盘或其他磁盘存储介质上的文件，与常规操作系统文件一样。引用磁盘备份设备与引用任何其他操作系统文件一样，可以在本地服务器的磁盘上或远程共享磁盘上定义磁盘备份设备。建议不要将数据库备份到和数据库所在的同一物理磁盘上，因为如果包含数据库的磁盘设备发生故障，由于备份位于同一发生故障的磁盘上，因此将无法恢复数据库。

　　磁带备份设备的用法与磁盘备份设备相同，但是磁带设备只能物理连接到运行 SQL Server 实例的计算机上。SQL Server 不支持备份到远程磁带设备上。

　　SQL Server 使用物理设备名称或逻辑设备名称来标识备份设备。物理备份设备是操作系统用来标识备份设备的名称，如 "D:\MyBackups\Student.bak"。逻辑备份设备是用来标识物理备份设备的别名或公用名称，用以简化物理设备的名称。例如，逻辑设备名称可以是 "STDBackup"，而物理设备名称则是 "D:\MyBackups\Student.bak"。

　　备份或还原数据库时，可以交替使用物理或逻辑备份设备名称。

　　可以使用图形界面工具创建和删除备份设备，也可以使用系统存储过程创建和删除备份设备。

### 1．使用图形界面工具创建设备

　　在 SQL Server Management Studio 中选择服务器，展开 "服务器对象" 文件夹，用鼠标右击 "备份设备"，从弹出的快捷菜单中选择 "新建备份设备" 命令（见图 10-26），则打开如图 10-27 所示的 "备份设备" 窗口。使用该窗口可以指定备份设备的逻辑名称和物理名称。其中，"设备名称" 文本框用于指定逻辑备份设备名称；在该对话框的下部可以指定备份设备的磁带驱动器名称，或指定磁盘驱动器的名称和路径（物理备份设备）。单击 "浏览" 按钮　，可以搜索可用的备份设备。

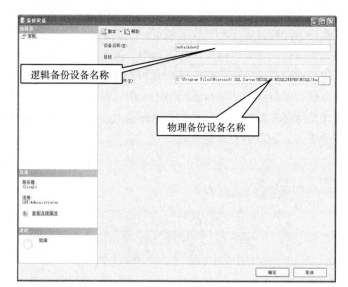

逻辑备份设备名称

物理备份设备名称

图 10-26　新建备份设备　　　　　　图 10-27　"备份设备属性"对话框

指定逻辑备份设备名称和物理备份设备名称后，单击"确定"按钮完成新备份设备的创建。

### 2. 使用图形界面工具删除备份设备

创建备份设备后，在"备份设备"文件夹下会显示该备份设备的名称，用鼠标右击要删除的备份设备的名称，从弹出的快捷菜单中选择"删除"命令，则可以删除相应的备份设备。

### 3. 使用系统存储过程 sp_addumpdevice 创建备份设备

可以使用系统存储过程 sp_addumpdevice 创建备份设备，其简单语法形式如下：

```
sp_addumpdevice[ @devtype = ] '设备类型',
               [ @logicalname = ] '逻辑备份设备名',
               [ @physicalname = ] '物理备份设备名'
```

@devtype、@logicalname 和@physicalname 是系统存储过程 sp_addumpdevice 定义的参数，书写时可以省略参数名及随后的等于号。各参数说明如下。

● [@devtype =] '设备类型'：指定备份设备的类型，设备类型可以是下列值之一。

disk：硬盘文件。

pipe：命名管道。

tape：磁带设备。

● [@logicalname =] '逻辑备份设备名'：指定逻辑备份设备名称，该逻辑名称用于 BACKUP（备份）和 RESTORE（恢复）语句中。

● [@physicalname =] '物理备份设备名'：指定物理备份设备名。物理名称必须遵照操作系统文件名称的规则或者网络设备的通用命名规则，并且必须包括完整的路径。对于远程硬盘文件，可以使用格式"\\主机名\共享路径名\路径名\文件名"表示；对于磁带设备，用"\\.\TAPEn"表示，其中，n 为磁带驱动器序列号。

【例 10-4】在磁盘上创建一个备份设备，其逻辑名称为"copy1"，物理名称为"d:\Mybackup\company.bak"。语句如下：

```
EXEC sp_addumpdevice @devtype = 'disk',
                     @logicalname = 'copy1',
                     @physicalname ='d:\Mybackup\company.bak'
```

也可以简化成：

```
EXEC sp_addumpdevice 'disk','copy1','d:\Mybackup\company.bak'
```

这里的 EXEC 表示执行存储过程。

【例 10-5】创建备份设备 copy2，使用 teacher 服务器共享文件夹 backup 下的文件 company1.bak。

```
EXEC sp_addumpdevice 'disk','copy2','\\teacher\backup\company1.bak'
```

【例 10-6】用物理设备\\.\TAPE0 创建一个磁带备份设备 tapedevice。

```
EXEC sp_addumpdevice 'tape','tapedevice','\\.\TAPE0'
```

#### 4. 使用系统存储过程 sp_dropdevice 删除备份设备

sp_dropdevice 存储过程可以用来删除备份设备，其语法如下：

```
sp_dropdevice [ @logicalname = ] '逻辑备份设备名'
              [ , [ @delfile = ] '删除文件' ]
```

其中，@delfile 参数用来指出是否同时删除物理备份文件。如果该参数指定为 DELFILE，那么就会删除设备物理文件名指定的磁盘文件。

【例 10-7】删除例 10-6 创建的备份设备 tapedevice，不删除相应的物理备份文件。

```
EXEC sp_dropdevice 'tapedevice'
```

【例 10-8】删除例 10-4 创建的备份设备 copy1，并删除相应的物理文件。

```
EXEC sp_dropdevice 'copy1', 'DELFILE'
```

## 10.2.4　使用图形界面工具对数据库进行备份

明确了存放备份数据的备份设备后，就可以执行数据库的备份了。

在 SQL Server Management Studio 中使用图形界面工具对数据库进行备份，方法如下。

（1）在 SQL Server Management Studio 的对象资源管理器中，展开要备份的数据库所在的服务器组，然后展开服务器。

（2）展开"数据库"文件夹，右键单击要备份的数据库，如 HrSystem。在弹出菜单中选择"任务"/"备份"，打开"备份数据库"窗口，如图 10-28 所示。在"名称"文本框中输入备份集名称，默认值为"HrSystem-完整数据库备份"。也可以选择在"说明"文本框中输入对备份集的描述。

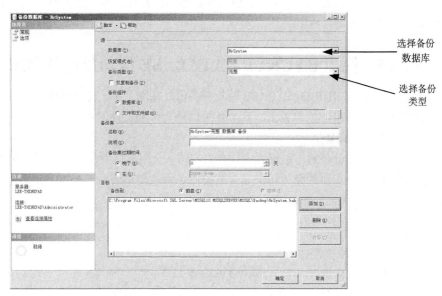

图 10-28　SQL Server 备份窗口

（3）在"备份类型"下拉列表中选择"完整"，此选项支持数据库的完整备份，而其他选项只能备份数据库的一部分。

（4）在"目的"选项下，单击"磁带"或"磁盘"。因为笔者的计算机上没有安装磁带设备，所以此选项不可用，只能选择"磁盘"。

（5）默认的备份文件为 C:\Program Files\Microsoft SQL Server\MSSQL10.MSSQLSERVER\MSSQL\Backup \HrSystem.bak。如果需要修改备份文件，可以单击"删除"按钮，删除当前的备份文件，然后再单击"添加"按钮，打开"选择备份目标"对话框，如图 10-29 所示。选择"文件名"选项，默认的文件为 C:\Program Files\Microsoft SQL Server\MSSQL\BACKUP\。注意，这只是一个目录，读者还需要自己输入一个数据库备份的文件名。

图 10-29　设置数据库备份文件

（6）单击"确定"按钮，返回"备份数据库"对话框。

（7）在"备份数据库"对话框中单击"确定"按钮，弹出备份成功对话框，如图 10-30 所示。

图 10-30　编辑调度

> 提示　如果执行的是远程备份，即在远端计算机上备份服务器中的数据库，则备份文件将在服务器端生成。

## 10.2.5　使用 BACKUP DATABASE 语句备份数据库

可以使用 BACKUP DATABASE 语句来备份数据库。BACKUP DATABASE 语句可以用来对数据库执行完全备份、差异备份、日志备份以及文件和文件组备份。

### 1. 完全数据库备份

完全数据库备份是制作数据库中所有内容的一个副本，备份过程花费时间相对较长，备份占用的空间大，因此不宜频繁进行。完全数据库备份的简单语法形式如下：

```
BACKUP DATABASE 数据库名称
TO < 备份设备 > [ ,…n ]
[ WITH
    [ NAME = 备份集名称 ]
    [ [ , ] DESCRIPTION = '备份描述文本' ]
    [ [ , ] { INIT | NOINIT } ]
]
```

参数说明如下。

- < 备份设备 >：指定备份要使用的逻辑或物理备份设备。其定义如下：

< 备份设备 > ::={ 逻辑备份设备名}|{ DISK |TAPE }='物理备份设备名'

- INIT：指定应重写所有备份集。
- NOINIT：表示备份集将追加到指定的设备现有数据之后，以保留现有的备份集。

【例 10-9】将"学生管理"数据库备份到 d 盘的 mybackup 文件夹下的"学生管理.bak"文件中。

```
--首先先创建一个备份设备
sp_addumpdevice 'disk','mycopy1','d:\mybackup\学生管理.bak'
--用BACKUP DATABASE 备份学生管理数据库
BACKUP DATABASE 学生管理
TO mycopy1
WITH
NAME = '学生管理备份',
DESCRIPTION = '完全备份'
```

【例 10-10】将"学生管理"数据库备份到网络中的另一台主机 ServerX 上。

```
sp_addumpdevice 'disk','STDcopy','\\ServerX\backup\student.dat'
BACKUP DATABASE 学生管理 TO STDcopy
```

### 2. 差异数据库备份

差异备份的简单语法形式如下：

```
BACKUP DATABASE 数据库名称
TO < 备份设备 > [ ,…n ]
WITH
    DIFFERENTIAL
    [ [ , ] NAME=备份集名称 ]
    [ [ , ] DESCRIPTION = '备份描述文本' ]
    [ [ , ] { INIT | NOINIT } ]
```

其中，DIFFERENTIAL 指定要进行差异备份，其他选项与完全数据库备份类似。

【例 10-11】假设对"学生管理"数据库进行了一些修改，现在要做一个差异备份，且将该备份添加到例 10-9 的现有备份之后。

```
BACKUP DATABASE 学生管理 TO mycopy1
WITH DIFFERENTIAL,
NOINIT,
NAME='学生管理备份',
DESCRIPTION='第一次差异备份'
```

### 3. 文件或文件组备份

当一个数据库很大时，对整个数据库进行备份可能会花费很多时间，这时可以采用文件或文件组备份，即对数据库中的部分文件或文件组进行备份。文件或文件组备份的简单语法形式如下：

```
BACKUP DATABASE 数据库名称
< 文件或文件组 > [ ,…n ]
TO < 备份设备 > [ ,… ]
[ WITH
    DIFFERENTIAL
    [ [ , ] NAME=备份集名称 ]
    [ [ , ] DESCRIPTION = '备份描述文本' ]
```

```
    [ [ , ] { INIT | NOINIT } ]
]
```

其中，< 文件或文件组 >定义如下：

< 文件或文件组 > ::={ FILE = 逻辑文件名 | FILEGROUP = 逻辑文件组名 }

其他选项和完全或差异数据库备份类似。

【例 10-12】将 test 数据库的 grp1_file1 文件备份到文件"E:\temp\grp1_file1.dat"中。

```
BACKUP DATABASE test
FILE='grp1_file1'
TO DISK='E:\temp\grp1_file1.dat'
```

【例 10-13】将 test 数据库的文件组 grp1 备份到文件"E:\temp\group1.dat"中。

```
BACKUP DATABASE test
FILEGROUP='grp1'
TO DISK='E:\temp\group1.dat'
WITH
NAME='group backup of test'
```

#### 4. 事务日志备份

事务日志是自上次备份事务日志后对数据库执行的所有事务的一系列记录，备份事务日志将对最近一次备份事务日志以来的所有事务日志进行备份。备份事务日志的简单语法形式如下：

```
BACKUP LOG 数据库名称
TO < 备份设备 > [ ,…n ]
[ WITH
    [ [ , ] NAME=备份集名称 ]
    [ [ , ] DESCRIPTION = '备份描述文本' ]
    [ [ , ] { INIT | NOINIT } ]
]
```

【例 10-14】将"学生管理"数据库的日志文件备份到文件"e:\temp\MyLog1.bak"中。

```
EXEC sp_addumpdevice 'disk', 'MyLog1', 'e:\temp\MyLog1.bak'
BACKUP LOG 学生管理 TO MyLog1
```

# 10.3  恢复数据库

数据库备份后，一旦系统发生崩溃或者执行了错误的数据库操作，就可以从备份文件中恢复（还原）数据库，让数据库回到备份时的状态。通常在以下情况下需要恢复数据库。

- 媒体故障。
- 用户操作错误。
- 服务器永久丢失。
- 将数据库从一台服务器复制到另一台服务器。

恢复数据库之前，需要限制其他用户访问数据库。可以在 SQL Server Management Studio 中用鼠标右击数据库名称，从弹出的快捷菜单中选择"属性"，打开数据库属性对话框，在该对话框的"选项"页上将"限制访问"选择为 SINGLE_USER，如图 10-31 所示。恢复完毕后，别忘了将"限制访问"改为以前的状态"MULTI_USER"。另外，在执行恢复操作之前，应该对事务日志进行备份，这样，在数据库恢复之后可以使用备份的事务日志，进一步恢复数据库的最新操作，保证数据的完整性。

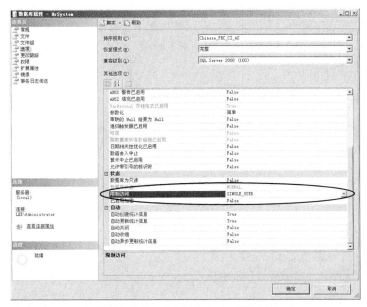

图 10-31　还原数据库前将"限制访问"选项设置为 SINGLE_USER

可以恢复整个数据库、恢复部分数据库或恢复事务日志。可以使用图形界面工具恢复数据库，也可以使用 RESTORE DATABASE 语句恢复数据库。

## 10.3.1　使用使用图形界面工具恢复数据库

在 SQL Server Management Studio 中，展开要还原的数据库所在的服务器组，然后展开服务器。在对象资源管理器中右击"数据库"项，在弹出的快捷菜单中选择"还原数据库"，打开"还原数据库"窗口。将"目标数据库"设置为要还原的数据库。默认情况下，"还原的源"选项中设置为"源数据库"，在其下面的列表中给出了指定数据库备份的情况，如图 10-32 所示。

图 10-32　"还原数据库"对话框

可以直接从备份集表格中选择备份记录，将当前数据库还原到备份时的数据。如果要还原的数据库不存在，则列表中就不会存在记录。在这种情况下，可以选择"源设备"，然后单击后面的"…"按钮，打开"指定备份"对话框，如图 10-33 所示。单击"添加"按钮，打开"定位备份设备"对话框，如图 10-34 所示。

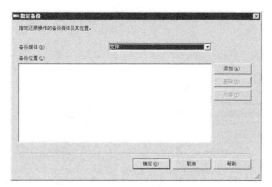

图 10-33  "指定备份"对话框

图 10-34  定位备份设备

选择备份数据库文件，然后单击"确定"按钮，返回"指定备份"对话框。此时，数据库备份文件出现在对话框的备份位置列表中。在"指定备份"对话框中单击"确定"按钮，返回"还原数据库"对话框。此时，数据库备份文件中的信息已经出现在"用于还原的备份集"列表中，如图 10-35 所示。

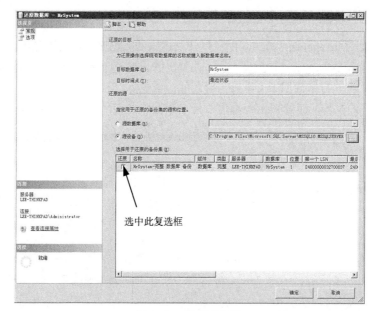

图 10-35  选择备份集

在"还原数据库"对话框中选中要还原的备份集，单击"确定"按钮，开始还原数据库。还原操作完成后，将出现一个对话框，提示还原成功。

可以检查从备份中创建的数据库与原数据库是否完全相同。在执行恢复操作之前，应该关闭其他所有与目标数据库的连接。例如，在 SQL Server Management Studio 中与当前数据库有连接的其他窗口。如果还原不成功，则可以在左侧列表中选中"选项"，设置还原选项如图 10-36 所示。

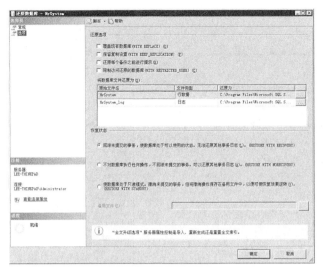

图 10-36　设置还原选项

通常在无法还原数据库时，可以选中"覆盖现有数据库"选项，覆盖现有的数据库文件，也可以设置将数据库文件保存到其他的位置。

## 10.3.2　使用 RESTORE DATABASE 语句恢复数据库

RESTORE DATABASE 语句非常复杂，常用的简单使用方法语法形式如下：

```
RESTORE DATABASE 数据库名称
[ FROM < 备份设备 > [ ,…n ] ]
   [ WITH
   [ [ , ] FILE = 文件号 ]
   [ [ , ] MOVE '逻辑文件名' TO '物理文件名' ] [ ,…n ]
   [ [ , ] { NORECOVERY | RECOVERY}]
   [ [ , ] REPLACE ]
]
```

参数说明如下。

● 文件号：表示要还原的备份集。例如，文件号为 1 表示备份媒体上的第一个备份集，文件号为 2 表示第二个备份集。

● NORECOVERY：指示还原操作不回滚任何未提交的事务。当还原数据库备份和多个事务日志时，或在需要使用多个 RESTORE 语句时（例如，在完整数据库备份后进行差异数据库备份），应在除最后的 RESTORE 语句外的所有其他语句上使用 WITH NORECOVERY 选项。

● RECOVERY：指示还原操作回滚任何未提交的事务。在恢复完成后即可随时使用数据库。

● REPLACE：指定如果存在同名数据库，将覆盖现有的数据库。

【例 10-15】设在 E 盘 temp 文件夹下有一个职工数据库的完全备份文件"职工.bak"，恢复该数据库，将恢复后的数据库名称改为"职工信息"。如果当前服务器中存在"职工信息"数据库，则覆盖该数据库。

方法一：使用备份设备。

```
EXEC sp_addumpdevice 'disk', 'copy1', 'E:\temp\职工.bak'
RESTORE DATABASE 职工信息
```

```
FROM copy1
WITH
   MOVE '职工_data'
      TO 'e:\sql_data\职工信息.mdf',
   MOVE '职工_log'
       TO 'e:\sql_log\职工信息.lgf',
   REPLACE
```

方法二：直接指定磁盘文件名。

```
RESTORE DATABASE 职工信息
FROM DISK = 'E:\temp\职工.bak'
WITH
   MOVE '职工_data'
      TO 'e:\sql_data\职工信息.mdf',
   MOVE '职工_log'
       TO 'e:\sql_log\职工信息.lgf',
   REPLACE
```

**【例 10-16】**设第一天做了一个"学生管理"数据库的完全备份（如例 10-9），第 2 天做了一个"学生管理"数据库的差异备份（如例 10-11），之后数据库出现故障，将数据库恢复到做差异备份时的状态。

```
--恢复完全备份
RESTORE DATABASE 学生管理
FROM mycopy1
WITH
FILE=1,
NORECOVERY
--这时数据库无法使用，继续恢复差异备份
RESTORE DATABASE 学生管理
FROM mycopy1
WITH
FILE=2,
RECOVERY          --这时数据库可以使用
```

## 10.3.3  使用 RESTORE LOG 语句恢复事务日志

RESTORE LOG 语句的简单语法形式如下：

```
RESTORE LOG 数据库名称
[ FROM < 备份设备 > [ ,…n ] ]
[ WITH
   [ [ , ] FILE = 文件号 ]
   [ [ , ] MOVE '逻辑文件名' TO '物理文件名' ] [ ,…n ]
   [ [ , ] { NORECOVERY | RECOVERY}]
]
```

**【例 10-17】**假设对"学生管理"数据库先后做了完全数据库备份（如例 10-9）、差异数据库备份（如例 10-11）和事务日志备份（如例 10-14），现在利用这 3 个备份来恢复数据库。

```
--恢复完全备份
RESTORE DATABASE 学生管理
FROM mycopy1
WITH
```

```
FILE=1,
NORECOVERY
```

--这时数据库无法使用，继续恢复差异备份

```
RESTORE DATABASE 学生管理
FROM mycopy1
WITH
FILE=2,
NORECOVERY
```

--这时数据库仍然无法使用，继续恢复事务日志备份

```
RESTORE LOG 学生管理
FROM Mylog1
WITH
RECOVERY                        --完成恢复，数据库可以使用
```

# 10.4　数据库快照

## 10.4.1　数据库快照的概念

数据库快照是数据库的只读、静态视图，数据库可以有多个快照。创建快照时，每个数据库快照在事务上与源数据库一致。在被数据库所有者显式删除之前，快照始终存在。

可以在报表中使用数据库快照。另外，当数据库出现用户错误，还可将数据库恢复到创建快照时的状态。丢失的数据仅限于创建快照后数据库更新的数据。数据库快照必须与数据库在同一服务器实例上。

数据库快照是在数据页级运行的。也就是说，创建数据库快照后，对源数据库页的修改之前，源数据库页中的数据将复制到快照中。快照是一个很形象的名词，在你移动之前按下快门，复制了你当时的形象。

为了存储快照中复制的源数据库页，SQL Server 2008 使用了"稀疏文件"。稀疏文件是 NTFS 文件系统的一项功能。将数据写入稀疏文件后，NTFS 将分配磁盘空间以保存该数据。稀疏文件最初是空白文件，不包含用户数据，而且操作系统也没有为其分配存储用户数据的磁盘空间。在创建数据库快照后，SQL Server 将对源数据库的修改都保存在稀疏文件中，随着对源数据库页的不断修改，稀疏文件也变得越来越大。

图 10-37 所示为数据库快照的工作原理。

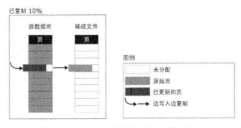

图 10-37　数据库快照的工作原理

当深色数据库页被更新之前，系统首先将其复制到稀疏文件中，然后再修改它。这样，数据库快照就保留了创建它时源数据库的所有数据，即使源数据库被修改了，也可以在稀疏文件中找

到它本来的数据。就好像虽然人已经变老了，但却可以在照片中看到他年轻时的模样一样。

当然，数据库快照和真正的照片还有所不同。随着源数据库的不断变化，数据库快照占用的磁盘空间会越来越大。当源数据库中的所有数据页都被修改时，数据库快照就和源数据库一样大了。可以在适当的时机创建新快照来替换旧的快照。

## 10.4.2  创建数据库快照

在 CREATE DATABASE 语句中使用 AS SNAPSHOT OF 子句，可以创建指定数据库的快照，基本语法如下：

```
CREATE DATABASE <数据库快照名> ON
( NAME = <数据库文件的逻辑名称>, FILENAME = <对应的稀疏文件> )
AS SNAPSHOT OF <创建快照的数据库名>;
```

首先介绍如何命名数据库快照。数据库快照名称中通常可以包含如下信息：

- 源数据库名称；
- 标识此名称为数据库快照的信息；
- 快照的创建日期或时间、序列号或一些其他的信息。

例如，为 HrSystem 数据库创建快照，创建时间为每天的 6:00、12:00 和 18:00，可以分别为它们做如下命名：

```
HrSystem_snapshot_0600
HrSystem_snapshot_1200
HrSystem_snapshot_1800
```

在创建快照时，需要指定每个数据库文件的逻辑名称和对应的稀疏文件名称。要了解数据库文件的情况，可以在 SQL Server Management Studio 中右键单击数据库名，在弹出菜单中选择"属性"，打开"数据库属性"窗口。在"选择页"列表中选择"文件"，可以查看所有数据库文件的信息，如图 10-38 所示。

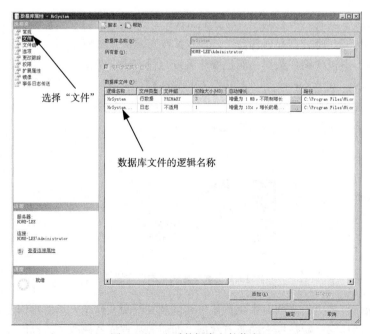

图 10-38  查看数据库文件信息

【例 10-18】为数据库 HrSystem 创建数据库快照 HrSystem_snapshot_1200，稀疏文件为 C:\Program Files\Microsoft SQL Server\MSSQL10.MSSQLSERVER\MSSQL\Data\ HrSystem_ 1200.ss，语句如下：

```
CREATE DATABASE HrSystem_snapshot_1200 ON
( NAME = HrSystem, FILENAME =
'C:\Program Files\Microsoft SQL Server\MSSQL10.MSSQLSERVER\MSSQL\Data\HrSystem_1200.
ss' )
AS SNAPSHOT OF HrSystem;
```

## 10.4.3　查看数据库快照

打开 SQL Server Management Studio，展开"数据库快照"项，可以看到新建的数据库快照 HrSystem_snapshot_1200。展开 HrSystem_snapshot_1200，可以看到它的结构与数据库 HrSystem 完全一样。展开"表"，右键单击表 Employees，在弹出菜单中选择"打开表"，可以查看表 Employees 中的数据，如图 10-39 所示。

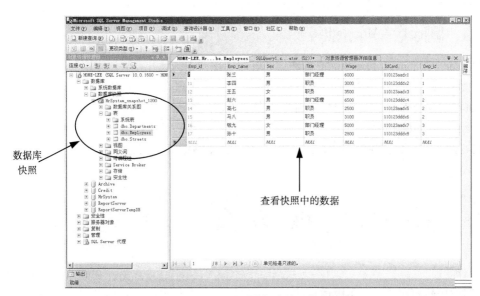

图 10-39　查看数据库快照中的数据

快照中的数据是在创建快照时 HrSystem 数据库中的数据。数据库 HrSystem 中的数据再发生变化时，不会影响到数据库快照。数据库快照中的数据是只读的，修改快照中的数据时，会弹出如图 10-40 所示的对话框，提示不允许修改。

图 10-40　不允许修改数据库快照中的数据

## 10.4.4　恢复到数据库快照

如果发现数据库中的数据被破坏，或者因为误操作删除了数据库的一些数据，而又没有做数据库备份，则可以从将数据库恢复到快照时的状态。

可以在 RESTORE DATABASE 语句中使用 FROM DATABASE_SNAPSHOT 子句将数据库恢复到快照，其语法结构如下：

```
RESTORE DATABASE <数据库名>
FROM DATABASE_SNAPSHOT = <数据库快照名>
```

【例 10-19】将数据库 HrSystem 恢复到快照 HrSystem_snapshot_1200，可以使用以下语句：

```
RESTORE DATABASE HrSystem
FROM DATABASE_SNAPSHOT = 'HrSystem_snapshot_1200 '
```

执行恢复到数据库快照的操作时，应该注意以下几点。

● 在执行恢复操作之前，应该关闭其他所有与目标数据库的连接。例如，在 SQL Server Management Studio 中与当前数据库有连接的其他窗口。

● 建议对数据库先进行备份操作。

● 删除关于此数据库的其他快照。

● 在创建数据库快照后数据库发生的变化在恢复操作完成后将丢失。

## 10.4.5　删除数据库快照

在 SQL Server Management Studio 的数据库资源管理器中，展开"数据库快照"项，右键单击要删除的数据库快照，在弹出菜单中选择"删除"。在确认删除后，可以将数据库快照删除。

使用 DROP DATABASE 语句也可以删除数据库快照，其基本语法如下：

```
DROP DATABASE <数据库快照名>
```

【例 10-20】要删除数据库快照 HrSystem_ snapshot_1200，可以使用下面的语句。

```
DROP DATABASE HrSystem_snapshot_1200
```

# 练 习 题

**一、选择题**

1．数据库快照是在（　　　）级运行的。

　　A．数据页　　　　　　B．数据行　　　　　C．数据表　　　　　D．数据库

2．关于导入导出数据，下面说法错误的是（　　　）。

　　A．可以将 SQL Server 数据导出到文本文件

　　B．可以将 SQL Server 数据导出到 Access

　　C．可以保存导入导出任务，以后执行

　　D．导出数据后，原有数据被删除

3．下面文件中无法与 SQL Server 数据库进行导入和导出操作的是（　　　）。

　　A．文本文件　　　　　B．Excel 文件　　　C．Word 文件　　　D．Access 文件

4．下面不属于数据库快照名称中通常包含的信息是（　　　）。

　　A．源数据库名称

　　B．标识此名称为数据库快照的信息

　　C．快照的创建日期或时间、序列号或一些其他的信息

D．创建快照时源数据库的大小

5．设已经将某个数据库完全备份到备份设备 copy1 上，对数据库进行一些修改后，要对其进行差异备份，仍然使用备份设备 copy1，则在备份数据库对话框中应选择（ ）。

A．追加到媒体 　　　B．重写现有媒体 　C．媒体集名称 　　　D．添加媒体

## 二、填空题

1．_____是数据库的只读、静态视图。

2．SQL Server 2008 使用_____在存储快照中复制的源数据库页。

3．在 CREATE DATABASE 语句中使用_____子句，可以创建指定数据库的快照。

4．在 RESTORE DATABASE 语句中使用_____子句将数据库恢复到快照。

5．可以使用_____语句删除数据库快照。

6．SQL Server 可以用两种备份设备名称来表示备份设备，这两种备份设备名称分别是：_____和_____。

7．可以使用系统存储过程_____来创建备份设备。使用系统存储过程_____删除备份设备。

8．在使用 BACKUP DATABASE 语句备份数据库时，如果指定 DIFFERENTIAL 选项，则表示要执行_____备份。

9．如果在还原数据库时需要先还原完整数据库备份，然后再还原一个差异备份，则在使用 RESTORE DATABASE 语句还原完整数据库备份时，应指定_____选项，表示还原后的数据库仍不能使用；在还原差异备份时应指定_____选项，表示还原后的数据库可以使用。

10．在使用 RESTORE DATABASE 语句还原数据库时，如果当前服务器中存在同名数据库，可以在 RESTORE DATABASE 语句中使用_____选项，表示覆盖现有的数据库。

## 三、判断题

1．在导入数据时，如果 SQL Server 数据库中不存在对应的表，可以自动创建。（ ）

2．在导入导出数据时，可以指定导入导出操作何时进行。（ ）

3．在导入导出数据时，可以用一条查询指定要传输的数据。（ ）

4．稀疏文件最初是空白文件，不包含用户数据，而且操作系统也没有为其分配存储用户数据的磁盘空间。（ ）

5．在创建快照时，不需要指定使用的稀疏文件的名称。（ ）

## 四、问答题

1．试述 SQL Server 数据库快照的概念和工作原理。

2．试述执行恢复到数据库快照的操作时，应该注意哪些问题？

3．简述 SQL Server 的 4 种备份方式。

## 五、上机练习题

使用第 6 章上机操作创建的数据库 HrSystem，完成以下功能。

1．将数据库 HrSystem 导出到 Excel 工作簿"人力资源信息.xls"中（保存在自定义目录中），该工作簿的工作表分别对应于数据库中的 2 个表 Departments 和 Employees，工作表名称与数据库中的表名称相同。

2．将数据库 HrSystem 的表 Departments 和 Employees 分别导出到自定义目录下的两个文本文件中，文本文件分别取名为 Departments.txt 和 Employees.txt。数据之间用逗号隔开，字符型数据用单引号括起来。

3．新建一个 Excel 工作簿"工资.xls"，在工作表 Sheet1 中输入包含姓名和工资的两列内容。

4．练习使用数据库快照。

（1）创建数据库 HrSystem 的快照。注意，创建前记录表 Departments 和表 Employees 的内容。

（2）打开 SQL Server Management Studio，展开"数据库快照"项，确认可以看到新建的数据库快照。展开新建的数据库快照，确认可以看到表 Departments 和表 Employees。查看表的内容，确认与创建快照前的数据库 HrSystem 中的内容相同。删除表 Employees 的一条记录，然后恢复到之前创建快照，成功后确认数据库 HrSystem 的表 Employees 中删除的记录已经恢复了。

5．数据库的完全备份和还原

按以下要求完成各步操作，将完成各题功能的 Transact-SQL 语句记录在作业纸上（或保存到自备的移动存储器上）。打*号的题目不使用 Transact-SQL 语句，无须记录。

*（1）使用图形界面工具将数据库 mydb2 完全备份到设备 mycopy2 中。

*（2）用图形界面工具将 mycopy2 中的数据库还原为另一个数据库，命名为 mydb1。（注意修改数据库的物理文件名为新的文件名）

（3）用 BACKUP DATABASE 语句将数据库 mydb1 完全备份到设备 mycopy1 中。

（4）用 RESTORE DATABASE 语句将 mycopy1 中的数据还原为另一数据库 mydb3。（注意修改数据库的物理文件名为新的文件名）

（5）用 DROP DATABASE 删除数据库 mydb2 和 mydb3。

*（6）使用图形界面工具删除数据库 mydb1。

# 第11章
# SQL Server 安全管理

对于任何数据库系统而言，保证数据的安全性都是最重要的问题之一。安全性包括什么样的用户能够登录到 SQL Server，以及用户登录后所能进行的操作。维护数据库的安全是数据库管理员的重要职责。在很多小规模的数据库环境中，管理员都使用 sa 用户登录管理数据库，这并不是好的习惯。特别是在管理员比较多的大型数据库环境中，必须明确每个管理员的职责，为每个管理员分配不同的用户，并定义其权限。这样一方面可以使大家各司其职，不会出现一件事件所有人都管，可又谁都不管的情况；另一方面，当出现问题时也可以明确是谁的责任。

## 11.1　安全管理概述

SQL Server 的安全管理模型中包括 SQL Server 登录、数据库用户、权限和角色 4 个主要方面，具体如下。

（1）SQL Server 登录：要想连接到 SQL Server 服务器实例，必须拥有相应的登录账户和密码。SQL Server 的身份认证系统验证用户是否拥有有效的登录账户和密码，从而决定是否允许该用户连接到指定的 SQL Server 服务器实例。

（2）数据库用户：通过身份认证后，用户可以连接到 SQL Server 服务器实例。但是，这并不意味着该用户可以访问到指定服务器上的所有数据库。在每个 SQL Server 数据库中，都存在一组 SQL Server 用户账户。登录账户要访问指定数据库，就要将自身映射到数据库的一个用户账户上，从而获得访问数据库的权限。一个登录账户可以对应多个用户账户。

（3）权限：权限规定了用户在指定数据库中所能进行的操作。

（4）角色：类似于 Windows 的用户组，角色可以对用户进行分组管理。可以对角色赋予数据库访问权限，此权限将应用于角色中的每一个用户。

## 11.2　登　　录

登录指用户连接到指定 SQL Server 数据库实例的过程。在此期间，系统要对该用户进行身份验证。

只有拥有正确的登录账户和密码，才能连接到指定的数据库实例。

## 11.2.1　身份验证模式

用户要访问 SQL Server 中的数据，首先需要登录到 SQL Server 数据库实例。登录时要从系统中获得授权，并通过系统的身份验证。

SQL Server 的身份验证模式如图 11-1 所示。

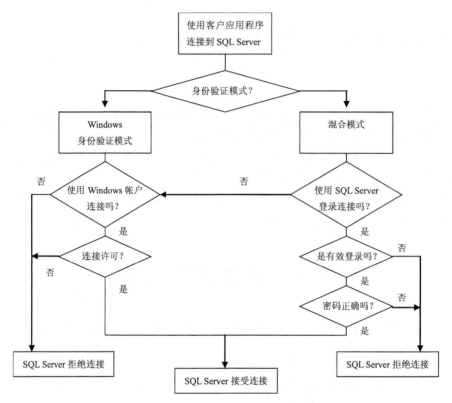

图 11-1　SQL Server 身份验证模式

SQL Server 提供以下两种身份验证模式。

### 1. Windows 身份验证模式

当用户通过 Windows 用户账户进行连接时，SQL Server 通过回叫 Windows 操作系统以获得信息，重新验证账户名和密码。

SQL Server 通过使用网络用户的安全特性控制登录访问，以实现与 Windows 的登录安全集成。用户的网络安全特性在网络登录时建立，并通过 Windows 域控制器进行验证。当网络用户尝试连接时，SQL Server 使用基于 Windows 的功能确定经过验证的网络用户名。

### 2. SQL Server 身份验证

可以设置 SQL Server 登录账户。用户登录时，SQL Server 将对用户名和密码进行验证。如果 SQL Server 未设置登录账户或密码不正确，则身份验证将失败，而且用户将收到系统错误提示信息。

系统管理员账户 sa 是为向后兼容而提供的特殊登录。默认情况下，它指派给固定服务器角色 sysadmin，并不能进行更改。在安装 SQL Server 时，如果请求混合模式身份验证，则 SQL Server 安装程序将提示更改 sa 登录密码。建议立即指派密码以防未经授权的用户使用 sa 登录访问 SQL Server 实例。

在 SQL Server Management Studio 中，用鼠标右击数据库服务器实例名，在弹出的快捷菜单中选择"属性"命令，打开"服务器属性"对话框，选择"安全性"页，即可设置 SQL Server 的身份认证模式，如图 11-2 所示。

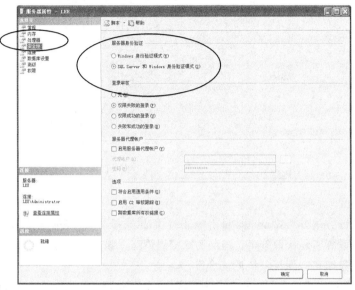

图 11-2　设置身份验证模式

## 11.2.2　创建登录名

使用系统管理员 sa 可以创建和管理其他登录名。可以在 SQL Server Management Studio 中使用图形界面创建登录名，也可以使用命令创建。

### 1．使用图形界面工具创建登录名

在 SQL Server Management Studio 中，选中"安全性"/"登录名"项，可以查看 SQL Server 数据库中当前的登录名信息，如图 11-3 所示。

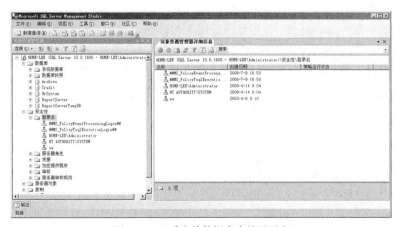

图 11-3　查看当前数据库中的登录名

右键单击"登录名"，在弹出菜单中选择"新建登录名"命令，打开"登录名—新建"窗口，如图 11-4 所示。

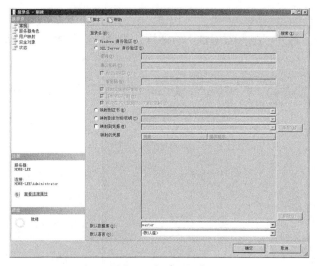

图 11-4　新建登录名

默认的身份认证方式为"Windows 身份验证"。如果选择"SQL Server 身份验证"，则需要手动设置密码。可以设置密码管理策略，强制实施密码策略、强制密码过期和用户在下次登录时必须更改密码。这些策略可以保证系统的安全性。

用户还可以在此处设置登录到 SQL Server 实例后所连接的默认数据库，以及数据库的默认语言。

### 2. 使用 SQL 语句创建登录名

可以使用 CREATE LOGIN 语句创建登录名，语法如下：

```
CREATE LOGIN login_name { WITH <option_list1> | FROM <sources> }
```

其中，login_name 是新建的登录名，<option_list>为登录选项设置，<source>为新建登录名的来源（例如 Windows 登录、证书或非对称密钥等）。

<option_list>的语法如下：

```
<option_list1> ::=
    PASSWORD = 'password' [ HASHED ] [ MUST_CHANGE ]
    [ , <option_list2> [ ,... ] ]
```

参数说明如下。

● PASSWORD = 'password'：指定登录采用密码验证方式，并给出密码。

● HASHED：指定在 PASSWORD 参数后输入的密码已经过哈希运算。如果未选择此选项，则在将作为密码输入的字符串存储到数据库之前，对其进行哈希运算。

● MUST_CHANGE：指定在首次登录时必须修改密码。

option_list2 指定更多选项设置，语法如下：

```
<option_list2> ::=
    SID = sid
    | DEFAULT_DATABASE = database
    | DEFAULT_LANGUAGE = language
    | CHECK_EXPIRATION = { ON | OFF }
    | CHECK_POLICY = { ON | OFF }
    [ CREDENTIAL = credential_name ]
```

参数说明如下。

● SID = sid：仅适用于 SQL Server 登录名，指定新 SQL Server 登录名的 GUID。如果未选择此选项，则 SQL Server 将自动指派 GUID。GUID 表示全局唯一标识符。

- DEFAULT_DATABASE = database：指定将指派给登录名的默认数据库。如果未包括此选项，则默认数据库将设置为 master。
- DEFAULT_LANGUAGE = language：指定将指派给登录名的默认语言。如果未包括此选项，则默认语言将设置为服务器的当前默认语言。即使将来服务器的默认语言发生更改，登录名的默认语言也仍保持不变。
- CHECK_EXPIRATION = { ON | OFF }：仅适用于 SQL Server 登录名。指定是否对此登录名强制实施密码过期策略。默认值为 OFF。
- CHECK_POLICY = { ON | OFF }：仅适用于 SQL Server 登录名。指定应对此登录名强制实施运行 SQL Server 的计算机的 Windows 密码策略。默认值为 ON。
- CREDENTIAL = credential_name：将映射到新 SQL Server 登录名的证书名称。该证书必须已存在于服务器中。

【例 11-1】创建登录名 lee，采用 SQL Server 验证方式，密码为 Abc12345，代码如下：

```
CREATE LOGIN lee WITH PASSWORD = 'Abc12345' MUST_CHANGE, CHECK_EXPIRATION=ON
GO
```

CREATE LOGIN 语句中<source>子句的语法结构如下：

```
<sources> ::=
    WINDOWS [ WITH <windows_options> [ ,… ] ]
    | CERTIFICATE certname
    | ASYMMETRIC KEY asym_key_name
```

参数说明如下。

- WINDOWS：指定将登录名映射到 Windows 登录名。
- CERTIFICATE：指定将与此登录名关联的证书名称。此证书必须已存在于 master 数据库中。
- ASYMMETRIC KEY：指定将与此登录名关联的非对称密钥的名称。此密钥必须已存在于 master 数据库中。

<windows_options>指定 Windows 登录名的更多选项，语法如下：

```
<windows_options> ::=
    DEFAULT_DATABASE = database
    | DEFAULT_LANGUAGE = language
```

参数说明如下。

- DEFAULT_DATABASE = database：指定将指派给登录名的默认数据库。如果未包括此选项，则默认数据库将设置为 master。
- DEFAULT_LANGUAGE = language：指定将指派给登录名的默认语言。如果未包括此选项，则默认语言将设置为服务器的当前默认语言。即使将来服务器的默认语言发生更改，登录名的默认语言也仍保持不变。

【例 11-2】从 Widnows 域中创建登录名的代码如下：

```
CREATE LOGIN [DBServer\dbuser] FROM WINDOWS;
GO
```

执行时需将 DBServer\dbuser 替换为已经存在的 Windows 账户。

### 3. 使用系统存储过程创建登录账户

（1）使用系统存储过程创建 Windows 身份验证模式登录账户

使用 sp_grantlogin 存储过程可以创建新的 Windows 身份验证模式登录账户，基本语法如下：

```
sp_grantlogin '登录名称'
```

登录名称指要添加的 Windows（包括 Windows NT/2000/2003 等）用户或组的名称。Windows 组和用户必须用 Windows 域名限定，格式为"域名\用户名"，如"London\Joeb"。

只有 sysadmin 或 securityadmin 固定服务器角色的成员可以执行 sp_grantlogin。

【例 11-3】使用 sp_grantlogin 存储过程将用户 LEE\public 映射到 SQL Server 登录账户。具体语句如下：

```
sp_grantlogin 'LEE\public'
```

执行结果为：

已向 'LEE\public' 授予登录访问权。

（2）使用系统存储过程创建 SQL Server 身份验证模式的登录账户

使用 sp_addlogin 存储过程可以创建新的登录账户，基本语法如下：

```
sp_addlogin '登录名称'[, '登录密码'][, '默认数据库'][, '默认语言']
```

SQL Server 登录名称和密码可以包含 1～128 个字符，包括任何字母、符号和数字。但是，登录名不能出现如下情况。

- 含有反斜线（\）。
- 是保留的登录名称，如 sa 或 public，或者已经存在。
- 为 NULL，或为空字符串('')。

【例 11-4】使用 sp_addlogin 存储过程创建 SQL Server 登录账户 lee，密码为 111111，默认数据库为 HrSystem。

具体语句如下：

```
sp_addlogin 'lee', '111111', 'HrSystem'
```

执行结果为：

已创建新登录。

## 11.2.3　修改和删除登录名

可以使用图形界面工具或系统存储过程修改和删除登录账户。

### 1. 使用图形界面工具修改账户

在 SQL Server Management Studio 的对象资源管理器中，依次展开指定服务器实例下的"安全性"/"登录名"文件夹，可以查看已经存在的 SQL Server 登录账户。用鼠标右键单击登录名，在弹出的快捷菜单中选择"属性"命令，打开"登录属性"对话框，在该对话框中可以对账户信息进行修改。

（1）修改 Windows 身份验证模式账户

如果是 Windows 身份验证模式账户，则可以修改该账户的安全性访问方式、默认数据库、默认语言等，如图 11-5 所示。

（2）修改 SQL Server 身份验证模式账户

如果是 SQL Server 身份验证模式账户，则可以修改该账户的密码、默认数据库、默认语言等，如图 11-6 所示。

### 2. 使用图形界面工具删除账户

在 SQL Server Management Studio 中，用鼠标右键单击 SQL Server 账户，在弹出的快捷菜单中选择"删除"命令，在弹出的确认对话框中单击"是"按钮，可以删除该账户。

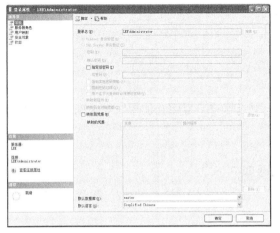 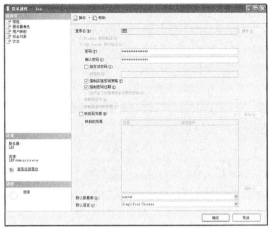

图 11-5　修改 Windows 身份验证模式账户　　　图 11-6　修改 SQL Server 身份验证模式账户

### 3. 使用系统存储过程修改和删除账户

（1）sp_denylogin 存储过程

sp_denylogin 存储过程用于阻止 Windows 用户或用户组连接到 SQL Server 实例，它的基本语法如下：

```
sp_denylogin '用户或用户组名'
```

sp_denylogin 只能和 Windows 账户一起使用，"用户或用户组名"格式为"域名\用户名"。sp_denylogin 无法用于通过 sp_addlogin 添加的 SQL Server 登录。

sp_denylogin 和 sp_grantlogin 是对应的两个存储过程，它们可以互相反转对方的效果，允许和拒绝用户访问 SQL Server。

【例 11-5】使用 sp_denylogin 存储过程拒绝用户 LEE\public 访问 SQL Server 实例。

具体语句如下：

```
sp_denylogin 'LEE\public'
```

执行结果为：

已拒绝对 'LEE\public' 的登录访问权。

（2）sp_revokelogin 存储过程

sp_revokelogin 存储过程用于删除 SQL Server 中使用 sp_denylogin 或 sp_grantlogin 创建的 Windows 身份认证模式登录名，它的基本语法如下：

```
sp_revokelogin '用户或用户组名'
```

【例 11-6】使用 sp_revokelogin 存储过程删除用户 LEE\public 对应的 SQL Server 登录账户。

具体语句如下：

```
sp_revokelogin 'LEE\public'
```

执行结果为：

已废除 'LEE\public' 的登录访问权。

从登录列表中可以看到，LEE\public 已经被删除。

（3）sp_password 存储过程

sp_password 存储过程用于修改 SQL Server 登录的密码，它的基本语法如下：

```
sp_password '旧密码', '新密码', '登录名'
```

【例 11-7】使用 sp_password 存储过程将登录账户 lee 的密码修改为 222222。

具体语句如下：

```
sp_password '111111', '222222', 'lee'
```

执行结果为：

密码已更改。

（4）sp_droplogin 存储过程

sp_droplogin 存储过程用于删除 SQL Server 登录账户，以阻止使用该登录账户访问 SQL Server，它的基本语法如下：

```
sp_droplogin '登录名称'
```

【例 11-8】使用 sp_droplogin 存储过程删除登录账户 lee。

具体语句如下：

```
sp_droplogin 'lee'
```

执行结果为：

登录已除去。

# 11.3　数据库用户

11.2.1 小节介绍了 SQL Server 的身份验证模式，只有拥有登录账户的用户才能通过 SQL Server 身份验证，从而获得对 SQL Server 实例的访问权限。但通过 SQL Server 的身份验证并不代表用户就能够访问 SQL Server 中的数据，要访问某个具体的数据库，还必须使登录账户成为某数据库的用户。

## 11.3.1　数据库用户概述

SQL Server 中有两个特殊的数据库用户，即 dbo 和 guest。

dbo 也称数据库所有者，是具有在数据库中执行所有活动的权限的用户，它与登录账户 sa 相对应。

guest 用户账户允许没有用户账户的登录访问数据库。当满足下列所有条件时，登录采用 guest 用户的标识。

- 登录有访问 SQL Server 实例的权限，但没有通过自己的用户账户访问数据库的权限。
- 数据库中含有 guest 用户账户。

可以将权限应用到 guest 用户，就如同它是任何其他用户账户一样。可以在除 master 和 tempdb 外（在这两个数据库中 guest 用户必须始终存在）的所有数据库中添加或删除 guest 用户。默认情况下，新建的数据库中没有 guest 用户账户。

创建数据库对象（表、索引、视图、触发器、函数或存储过程等）的用户称为数据库对象所有者。创建数据库对象的权限必须由数据库所有者或系统管理员授予。但是，在授予数据库对象所有者这些权限后，数据库对象所有者就可以创建对象并授予其他用户使用该对象的权限。数据库对象所有者没有特殊的登录 ID 或密码。对象创建者被隐性授予对该对象的所有权限，但其他用户必须被显式授予权限后才能访问该对象。

当用户访问另一个用户所创建的对象时，应使用对象所有者的名称对该对象进行限定，否则，SQL Server 可能不知道使用哪个对象，因为不同的用户可能拥有许多同名的对象。如果引用对象时不是用对象所有者进行限定，如使用 my_table 而不是 owner.my_table，则 SQL Server 将按下列顺序在数据库中查找对象。

（1）为当前用户所拥有。

（2）为 dbo 所拥有。

如果找不到对象，就会返回错误信息。

## 11.3.2　新建数据库用户

有两种创建用户的方式，即使用图形界面工具创建用户和使用 Transact-SQL 语句创建用户。

### 1. 使用图形界面工具管理用户

在 SQL Server Management Studio 中，展开要添加用户的数据库，如 HrSystem，双击"安全性"/"用户"项，可以查看当前数据库中所有存在的用户，如图 11-7 所示。

右击"用户"项，在弹出菜单中选择"新建用户"，打开"数据库用户—新建"对话框，如图 11-8 所示。

图 11-7　查看用户　　　　　　　　　　图 11-8　新建用户

输入用户名，然后再选择对应的登录名。选择用户所属的架构和角色成员，然后单击"确定"按钮，保存用户。

新添加的用户 ID 将出现在"用户"文件夹中。

### 2. 使用 CREATE USER 语句创建用户

CREATE USER 语句创建用户的基本语法结构如下：

```
CREATE USER user_name     [ { { FOR | FROM }
    {
      LOGIN login_name
    }
    | WITHOUT LOGIN
  ]
    [ WITH DEFAULT_SCHEMA = schema_name ]
```

参数说明如下。

- user_name 指定在此数据库用户的唯一名称。

- LOGIN login_name 指定要创建数据库用户的 SQL Server 登录名。login_name 必须是服务器中有效的登录名。当此 SQL Server 登录名进入数据库时，它将获取正在创建的数据库用户的名称和 ID。

- WITH DEFAULT_SCHEMA = schema_name 指定服务器为此数据库用户解析对象名称时将搜索的第一个架构。

- WITHOUT LOGIN 指定不应将用户映射到现有登录名。

如果不使用 LOGIN 子句，则创建用户与同名登录名相关联。

【例 11-9】创建登录名 lee，然后创建同名的用户，代码如下：

```
CREATE LOGIN lee
    WITH PASSWORD = 'Abc12345';
GO
USE HrSystem;
GO
CREATE USER lee;
GO
```

### 3. 使用 sp_grantdbaccess 存储过程创建数据库用户

使用 sp_grantdbaccess 存储过程可以将 SQL Server 登录和 Windows 用户（用户组）指定为当前数据库用户，并使其能够被授予在数据库中执行活动的权限。它的基本语法如下：

```
sp_grantdbaccess '登录名'[, '数据库用户名']
```

其中，"数据库用户名"可以包含 1～128 个字符，包括字母、符号和数字，但不能包含反斜线符号（\）、不能为 NULL 或空字符串。如果没有指定数据库用户名，则默认与"登录名"相同。

【例 11-10】使用 sp_grantdbaccess 存储过程为登录账户 lee 创建数据库用户。

具体语句如下：

```
sp_grantdbaccess 'lee'
```

## 11.3.3 修改和删除数据库用户

可以使用图形界面工具、SQL 语句和系统存储过程来修改和删除数据库用户。

### 1. 使用图形界面工具修改数据库用户

在 SQL Server Management Studio 中，右键单击用户，选择"属性"命令，就可以打开"属性"对话框。"用户属性"对话框与图 11-8 所示的新建用户对话框格式相同，可以在此对话框中修改用户信息。不能修改数据库用户名，但可以设置用户所属的架构和角色。

### 2. 使用图形界面工具删除数据库用户

在 SQL Server Management Studio 中，右击用户名，选择"删除"命令，可以删除用户 ID。

### 3. 使用 ALTER USER 语句修改用户信息

使用 ALTER USER 语句只能修改用户名和架构信息，语法如下：

```
ALTER USER user_name
    WITH <set_item> [ ,…n ]
<set_item> ::=
    NAME = new_user_name
    | DEFAULT_SCHEMA = schema_name
```

参数说明如下。

● user_name：指定要修改的数据库用户的名称。

● NAME = new_user_name：指定此用户的新名称。new_user_name 不得已存在于当前数据库中。

● DEFAULT_SCHEMA = schema_name：指定服务器在解析此用户的对象名称时将搜索的第一个架构。

【例 11-11】将用户 lee 改名为 johney，可以使用下面的语句：

```
ALTER USER lee WITH NAME = johney
```

### 4. 使用 sp_revokedbaccess 存储过程删除数据库用户

存储过程 sp_revokedbaccess 的功能是删除指定的数据库用户，它的基本语法如下：

```
sp_revokedbaccess '数据库用户名'
```

【例 11-12】使用 sp_revokedbaccess 存储过程删除数据库用户 lee。

具体语句如下：

```
sp_revokedbaccess 'lee'
```

执行结果为：

用户已从当前数据库中除去。

#### 5. 使用 DROP USER 语句删除数据库用户

DROP USER 语句的语法结构如下：

```
DROP USER '数据库用户名'
```

【例 11-13】要删除用户 johney，可以使用下面的语句：

```
DROP USER johney
```

# 11.4　角　　色

角色是一个强大的工具。利用角色，SQL Server 管理者可以将某些用户设置为某一角色，对一个角色授予、拒绝或废除的权限也适用于该角色的任何成员，这样只需对角色进行权限设置便可以实现对所有用户权限的设置，大大减少了管理员的工作量。

例如，可以建立一个角色来代表单位中一类工作人员所执行的工作，然后给这个角色授予适当的权限。当工作人员开始工作时，只需将他们添加为该角色成员，当他们离开工作时，将他们从该角色中删除。而不必在每个人接受或离开工作时，反复授予、拒绝和废除其权限。权限在用户成为角色成员时自动生效。

又如，如果根据工作职能定义了一系列角色，并给每个角色指派了适合这项工作的权限，则很容易在数据库中管理这些权限。之后，不用管理各个用户的权限，而只需在角色之间移动用户即可。如果工作职能发生改变，则只需更改一次角色的权限，并使更改自动应用于角色的所有成员。

## 11.4.1　角色管理

SQL Server 角色包括固定服务器角色和数据库角色。而数据库角色又分为固定的数据库角色和用户自定义的数据库角色。

#### 1. 固定服务器角色

根据 SQL Server 的管理任务，以及这些任务的相对重要性等级，把具有 SQL Server 管理职能的用户划分为不同的用户组，每一组定义为一种固定服务器角色。每一组所具有的管理 SQL Server 的权限都是 SQL Server 内置的，即不能对其权限进行添加、修改和删除，可以在这些角色中添加用户以获得相关的管理权限。SQL Server 定义的固定服务器角色如表 11-1 所示。

表 11-1　　　　　　　　　　　　　固定服务器角色

| 角色名 | 说明 |
| --- | --- |
| sysadmin | 可以在 SQL Server 中执行任何活动 |
| serveradmin | 可以设置服务器范围的配置选项，关闭服务器 |
| setupadmin | 可以管理链接服务器和启动过程 |
| securityadmin | 可以管理登录和 CREATE DATABASE 权限，还可以读取错误日志和更改密码 |
| processadmin | 可以管理在 SQL Server 中运行的进程 |
| dbcreator | 可以创建、更改和除去数据库 |
| diskadmin | 可以管理磁盘文件 |
| bulkadmin | 可以执行 BULK INSERT（大容量数据插入）语句 |

固定服务器角色与具体数据库无关，可以将登录账户添加到对应的固定服务器角色中。

### 2. 固定数据库角色

每个数据库还有一系列的固定数据库角色。在添加用户时，可以指定该用户属于哪一个数据库角色。不同的数据库中可以存在名称相同的固定数据库角色，各个固定数据库角色的作用域只是在特定的数据库内。例如，如果 Database1 和 Database2 中都有叫 UserX 的用户，将 Database1 中的 UserX 添加到 Database1 的 db_owner 固定数据库角色中，对 Database2 中的 UserX 是否是 Database2 的 db_owner 角色成员没有任何影响。表 11-2 列出了所有固定数据库角色及其说明。

表 11-2　　　　　　　　　　　　　固定数据库角色

| 固定数据库角色 | 说　　明 |
| --- | --- |
| public | 每个数据库用户都属于 public 角色 |
| db_owner | 在数据库中有全部权限 |
| db_accessadmin | 可以增加或者删除数据库用户、用户组和角色 |
| db_securityadmin | 管理数据库角色的角色和成员，并管理数据库中的语句和对象权限 |
| db_ddladmin | 可以添加、修改或除去数据库中的对象（运行所有 DDL） |
| db_backupoperator | 可以备份和恢复数据库 |
| db_datareader | 可以选择数据库内任何用户表中的所有数据 |
| db_datawriter | 可以更改数据库内任何用户表中的所有数据 |
| db_denydatareader | 不能选择数据库内任何用户表中的任何数据 |
| db_denydatawriter | 不能更改数据库内任何用户表中的任何数据 |

数据库中的每个用户都属于 public 数据库角色。如果想让数据库中的每个用户都能有某种特定的权限，则可以将该权限指派给 public 角色。如果没有给数据库用户专门授予权限，则他们就使用指派给 public 角色的权限。

### 3. 用户自定义的数据库角色

除了固定数据库角色外，用户还可以自定义数据库角色。可以在 SQL Server Management Studio 中创建角色，也可以使用 Transact-SQL 语句创建角色。

打开 SQL Server Management Studio，在对象资源管理器中，展开要在其中创建角色的数据库，然后展开"安全性"→"角色"。如果要创建数据库角色，则右键单击"数据库角色"，在弹出菜单中选择"新建数据库角色"，打开"数据库角色—新建"窗口，如图 11-9 所示。

在"角色名称"文本框中输入新角色的名称，选择或输入角色的所有者，然后选中角色拥有的架构，最后单击"确定"按钮。

如果要创建应用程序角色，则右键单击"应用程序角色"，在弹出菜单中单击"新建应用程序角色"命令，打开如图 11-10 所示的对话框。

在"角色名称"文本框中输入新角色名称，选择或输入角色的所有者，然后选中角色拥有的架构。与数据库角色不同，在创建应用程序角色时，需要指定角色的密码，而且不能向角色中添加用户。配置完成后，单击"确定"按钮。

可以使用 CREATE ROLE 语句创建数据库角色，其语法结构如下：

```
CREATE ROLE role_name [ AUTHORIZATION owner_name ]
```

参数说明如下。

- role_name：指定角色名称。
- AUTHORIZATION owner_name：指定拥有新角色的数据库用户或角色。如果未指定用户，则执行 CREATE ROLE 的用户将拥有该角色。

可以向角色
中添加用户

图 11-9　新建数据库角色

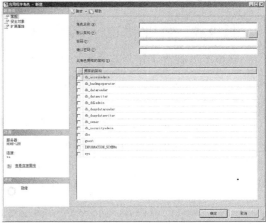

图 11-10　新建应用程序角色

【例 11-14】在数据库 HrSystem 中创建数据库角色 new_dbrole，可以使用如下代码：

```
USE HrSystem
CREATE ROLE new_dbrole
```

可以使用 CREATE APPLICATION ROLE 语句创建应用程序角色，其语法结构如下：

```
CREATE APPLICATION ROLE application_role_name
    WITH PASSWORD = 'password' [ , DEFAULT_SCHEMA = schema_name ]
```

参数说明如下。

- application_role_name：指定应用程序角色的名称。
- PASSWORD = 'password'：指定用于激活应用程序角色的密码。
- DEFAULT_SCHEMA = schema_name：指定服务器在解析该角色的对象名称时将搜索的第一个架构。如果未定义 DEFAULT_SCHEMA，则应用程序角色将使用 DBO 作为其默认架构。schema_name 可以是数据库中不存在的架构。

【例 11-15】在数据库 HrSystem 中创建应用程序角色 new_approle，密码为 approle，代码如下：

```
USE HrSystem
CREATE APPLICATION ROLE new_approle WITH PASSWORD = 'approle'
```

sp_addrole 存储过程的功能是创建 SQL Server 角色，它的基本语法如下：

```
sp_addrole '数据库角色名'
```

【例 11-16】使用 sp_addrole 存储过程创建数据库角色 newrole。

具体语句如下：

```
sp_addrole 'newrole'
```

执行结果为：

新角色已添加。

sp_droprole 存储过程的功能是删除 SQL Server 角色，它的基本语法如下：

```
sp_droprole '数据库角色名'
```

【例 11-17】使用 sp_droprole 存储过程删除数据库角色 newrole。

具体语句如下：

```
sp_droprole 'newrole'
```

执行结果为：

角色已除去。

## 11.4.2 管理角色中的用户

角色只有包含了用户后才有存在的意义。向角色中添加用户后，用户就拥有了角色的所有权限；将用户从角色中删除后，用户从角色得到的权限将被取消。关于权限管理将在 11.5 小节中介绍。

### 1. 使用图形界面工具添加和删除角色成员

在 SQL Server Management Studio 中右键单击数据库角色，在弹出的快捷菜单中选择"属性"命令，打开"数据库角色属性"窗口，如图 11-11 所示。

单击"添加"按钮，打开"选择数据库用户或角色"对话框，如图 11-12 所示。

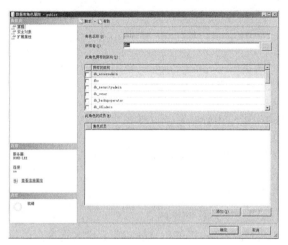

图 11-11 "数据库角色属性"窗口

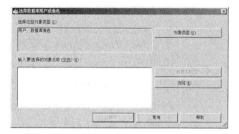

图 11-12 选择数据库用户或角色

可以直接输入用户名，也可以单击"浏览"按钮，打开"查找对象"对话框，从列表中选择用户，如图 11-13 所示。列表框中显示了当前数据库中所有用户名和角色，不包括 dbo。选择一个用户，单击"确定"按钮，可以将用户添加到角色中。

在"数据库角色属性"对话框中，单击"删除"按钮，可以从角色中删除用户。

### 2. 使用 sp_addrolemember 存储过程添加角色成员

sp_addrolemember 存储过程的功能是向角色中添加用户，基本语法如下：

图 11-13 选择用户

```
sp_addrolemember '数据库角色名', '数据库用户名'
```

【例 11-18】使用 sp_addrolemember 存储过程向数据库角色 new_dbrole 中添加用户 johney，具体语句如下：

```
USE HrSystem
sp_addrolemember 'new_dbrole', 'johney'
```

注意，语句中指定的角色和用户必须已经存在。

### 3. 使用 sp_droprolemember 存储过程删除角色成员

sp_droprolemember 存储过程的功能是从角色中删除用户，它的基本语法如下：

```
sp_droprolemember '数据库角色名', '数据库用户名'
```

【例 11-19】使用 sp_addrolemember 存储过程从数据库角色 new_dbrole 中删除用户 johney，具体语句如下：

```
USE HrSystem
GO
sp_droprolemember 'new_dbrole', 'johney'
```

# 11.5　权　限　管　理

权限决定了用户在数据库中可以进行的操作。可以对数据库用户或角色设置权限。

## 11.5.1　权限的种类

SQL Server 有 3 种类型的权限，即对象权限、语句权限和暗示性权限。

### 1. 对象权限

对象权限表示一个用户对特定的数据库对象，如表、视图、字段等的操作权限，即用户能否进行查询、删除、插入和修改一个表中的行，或能否执行一个存储过程。对象权限如下。

- SELECT、INSERT、UPDATE 和 DELETE 语句权限：它们可以应用到整个表或视图中。
- SELECT 和 UPDATE 语句权限：它们可以有选择性地应用到表或视图中的单个列上。
- SELECT 权限：可以应用到用户定义函数。
- INSERT 和 DELETE 语句权限：它们会影响整行，因此只可以应用到表或视图中，而不能应用到单个列上。
- EXECUTE 语句权限：它可以影响存储过程和函数。

### 2. 语句权限

语句权限表示一个用户对数据库的操作权限，如能否执行创建和删除对象的语句，能否执行备份和恢复数据库的语句等。语句权限如下。

- BACKUP DATABASE：备份数据库的权限。
- BACKUP LOG：备份数据库日志的权限。
- CREATE DATABASE：创建数据库的权限。
- CREATE DEFAULT：创建默认值对象的权限。
- CREATE FUNCTION：创建函数的权限。
- CREATE PROCEDURE：创建存储过程的权限。
- CREATE RULE：创建规则的权限。
- CREATE TABLE：创建表的权限。
- CREATE VIEW：创建视图的权限。

### 3. 暗示性权限

暗示性权限指系统安装以后有些用户和角色不必授权就有的权限。例如，sysadmin 固定服务器角色成员自动继承在 SQL Server 安装中进行操作或查看的全部权限。

数据库对象所有者拥有暗示性权限，可以对所拥有的对象执行一切活动。例如，拥有表的用户可以查看、添加或删除数据，更改表定义，或控制允许其他用户对表进行操作的权限。

## 11.5.2  设置权限

暗示性权限不需要设置，它是数据库角色和用户默认拥有的权限。可以对对象权限和语句权限进行设置。

设置权限包括授予权限、拒绝权限和废除权限。

（1）授予权限：授予用户、组或角色的语句权限和对象权限，使数据库用户在当前数据库中具有执行活动或处理数据的权限。

（2）拒绝权限：包括删除以前授予用户、组或角色的权限，停用从其他角色继承的权限，确保用户、组或角色将来不继承更高级别的组或角色的权限。

（3）废除权限：废除以前授予或拒绝的权限。废除类似于拒绝，因为二者都是在同一级别上删除已授予的权限。但是，废除权限是删除已授予的权限，并不妨碍用户、组或角色从更高级别继承已授予的权限。例如，如果废除用户查看表的权限，不一定能防止用户查看该表，因为可能已将查看该表的权限授予了用户所属的角色。

可以使用图形界面工具和存储过程设置权限。

### 1. 使用图形界面工具管理对象权限

在 SQL Server Management Studio 中，右键单击一个表、视图和存储过程（例如右键单击表 Employees），在弹出的快捷菜单中选择"属性"命令，打开"表属性"窗口。在"选择项"列表中选择"权限"，可以设置表的权限，如图 11-14 所示。

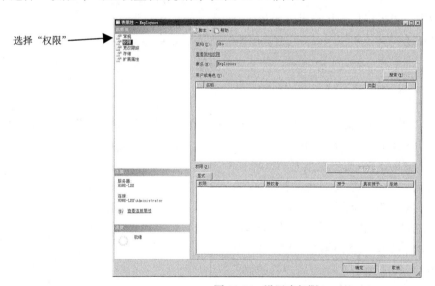

图 11-14  设置表权限

单击"搜索"按钮，打开"选择用户或角色"对话框，如图 11-15 所示。可以直接输入用户或角色名，也可以单击"浏览"按钮，打开"查找对象"对话框，选择用户或角色，如图 11-16 所示。

选中用户 johney，然后单击"确定"按钮，返回"选择用户或角色"对话框，用户 johney 已经出现在列表中。再次单击"确定"按钮，返回"表属性"窗口，如图 11-17 所示。此时，"用户或角色"列表框中已经出现了用户 johney，在窗口下方列出了用户 johney 的权限。

可以直接输入
用户或角色名

图 11-15　选择用户或角色

单击此按钮
可以选择用
户或角色

图 11-16　选择角色或对象

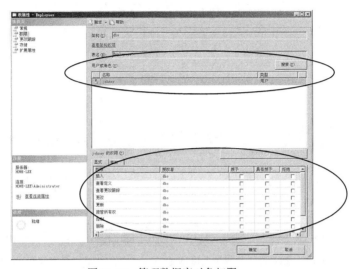

图 11-17　管理数据库对象权限

可以通过勾选复选框的方式设置数据库对象的权限。配置完成后，单击"确定"按钮。

### 2. 使用图形界面工具管理数据库权限

在 SQL Server Management Studio 中，右键单击数据库，在弹出菜单中选择"属性"，打开"数据库属性"窗口。在"选择页"列表中单击"权限"，可以设置数据库权限，如图 11-18 所示。

选择"权限"

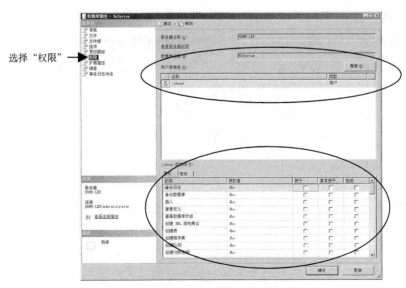

图 11-18　设置数据库权限

可以通过勾选复选框的方式设置数据库对象的权限。配置完成后，单击"确定"按钮。

### 3. 使用图形界面工具管理用户的权限

在 SQL Server Management Studio 中，右键单击一个用户，在弹出菜单中选择"属性"，打开"数据库用户属性"窗口，在"选择页"列表中单击"安全对象"，可以设置数据库权限，如图 11-19 所示。

单击"搜索"按钮，打开"添加对象"对话框，如图 11-20 所示。

图 11-19　"数据库用户属性"窗口　　　　　　　图 11-20　"添加对象"对话框

可以按照 3 种方式选择设置权限的对象。

- 特定对象：表示选择指定的数据库对象，如选择数据库 HrSystem 或者表 Employees。
- 特定类型的所有对象：表示按照类型选择数据库对象，如选择所有的数据库。
- 属于该架构的所有对象：表示通过选择架构指定架构中的所有对象。

这里选择"选定对象"，单击"确定"按钮，打开"选择对象"对话框，如图 11-21 所示。

单击"对象类型"按钮，打开"选择对象类型"对话框，如图 11-22 所示。

图 11-21　选择对象　　　　　　　　　　图 11-22　选择对象类型

选中"数据库"，然后单击"确定"按钮，返回"选择对象"对话框。此时"浏览"按钮被激活。单击"浏览"按钮，打开"查找对象"对话框，如图 11-23 所示。

选中数据库 HrSystem，然后单击"确定"按钮，返回"选择对象"对话框。单击"确定"按钮，返回"数据库用户属性"窗口。此时数据库 HrSystem 及其对应的权限已经出现在窗口中，如图 11-24 所示。

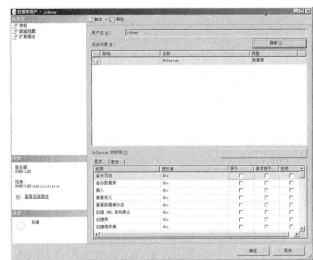

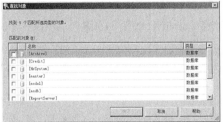

| 图 11-23　"查找对象"对话框 | 图 11-24　设置用户权限 |

可以通过勾选复选框的方式设置用户的权限。配置完成后，单击"确定"按钮。

设置角色权限的方法与此相似，请读者参照理解。

**4．使用 GRANT 语句**

使用 GRANT 语句可以授予用户或角色语句权限和对象权限。

（1）授予语句权限

使用 GRANT 语句授予用户或角色语句权限的基本语法如下：

```
GRANT {ALL | 语句 [, …n]} TO 安全账户 [, …n]
```

其中，安全账户必须是当前数据库中的用户、角色或组，包括 SQL Server 角色、SQL Server 用户、Windows NT 组和 Windows NT 用户。

若权限被授予 SQL Server 角色或 Windows NT 组，权限可影响到当前数据库中该组或该角色成员的所有用户。

【例 11-20】使用 GRANT 语句对用户 lee 授予创建表和创建视图的权限。

具体语句如下：

```
USE HrSystem;
GO
GRANT CREATE TABLE, CREATE VIEW TO lee
```

（2）授予对象权限

使用 GRANT 语句授予用户或角色对象权限的基本语法如下：

```
GRANT
    { ALL | 权限 [ ,…n ] }
    { [ ( 列名 [ ,…n ] ) ] ON { 表 | 视图 }
      | ON { 表 | 视图 } [ ( 列名 [ ,…n ] ) ]
      | ON 存储过程
      | ON 用户自定义函数 }
TO 安全账户 [ ,…n ]
[ WITH GRANT OPTION ]
[ AS { 组 | 角色 } ]
```

各参数说明如下。

- ALL：表示授予所有可用的权限。
- 权限：当前授予的对象权限。例如，在表、视图上可授予 SELECT、INSERT、DELETE 或 UPDATE 权限，在列上可授予 SELECT 和 UPDATE 权限。
- 安全账户：权限将应用的安全账户。可以是 SQL Server 用户、SQL Server 角色、Windows NT 用户和 Windows NT 组。
- WITH GRANT OPTION：使被授予权限的用户或角色拥有再将该权限授予其他用户的权限。
- AS｛组｜角色｝：作为角色或组的成员使用角色或组的权限。

【例 11-21】使用 GRANT 语句对角色 newrole 授予对表 Employees 的 INSERT、UPDATE 和 DELETE 的权限。

具体语句如下：

```
USE HrSystem;
GRANT INSERT, UPDATE, DELETE ON Employees TO newrole
```

【例 11-22】使用 GRANT 语句授予用户 Mary、John 和 Tom 对表 Employees 的插入、修改、删除权限。

具体语句如下：

```
USE HrSystem
GRANT INSERT, UPDATE, DELETE ON Employees TO Mary, John, Tom
```

【例 11-23】使用 GRANT 语句授予用户 Log1 对表 Employees 的 Emp_name 和 Title 列具有修改权限。

具体语句如下：

```
USE HrSystem
GRANT UPDATE(Emp_name , Title)  ON Employees TO Log1
```

也可以写成：

```
USE HrSystem
GRANT UPDATE ON  Employees (Emp_name , Title) TO Log1
```

【例 11-24】使用 GRANT 语句将对 Market 数据库的 Custumers 表的 SELECT、INSERT 权限授予用户 Zhang，并允许用户 Zhang 再将该权限授予其他用户或角色。

具体语句如下：

```
USE Market
GRANT SELECT , INSERT ON Custumers TO Zhang WITH GRANT OPTION
```

【例 11-25】用户 Tom 将对表 Table1 的 SELECT 权限授予 Role1 角色，指定 WITH GRANT OPTION 子句。

相应的 GRANT 语句如下：

```
GRANT SELECT ON Table1 TO Role1 WITH GRANT OPTION
```

设用户 Jerry 是 Role1 的成员，他要将表 Table1 上的 SELECT 权限授予用户 Jack（设 Jack 不是 Role1 的成员）。相应的 GRANT 语句如下：

```
GRANT SELECT ON Table1 TO Jack AS role1
```

因为对表 Table1 的 WITH GRANT OPTION 权限是授予 Role1 角色，而不是显式地授予 Jerry，因此，Jerry 必须用 AS 子句来获得 role1 角色的这种权限。

### 5. 使用 DENY 语句

使用 DENY 语句可以拒绝用户或角色的语句权限和对象权限。

（1）拒绝语句权限

使用 DENY 语句拒绝用户的语句权限的基本语法如下：

```
DENY {ALL | 语句 [, …n]} TO 安全账户 [, …n]
```

【例 11-26】使用 DENY 语句对用户 lee 拒绝创建表和创建视图的权限。

具体语句如下：

```
DENY CREATE TABLE, CREATE VIEW TO lee
```

（2）拒绝对象权限

使用 DENY 语句拒绝用户或角色对象权限的基本语法如下：

```
DENY
    { ALL | 权限 [ ,…n ] }
    { [ ( 列名 [ ,…n ] ) ] ON { 表 | 视图 }
      | ON {表 | 视图} [ (列名 [ ,…n ] ) ]
      | ON { 存储过程| 用户自定义函数 }}
TO 安全账户 [ ,…n ]
[ CASCADE ]
```

参数 CASCADE 表示：拒绝安全账户的权限时，也将拒绝由安全账户授权的任何其他安全账户的权限。

【例 11-27】使用 DENY 语句拒绝角色 newrole 对表 Employees 的 INSERT、UPDATE 和 DELETE 的权限。

具体语句如下：

```
USE HrSystem
DENY INSERT, UPDATE, DELETE ON Employees TO newrole
```

【例 11-28】CASCADE 选项的作用。

设管理员使用以下 GRANT 语句对 Liu 进行授权,使用户 Liu 具有对 Sales 表的 SELECT 权限。

```
GRANT SELECT ON  Sales TO  Liu WITH GRANT OPTION
```

因此，用户 Liu 具有了将 sales 对象的 SELECT 权限授予其他用户的权限，于是用户 Liu 执行以下授权：

```
GRANT SELECT ON Sales TO  Gao
```

这时，管理员执行下面语句将拒绝用户 Liu 和 Gao 对 sales 表的 SELECT 权限，以及 Liu 的 WITH GRANT OPTION 权限。

```
DENY SELECT ON sales TO Liu CASCADE
```

### 6．使用 REVOKE 语句

使用 REVOKE 语句可以废除语句权限和对象权限。

（1）废除语句权限

使用 REVOKE 语句废除语句权限的基本语法如下：

```
REVOKE {ALL | 语句 [, …n]} FROM 安全账户 [, …n]
```

【例 11-29】使用 REVOKE 语句废除用户 lee 创建表和创建视图的权限。

具体语句如下：

```
REVOKE CREATE TABLE, CREATE VIEW FROM lee
```

（2）废除对象权限

使用 REVOKE 语句废除用户或角色对象权限的基本语法如下：

```
REVOKE [ GRANT OPTION FOR ]
    { ALL | 权限 [ ,…n ] }
    { [ ( 列名 [ ,…n ] ) ] ON { 表 | 视图 }
```

```
        | ON { 表 | 视图 } [ ( 列名 [ ,…n ] ) ]
        | ON { 存储过程 | 用户自定义函数 } }
{ TO | FROM }
    安全账户 [ ,…n ]
[ CASCADE ]
[ AS { 组 | 角色} ]
```

各参数说明如下。

● GRANT OPTION FOR:指定要收回 WITH GRANT OPTION 权限。用户仍然具有指定的权限,但是不能将该权限授予其他用户。

● CASCADE:收回指定安全账户的权限时,也将收回由其授权的任何其他安全账户的权限。如果要收回的权限原先是通过 WITH GRANT OPTION 设置授予的,需指定 CASCADE 和 GRANT OPTION FOR 子句,否则将返回一个错误。

● AS { 组 | 角色}:说明要管理的用户从哪个角色或组继承权限。

【例 11-30】使用 REVOKE 语句废除角色 newrole 对表 Employees 的 INSERT、UPDATE 和 DELETE 的权限。

具体语句如下:

```
USE HrSystem
REVOKE INSERT, UPDATE, DELETE ON Employees TO newrole
```

【例 11-31】废除用户 yuan 对 publishers 表的 pub_id 列的修改权限。

具体语句如下:

```
REVOKE UPDATE(pub_id) ON publishers FROM yuan
```

【例 11-32】CASCADE 选项的作用。

设管理员使用以下 GRANT 语句对 Liu 进行授权,使用户 Liu 具有对 Sales 表的 SELECT 权限。

```
GRANT SELECT ON  Sales TO  Liu WITH GRANT OPTION
```

因此,用户 Liu 具有了将 sales 对象的 SELECT 权限授予其他用户的权限,于是用户 Liu 执行以下授权:

```
GRANT SELECT ON Sales TO  Gao
```

这时,管理员执行以下语句可废除用户 Liu 的 WITH GRANT OPTION 权限,以及用户 Gao 所获得的对 Sales 表的 SELECT 权限,但 Liu 仍具有对 Sales 表的 SELECT 权限。

```
REVOKE GRANT OPTION FOR SELECT ON  sales FROM Liu CASCADE
```

【例 11-33】设用户 Tom 执行以下语句对角色 Role1 进行了授权:

```
GRANT SELECT ON Table1 TO Role1 WITH GRANT OPTION
```

用户 Jerry 是角色 Role1 中的成员,于是 Jerry 作为角色 Role1 的成员执行以下授权:

```
GRANT SELECT ON Table1 TO Jack AS role1
```

现在,用户 Jerry 要废除用户 Jack 所获得的对 Table1 表的 SELECT 权限,可以使用以下语句:

```
REVOKE SELECT ON Table1 FROM Jack AS Role1
```

# 练 习 题

## 一、选择题

1. 在 SQL Server 中,系统管理员登录账户为(　　)。

A．root          B．admin          C．administrator     D．sa

2．创建 Windows 身份验证模式登录账户的存储过程是（      ）。

A．sp_addlogin     B．sp_adduser     C．sp_grantlogin     D．sp_grantuser

3．拒绝账户登录到 SQL Server 的存储过程是（      ）。

A．sp_addlogin     B．sp_revokelogin  C．sp_grantlogin     D．sp_denylogin

4．与登录账户 sa 相对应的数据库用户是（      ）。

A．admin          B．root          C．dbo          D．sa

5．在固定服务器角色中，（      ）角色的权限最大。

A．sysadmin       B．serveradmin    C．setupadmin     D．securityadmin

6．在固定数据库角色中，（      ）角色的权限最大。

A．db_owner                      B．db_accessadmin

C．db_securityadmin              D．db_ddladmin

7．添加角色中成员的存储过程是（      ）。

A．sp_addrole                    B．sp_addrolemember

C．sp_droprole                   D．sp_droprolemember

8．授予权限的命令是（      ）。

A．REVOKE                       B．ADDPRIVILEGE

C．GRANT                        D．DENY

## 二、填空题

1．SQL Server 的安全管理模型中包括_____、_____、_____和_____4 个主要方面。

2．SQL Server 提供以下两种身份验证模式，即_____和_____。

3．使用_____存储过程可以为登录账户创建对应的数据库用户。

4．使用_____语句可以删除数据库用户。

5．数据库中的每个用户都属于_____数据库角色。

6．SQL Server 有 3 种类型的权限，即_____、_____和_____。

7．使用_____存储过程可以创建自定义角色；使用_____存储过程可以删除自定义角色。

## 三、判断题

1．所有 Windows 用户都可以登录到 SQL Server 实例。（      ）

2．可以使用 sp_addrole 存储过程添加角色。（      ）

3．语句权限可以定义用户能否执行备份和恢复数据库的语句。（      ）

4．使用 GRANT 语句授权时可以授予用户对表中的指定列的权限。（      ）

## 四、问答题

1．试述 SQL Server 安全模型的主要内容。

2．试述 SQL Server 的登录过程。

## 五、上机练习题

本次上机操作将使用第 6 章上机操作题中创建的数据库 HrSystem，如果你的机器中没有该数据库，请使用第 6 章所做的备份进行恢复或重新创建一个。

（一）使用图形界面工具管理安全账户

1. 观察你的 SQL Server 服务器的身份验证模式，如果不是混合验证模式，请将其修改为混合验证模式。

2. 练习使用 SQL Server Management Studio 添加、修改和删除登录账户。

3. 练习使用 SQL Server Management Studio 添加、修改和删除数据库用户。

4. 练习使用 SQL Server Management Studio 添加、修改和删除角色。

5. 练习使用 SQL Server Management Studio 设置用户的对象权限和语句权限。

6. 找到 SQL Server 默认的登录账号 sa、BUILTIN\Administrators，观察并记录其登录类型、默认数据库及所属的服务器角色。

（1）sa：

| 登 录 类 型 | 默认数据库 | 服务器角色 |
| --- | --- | --- |
|  |  |  |

（2）BUILTIN\Administrators：

| 登 录 类 型 | 默认数据库 | 服务器角色 |
| --- | --- | --- |
|  |  |  |

7. 修改 sa 用户的密码。

（二）使用 Transact-SQL 命令管理登录账户

1. 打开 SQL Server Management Studio，选择 "Windows 身份验证" 模式登录 SQL Server。单击 "新建查询" 按钮，打开一个新的查询窗口。从工具栏的数据库下拉列表中能否选择数据库 HrSystem，为什么？

2. 使用 sp_addlogin 存储过程分别建立两个 SQL Server 身份验证模式的登录账户 log1 和 log2，并分别为其设置密码（先不设置其他参数）。然后选择菜单命令 "文件→连接对象资源管理器" 新建立一个连接，这次选择使用 "SQL Server 身份验证" 模式，以 log1 账户的身份登录。从工具栏的数据库下拉列表中能否选择数据库 HrSystem，为什么？ 能否选择 SQL Server 的系统数据库和示例数据库（如 master、msdb），为什么？使用 "文件→断开与对象资源管理器的连接" 命令断开当前连接。

3. 选择菜单命令 "文件→连接对象资源管理器" 新建立一个连接，这次选择使用 "SQL Server 身份验证" 模式，以 sa 账户的身份登录。使用系统存储过程 sp_grantdbaccess 存储过程将登录账户 log1 和 log2 指定为数据库 HrSystem 的用户（注意，先选择数据库 HrSystem，再执行 sp_grantdbaccess）。使用 "文件→断开与对象资源管理器的连接" 命令断开当前连接，再次选择菜单命令 "文件→连接对象资源管理器" 以 log1 账户的身份登录，这时从工具栏的数据库下拉列表中能否选择数据库 HrSystem，为什么？

4. 在 log1 的查询窗口中执行以下语句：

```
use HrSystem
select * from Employees
```

观察执行结果并解释出现该结果的原因。

（三）使用 Transact-SQL 命令管理数据库用户的权限

完成以下各题功能，记录或保存实现各功能的 Transact-SQL 命令。

1. 以 sa 的身份管理用户 log1：用 GRANT 语句授予用户 log1 对表 Employees 拥有 select、insert、update 权限，并允许用户 log1 将该权限转移给其他用户。

2. 以 log1 的身份管理用户 log2：以 log1 的身份连接 SQL Server 服务器，将其对表 Employees 拥有的 select 权限转移给用 log2。

3. 以 sa 的身份管理用户 log1：拒绝用户 log1 对表 Employees 的 delete 权限。

4. 以 sa 的身份管理用户 log1：拒绝用户 log1 对表 Departments 的列 Dep_id 的 update 权限。

5. 以 sa 的身份管理用户 log2：授予用户 log2 创建表的权限，拒绝其创建视图的权限。

6. 以 log2 的身份连接服务器，分别执行创建表和创建视图语句，检查第 5 题的权限管理的正确性。当执行创建视图的语句时，给出的提示信息是什么？

7. 以 sa 的身份管理用户 log2：废除用户 log2 的所有语句权限。

8. 以 sa 的身份管理用户 log1：废除用户 log1 对表 Employees 的 select 权限。同时废除 log1 授予 log2 的该权限（在第 2 题实现的授权）。

9. 以 sa 的身份管理用户 log1：废除用户 log1 对表 Employees 的所有权限（提示：需要分两步完成）。

10. 以 sa 的身份管理角色：用系统存储过程在数据库 HrSysrtem 中创建角色 Myrole，并将 log1 和 log2 添加到该角色中。授予角色 Myrole 具有对表 Departments 的查询权限。

# 第 12 章
# SQL Server 代理服务

SQL Server 代理（SQL Server Agent）服务是一种自动执行某种管理任务的 Windows 服务，它可以执行作业、监视 SQL Server 及触发警报。在实际应用时，可以将那些周期性的工作定义成一个作业，在 SQL Server 代理的帮助下自动执行。在自动执行作业时，若出现某种事件（如故障），则 SQL Server 代理自动通知操作员，操作员获得通知后及时解决问题（如排除故障）。这样，在作业、操作员、警报三者之间既相互独立，又相互联系、相互补充，构成了自动完成某些任务的有机整体。

本章将介绍如何配置和管理 SQL Server 代理服务。

## 12.1 配置 SQL Server 代理服务

可以通过配置管理器、SQL Server Management Studio、命令行和 Windows 服务管理等方法启动和中止 SQL Server 代理服务。不能暂停 SQL Server 代理服务。

### 1. 使用 SQL Server 服务管理器

打开 SQL Server 配置管理器，在左侧窗格中选择"SQL Server 服务"，可以在右侧窗格中看到 SQL Server 代理服务，如图 12-1 所示。

图 12-1　SQL Server 配置管理器

右键单击"SQL Server 代理（MSSQLSERVER）"，可以启动、暂停和中止 SQL Server 代理服务。

### 2. 使用 SQL Server Management Studio

在 SQL Server Management Studio 中展开服务器实例，右键单击"SQL Server 代理"，在快捷菜单中选择"启动"或"停止"，可以启动或停止 SQL Server 代理服务，如图 12-2 所示。

### 3. 使用命令行

用户还可以通过命令方式启动和停止本地的 SQL Server 代理服务。

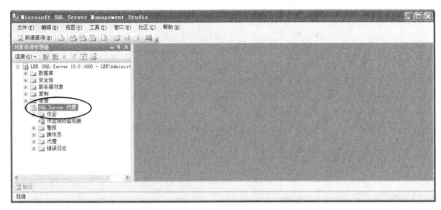

图 12-2　查看 SQL Server 代理

（1）net start 命令

net start 命令用于启动 Windows 的服务，在命令窗口中执行 net start，结果如下：

已经启动以下 Windows 服务：

```
Application Experience Lookup Service
Application Layer Gateway Service
……
MSSQLSERVER
Network Connections
……
World Wide Web Publishing Service
```

命令成功完成。

窗口中将显示所有已经启动的 Windows 服务。这里使用……代替了其中一部分服务。

使用下面命令可以启动 SQL Server 代理服务：

```
net start SQLServerAgent
```

运行结果如下：

```
SQL Server 代理 (MSSQLSERVER) 服务正在启动。
SQL Server 代理 (MSSQLSERVER) 服务已经启动成功。
```

可以通过 SQL Server 服务管理器的图标查看此时 SQL Server 代理服务的状态。

（2）net stop 命令

net stop 命令用于停止 Windows 服务，使用下面命令可以停止 SQL Server 代理服务：

```
net stop SQLServerAgent
```

运行结果如下：

```
SQL Server 代理 (MSSQLSERVER) 服务正在停止。
SQL Server 代理 (MSSQLSERVER) 服务已成功停止。
```

### 4. 使用 Windows 服务窗口

打开 Windows 服务窗口，找到 SQL Server 代理服务，可以查看 SQL Server 代理服务的状态，如图 12-3 所示。

右击 SQL Server 代理服务，在快捷菜单中选择"启动"或"停止"，可以启动或停止 SQL Server 代理服务。

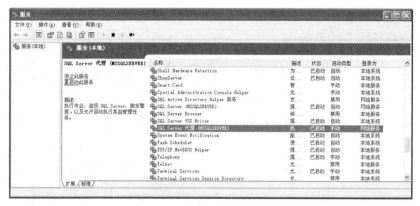

图 12-3　查看 Server 代理服务

# 12.2　作业管理

利用 SQL Server 代理程序作业，可以使管理任务自动执行和定期运行。可以手工执行一个作业，也可以对其进行调度，使其响应调度表或警报而运行。

## 12.2.1　创建作业

在 SQL Server Management Studio 中展开 SQL Server 实例，展开"管理"目录下的"SQL Server 代理"，选择"作业"，可以查看当前数据库中的作业列表，如图 12-4 所示。

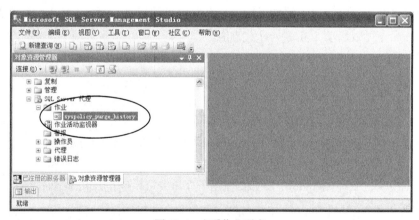

图 12-4　查看作业列表

下面演示创建一个定时备份数据库 HrSystem 的作业。

### 1．常规设置

用鼠标右键单击"作业"项，在快捷菜单中选择"新建作业"，打开"新建作业"窗口。在"常规"选项卡中输入作业名称、所有者、类别和说明，如图 12-5 所示。

### 2．步骤设置

单击如图 12-5 所示的"步骤"选项卡，配置作业的步骤，如图 12-6 所示。

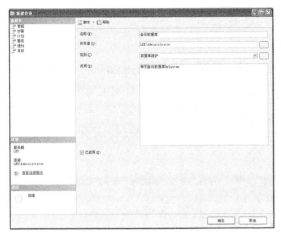

图 12-5　"新建作业"窗口

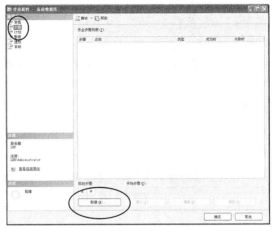

图 12-6　设置作业的步骤

单击"新建"按钮，打开"新建作业步骤"窗口，如图 12-7 所示。

输入步骤名称，在"命令"文本框中输入下面的语句：

```
EXEC sp_addumpdevice 'disk', '备份文件', 'c:\学生管理.bak'
BACKUP DATABASE 学生管理 TO 备份文件
```

第 1 条语句执行 sp_addumpdevice 存储过程创建一个备份设备"备份文件"，对应物理文件 "c:\HrSystem.bak"，为下一步备份数据库做准备工作。

第 2 条语句执行 BACKUP DATABASE 命令，将数据库 HrSystem 备份到 c:\HrSystem.bak。

单击"确定"按钮，新建的步骤出现在列表中。

### 3. 计划设置

单击如图 12-8 所示的"计划"页，可以设置作业执行的时间，或指定在警报发生时执行作业。

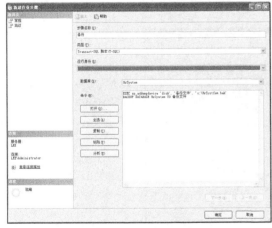

图 12-7　新建作业步骤

图 12-8　设置作业计划

单击"新建"按钮，打开"新建作业计划"窗口，如图 12-9 所示。

输入计划名称，然后选择计划类型。在"计划类型"下拉列表中有以下 4 种可供选择的调度类型。

● SQL Server 代理启动时自动启动。

- CPU 闲置时启动。
- 重复执行。
- 执行一次。

如果选择"重复执行"，默认的执行时间为"每 1 周在星期日发生，在 0:00:00"。如果需要修改，则可以设置重复执行的频率，包括每天、每周或每月的指定日期，每日发生的频率，开始日期和结束日期等。设置完成后单击"确定"按钮，保存作业计划信息。

在如图 12-5 所示的"新建作业"窗口的"警报"页中，单击"添加"按钮，打开"新建警报"窗口，如图 12-10 所示。

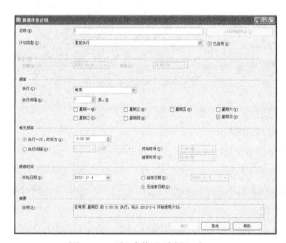

图 12-9 "新建作业计划"窗口

图 12-10 "新建警报"窗口

用户可以选择警报的错误号或严重性，输入错误信息包含的文本。关于警报将在 12.3 节介绍。

### 4. 通知设置

单击如图 12-11 所示的"通知"页，可以设置作业执行完成后的操作。

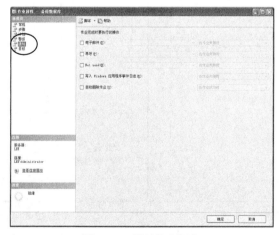

图 12-11 设置作业调度

可以选择如下通知方式。

- 发电子邮件给操作员。
- 呼叫操作员。

- 通过网络发送消息给操作员。
- 写入 Windows 应用程序事件日志。
- 自动删除作业。

设置完成后，单击"确定"按钮保存。

## 12.2.2　启动、停止和禁用作业

在 SQL Server Management Studio 中，用鼠标右键单击一个作业，在快捷菜单中选择"作业开始步骤"，则作业开始运行。选择"停止作业"，则作业停止运行。选择"禁用"，则作业的启用状态被设置成"否"，在指定的时间内不再执行作业。

## 12.2.3　修改和删除作业

在 SQL Server Management Studio 中，用鼠标右键单击一个作业，在快捷菜单中选择"属性"，打开"作业属性"对话框。修改作业与创建作业的过程相似，请读者参照 12.2.1 小节理解。

用鼠标右键单击一个作业，在快捷菜单中选择"删除"，可以删除指定的作业。

# 12.3　警　报　管　理

警报指发生特定事件（例如发生特定的错误或某种严重级别的错误，或者数据库达到定义的可用空间限制）时所采取的措施。可以定义警报采取一定的措施，如发电子邮件、寻呼操作员或运行一个作业来处理问题。

## 12.3.1　创建警报

在 SQL Server Management Studio 中展开 SQL Server 实例，展开 "SQL Server 代理"， 选择"警报"，可以查看当前数据库中的警报列表，如图 12-12 所示。

用鼠标右键单击"警报"项，在弹出的快捷菜单中选择"新建警报"，打开"新建警报"窗口。SQL Server 支持 3 种类型的警报，即 SQL Server 事件警报、SQL Server 性能条件警报和 WMI 事件警报。设置不同类型的警报，界面也不同。

图 12-12　查看警报列表

### 1. 设置 SQL Server 事件警报

在"新建警报"窗口中，类型选择"SQL Server 事件警报"，界面如图 12-13 所示。用户可以指定错误号、严重性、数据库名称、错误信息包含的文本等。

- 错误号：SQL Server 代理程序在发生特定的错误时发出警报。
- 严重性：SQL Server 代理程序在发生特定严重性的错误时发出警报。
- 数据库名称：指定事件所发生的数据库，对警报进行限制。
- 错误信息包含的文本：在事件消息中指定一个文本字符串，对警报进行限制。

### 2. 设置 SQL Server 性能条件警报

在"新建警报"窗口中，类型选择"SQL Server 性能条件警报"，界面如图 12-14 所示。用户

可以指定对象、计数器、实例、计数器的报警条件等。

图 12-13　设置 SQL Server 事件警报　　　　图 12-14　设置 SQL Server 性能条件警报

- 对象：要监视的 SQL Server 性能对象，如要创建数据库备份还原方面的警报，可以选择 SQL Server:Databases。
- 计数器：指定位于要监视的性能对象内的计数器。
- 实例：指定要监视的计数器实例。_Total 表示所有实例。有些对象不需要指定实例。

3. **设置警报响应**

在"新建警报"窗口中，选择"响应"页，可以设置发生警报时执行的作业和要通知的操作员，如图 12-15 所示。

【例 12-1】创建一个"HrSystem 数据文件大小越界"，当数据库 HrSystem 的数据文件的大小大于 100MB 时发出警报，可以参照图 12-16 配置。

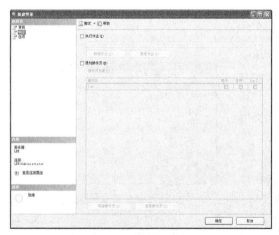

图 12-15　设置警报响应方式　　　　图 12-16　创建一个"HrSystem 数据文件大小越界"警报

## 12.3.2　修改和删除警报

在 SQL Server Management Studio 中，右键单击一个警报，在快捷菜单中选择"属性"，打开"警报属性"窗口。修改警报与创建警报的过程相似，请读者参照 12.3.1 小节理解。

右键单击一个警报，在快捷菜单中选择"删除"，可以删除指定的警报。

# 12.4　操作员管理

操作员是接收 SQL Server 代理服务发送消息的用户，它的基本属性包括姓名和联系信息。可以通过以下方式发送消息给操作员。

- 电子邮件：发送电子邮件需要遵从 MAPI-1 的电子邮件客户程序。SQL Server 代理程序需要一个有效的邮件配置文件才能发送电子邮件。MAPI-1 客户程序的例子包括 Outlook 和 Exchange 客户程序。
- 寻呼机：第三方发送消息的软件或硬件。
- net send：通过网络发送系统消息。

## 12.4.1　创建操作员

可以使用图形界面工具和存储过程两种方法创建操作员。

### 1. 使用图形界面工具

在 SQL Server Management Studio 中展开 SQL Server 实例，再展开"管理"目录下的"SQL Server 代理"，选择"操作员"，可以查看当前数据库中的操作员列表，如图 12-17 所示。

图 12-17　查看操作员列表

用鼠标右键单击"操作员"名称，在快捷菜单中选择"新建操作员"，打开"新建操作员"窗口，如图 12-18 所示。

输入操作员名称，并根据需要输入电子邮件名称、呼叫程序电子邮件名称、网络发送地址和寻呼值班计划等。单击"确定"按钮完成。

在左侧的选择页列表中选中"通知"，可以设置各种警报的通知方式，如图 12-19 所示。

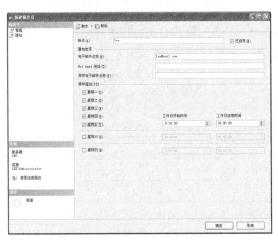

图 12-18　"新建操作员"窗口

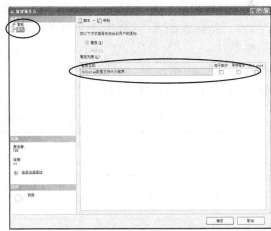

图 12-19　设置各种警报的通知方式

关于警报的含义已在 12.3 节介绍，请参照理解。

每个警报的后面都对应 3 种通知方式，即电子邮件、呼叫程序和网络发送。选中复选框，表示选择对应的通知方式。

设置完成后，单击"确定"按钮保存。

## 2. 使用 sp_add_operator 存储过程创建操作员

存储过程 sp_add_operator 的基本语法如下：

```
sp_add_operator 操作员名称, @email_address = '电子邮件地址', @pager_address = '寻呼地址',
        @weekday_pager_start_time = 开始时间, @weekday_pager_end_time = 结束时间,
        @saturday_pager_start_time = 开始时间, @saturday_pager_end_time = 结束时间,
        @sunday_pager_start_time = 开始时间, @sunday_pager_end_time = 结束时间,
        @pager_days = 接收消息的日期数字
```

参数说明如下。

● @email_address = '电子邮件地址'：操作员用于接收消息的电子邮件地址。

● @pager_address = '寻呼地址'：操作员用于接收消息的寻呼程序地址。

● @weekday_pager_start_time = 开始时间：代理程序在工作日（周 1～周 5）将呼叫提示发送给操作员的时间。它的数据类型为 int，默认设置为 090000，表示 24 小时制的上午 9:00，且必须使用 HHMMSS 的形式输入。

● @weekday_pager_end_time = 结束时间：代理程序在工作日（周 1～周 5）不再将呼叫提示发送给操作员的时间。它的数据类型为 int，默认设置为 180000，表示 24 小时制的下午 6:00，且必须使用 HHMMSS 的形式输入。

● @saturday_pager_start_time = 开始时间：代理程序在周 6 将呼叫提示发送给操作员的时间。其他情况与 @weekday_pager_start_time 相似。

● @saturday_pager_end_time = 结束时间：代理程序在周 6 不再将呼叫提示发送给操作员的时间。其他情况与 @weekday_pager_end_time 相似。

● @sunday_pager_start_time = 开始时间：代理程序在周日将呼叫提示发送给操作员的时间。其他情况与 @weekday_pager_start_time 相似。

● @sunday_pager_end_time = 结束时间：代理程序在周日不再将呼叫提示发送给操作员的时间。其他情况与 @weekday_pager_end_time 相似。

● @pager_days = 接收消息的日期数字：一个数字，表示操作员可以接受呼叫的日期。它的数据类型为 tinyint，默认设置为 0，表示操作员不再有空接受呼叫。有效值为 0～127。@pager_days 使用不同的数字表示周 1～周日，如表 12-1 所示。可以通过单值相加计算 @pager_days 的值，如周 1～周 5 为 2+4+8+16+32=62。

表 12-1　　　　　　　　　　　　　　接收消息的日期数字

| 值 | 说　　明 |
| --- | --- |
| 1 | 周日 |
| 2 | 周 1 |
| 4 | 周 2 |
| 8 | 周 3 |
| 16 | 周 4 |
| 32 | 周 5 |
| 64 | 周 6 |

提示　　只能从数据库 msdb 中运行 sp_add_operator，只有 sysadmin 固定服务器角色的成员才可以执行 sp_add_operator。

【例 12-2】使用 sp_add_operator 创建操作员 zhang，电子邮件地址为 zhang，代理程序将从周 1 至周 5 上午 8 点到下午 5 点半通知操作员。

具体代码如下：

```
use msdb
exec sp_add_operator @name = 'zhang',
   @email_address ='zhang',
   @weekday_pager_start_time = 080000,
   @weekday_pager_end_time = 173000,
   @pager_days = 62
```

执行前需要确认操作员 zhang 已经存在，并且 SQL Server 代理服务已经启动。

### 3. 使用 sp_add_notification 存储过程将警报指派给操作员

存储过程 sp_add_notification 的功能是将指定的警报指派给操作员，它的基本语法如下：

```
sp_add_notification [ @alert_name = ] '警报名' ,
   [ @operator_name = ] '操作员' ,
   [ @notification_method = ] 通知方式
```

通知方式用 tinyint 数据表示，1 表示电子邮件，2 表示呼叫程序，4 表示 net send。

【例 12-3】使用 sp_add_notification 将警报"HrSystem 数据文件大小越界"指派给操作员 zhang，通知方式为 net send。

具体代码如下：

```
use msdb
exec sp_add_notification ' HrSystem 数据文件大小越界', 'zhang', 4
```

执行 sp_add_notification 前，需要确认警报名和操作员已经存在，并且 SQL Server 代理服务已经启动。

## 12.4.2　修改和删除操作员

可以使用图形界面工具和存储系统过程两种方法修改和删除操作员。

### 1. 使用图形界面工具修改操作员

在 SQL Server Management Studio 中展开 SQL Server 实例，展开"管理"目录下的"SQL Server 代理"，选择"操作员"，可以查看当前数据库中的操作员列表。用鼠标右键单击操作员名称，在快捷菜单中选择"属性"，打开"操作员属性"对话框，可以修改操作员的属性。"操作员属性"窗口与"新建操作员"窗口相似，请读者参照 12.4.1 小节理解。

### 2. 使用 sp_update_operator 存储过程修改操作员属性

sp_update_operation 存储过程的基本语法如下：

```
sp_update_operator [@name =]'操作员名称',@email_address = '电子邮件地址', @pager_address = '寻呼地址',
             @weekday_pager_start_time = 开始时间, @weekday_pager_end_time = 结束时间,
             @saturday_pager_start_time = 开始时间, @saturday_pager_end_time = 结束时间,
             @sunday_pager_start_time = 开始时间, @sunday_pager_end_time = 结束时间,
             @pager_days = 接收消息的日期数字
```

参数说明与 sp_add_operator 相同，请读者参照 12.4.1 小节理解。

【例 12-4】使用 sp_update_operator 修改操作员 zhang，电子邮件地址为 zhang，代理程序将从周 1 至周 6 上午 8 点半到下午 6 点通知操作员。

具体代码如下：

```
use msdb
exec sp_update_operator @name = 'zhang',
    @email_address ='zhang',
    @weekday_pager_start_time = 083000,
    @weekday_pager_end_time = 180000,
    @pager_days = 126
```

### 3. 使用 sp_update_notification 存储过程更新警报的提示方式

存储过程 sp_update_notification 的基本语法如下：

```
sp_update_notification [ @alert_name = ] '警报名' ,
    [ @operator_name = ] '操作员' ,
    [ @notification_method = ] 通知方式
```

关通知方式用 tinyint 数据表示，1 表示电子邮件，2 表示呼叫程序，4 表示 net send。

【例 12-5】使用 sp_update_notification 将警报"HrSystem 数据文件大小越界"指派给操作员 lee，通知方式为 net send。

具体代码如下：

```
use msdb
exec sp_update_notification 'HrSystem数据文件大小越界', 'lee', 4
```

执行 sp_add_notification 前，需要确认警报名和操作员已经存在。

### 4. 使用图形界面工具删除操作员

在 SQL Server Management Studio 中用鼠标右键单击操作员，在快捷菜单中选择"删除"命令，打开"删除对象"窗口，如图 12-20 所示。

图 12-20 "删除对象"窗口

对于已经分配给指定操作员的警报，用户可以选择"重新分配给"复选框，将其重新分配给其他操作员。单击"确定"按钮，可以删除指定操作员。

### 5. 使用 sp_delete_operator 存储过程删除操作员

sp_delete_operation 存储过程的基本语法如下：

```
sp_delete_operator [ @name = ] '操作员名'
    [ , [ @reassign_to_operator = ] '重新指派的操作员名' ]
```

【例 12-6】使用 sp_delete_operator 删除操作员 zhang，并将 zhang 的警报和作业重新指派给操作员 lee。

具体代码如下：

```
use msdb
exec sp_delete_operator @name = 'zhang',
    @reassign_to_operator = 'lee'
```

操作员 lee 必须存在，否则删除操作不成功。

### 6. 使用 sp_delete_notification 存储过程更新警报的提示方式

存储过程 sp_delete_notification 的基本语法如下：

```
sp_delete_notification [ @alert_name = ] '警报名' ,
    [ @operator_name = ] '操作员'
```

【例 12-7】使用 sp_delete_notification 将取消将警报"HrSystem 数据文件大小越界"指派给操作员 zhang。

具体代码如下：

```
use msdb
sp_delete_notification 'HrSystem 数据文件大小越界', 'zhang'
```

# 练　习　题

## 一、选择题

1. 使用下面（　　　）命令可以启动 SQL Server 代理服务。

　　A．net start SQL Server　　　　　　　B．net start MSSQLSERVER

　　C．net start Microsoft SQL Server　　　D．net start SQLServerAg ent

2. 不能启动和中止 SQL Server 代理服务的工具是（　　　）。

　　A．SQL Server 配置管理器　　　　　　B．SQL Server Management Studio

　　C．Windows 资源管理器　　　　　　　D．Windows 服务窗口

3. （　　　）方式不能用于向操作员发送消息。

　　A．电子邮件　　　　B．电话　　　　C．寻呼机　　　　D．net send

4. 创建操作员的命令是（　　　）。

　　A．sp_add_operator　　　　　　　　　B．sp_add_notification

　　C．sp_add_alert　　　　　　　　　　　D．sp_add_user

5. 存储过程 sp_delete_notification 的功能是（　　　）。

　　A．删除操作员　　　　　　　　　　　B．删除警报

　　C．删除作业　　　　　　　　　　　　D．删除指派给操作员的警报

6. 在设置作业调度时，不能设置（　　　）。

　　A．SQL Server 启动时自动启动　　　　B．每当 CPU 闲置时启动

　　C．只执行一次作业　　　　　　　　　D．反复出现

## 二、填空题

1. 使用 SQL Server 代理服务可以实现_____、_____和_____功能。

2. 可以使用 net_____命令启动 SQL Server 代理服务。

3．利用_____，可以使管理任务自动执行和定期运行。

4．SQL Server 代理可以通过 3 种方式发消息给操作员，即_____、_____和_____。

5．SQL Server 支持 3 种类型的警报，即_____、_____和_____。

6．使用_____存储过程删除操作员。

## 三、判断题

1．可以暂停 SQL Server 代理服务。（　　　）

2．只能从数据库 msdb 中运行系统存储过程 sp_add_operator。（　　　）

3．删除操作员后，指派给他的警报也同时被删除。（　　　）

4．可以定义作业在任何时间执行。（　　　）

## 四、上机练习题

1．练习使用各种方法配置 SQL Server 代理服务。

2．练习使用图形界面工具创建、修改和删除操作员。

3．练习使用图形界面工具创建、修改和删除作业。

4．练习使用图形界面工具创建、修改和删除警报。

5．新建操作员 oper1，选择"通过网络发送地址"向该操作员发通知，要求对指定的网络发送地址进行测试，保证该地址的正确有效。建立一个作业 job1，该作业将在指定的时间（如 10:30）执行，并在作业完成时通过网络通知操作员 oper1，该作业包含以下两个步骤。

（1）建立一个新数据库

```
create database test on
primary (name=test_dat,filename='e:\test_mdf',size=10mb,maxsize=15,filegrowth=10%)
```

（2）对该数据库进行备份

```
exec sp_addumpdevice 'disk','test_backup', 'd:\testbackup.dat'
backup database test to test_backup
```

在指定时间之后观察作业的执行情况。（注：数据库文件和备份文件所在盘符应该是你机器的有效盘符）

6．按以下要求实现在发生警报时执行作业并通知操作员 oper1。

（1）定义作业名称为"vbtest"，作业步骤名为 "print message"，作业步骤类型为"ActiveX脚本"，语言为"Visual Basic 脚本"，作业命令如下：

```
sub main()
   print "There is a problem and  has ben fixed"
end sub
```

"调度"设置为无调度，"通知"选择"网络发送操作员 oper1"（只要作业完成）。

（2）定义警报名称为"alert1"，类型为"SQL Server 事件警报"，"事件警报定义"选择错误号为 50005。

（3）定义警报响应时执行作业 vbtest，要通知的操作员为 oper1（网络发送），要发送的其他消息为"用 VB 打印了一行消息"。

执行语句：raiserror(50005,16,10)，测试以上定义的作业和警报的有效性。

# 第 13 章
# Visual C#程序设计基础

Visual Studio 2008 是一套完整的开发工具集，可以用于生成 ASP.NET Web 应用程序、桌面应用程序、移动应用程序等。它集成 Visual C++、Visual C#、Visual Basic、Visual J#等多种开发语言，并全面支持 Microsoft .NET Framework。其中 Visual C#的应用更为广泛，是目前开发 Windows 应用程序的最佳语言。

本书实例选择 Visual C#作为开发 SQL Server 2008 数据库应用程序的语言。本章首先介绍 Visual C#程序设计的基本技术，为读者理解后面的实例奠定基础。

## 13.1  C#语言基础

本节将介绍 C#语言的基础知识，使读者对其形成初步的认识。

### 13.1.1  C#语言的基本特点

C#的英文发音为 C Sharp，它是一种最新的、面向对象的程序设计语言，程序员可以使用它方便、快速地编写各种基于 Microsoft.NET 平台的应用程序。.NET 将 Internet 本身作为构建新一代操作系统的基础，并对 Internet 和操作系统的设计思想进行了延伸，使开发人员能够创建出与设备无关的应用程序，更容易地实现 Internet 连接。可以使用 Visual Studio 开发 C#应用程序。

C#语言具有如下主要特点。

#### 1. 语法简洁

与 C++语言相比，C#的更加简单，更易于学习和掌握。

例如，在 C#语言中，没有 C++中经常用到的指针，用户也不允许直接进行内存操作。

在 C++语言中，分别使用::、.和->来表示名字空间、成员和引用，对于新手而言，这些操作符的使用是比较复杂的事情。这些在 C#语言中都被 "." 所替代，现在只需要把它作为名字嵌套而已。

这里只是举了两个简单的例子，其他语法方面的简化需要读者在学习过程中去体会。

#### 2. 更完善的面向对象程序设计机制

C#语言具有面向对象程序设计思想的一切机制，包括封装、继承与多态等。在 C#语言中，每种类型都可以看作是一个对象。例如，在 C++中，int 只代表整型数据类型；而在 C#中，int 可以作为一个对象使用，它具有自己的方法。例如，int.Parse()方法用于将指定的字符串转换为 32 位数据类型。下面是使用 int.Parse()方法的实例。

```
int a = int.Parse("32");
```

变量 a 将被赋值为 32。

另外在 C#语言中，所有的变量和函数（包括作为应用程序入口点的 Main 函数）都封装在类定义中。类可能直接从一个父类继承，但它可以实现任意数量的接口。

### 3. 与 Web 应用的紧密

程序员能够利用已经掌握的面向对象的知识开发 Web 应用，仅需要使用简单的 C#语言，C#组件就可以方便地提供 Web 服务。同时，Visual Studio 包含 Visual Web Developer Web 开发工具，用于创建 ASP.NET 网站。

## 13.1.2  .NET Framework 和 C#

.NET Framework 是支持和生成下一代应用程序的内部 Windows 组件，它可以提供一个一致的面向对象的编程环境，无论对象代码是在本地存储和执行，还是在本地执行但在 Internet 上发布，或者是在远程执行。

C# 程序在.NET Framework 上运行，图 13-1 演示了 C#源代码文件、基类库、程序集和 CLR 的编译时与运行时的关系。

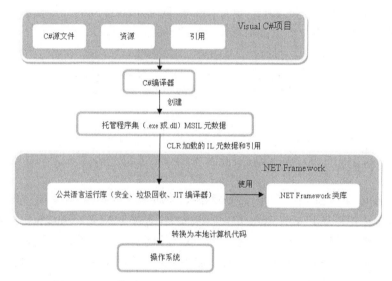

图 13-1  C#项目与.NET Framework 的编译时和运行时关系

.NET Framework 具有两个主要组件，即公共语言运行库（CLR）和 .NET Framework 类库。公共语言运行库是 .NET Framework 的基础。可以将运行库看做一个在执行时管理代码的代理，它提供内存管理、线程管理、远程处理等核心服务，并且还强制实施严格的类型安全和代码准确性检查。.NET Framework 的另一个主要组件是类库，它是一个综合性的面向对象的可重用类型集合，可以使用它开发多种应用程序，这些应用程序包括传统的命令行或图形用户界面（GUI）应用程序，也包括基于 ASP.NET 所提供的最新创新的应用程序。

C#语言的开发、编译和运行过程如下。

（1）在 Visual Studio 中创建 Visual C#项目，其中包括 C#源文件、资源、引用等。C#源文件的扩展名为.cs，可以定义类、接口、窗体等；资源可以是图像、图标、文本文件或字符串等；引用是 Microsoft 公司或第 3 方提供的组件，通常为.dll、.ocx、.tlb 等类型。

（2）使用 C#编译器对 Visual C#项目进行编译，得到 Microsoft 中间语言（MSIL），这是一组可以有效地转换为本机代码且独立于 CPU 的指令。

（3）Visual C#程序运行在.NET Framework 平台上，由公共语言运行库提供支持，同时使用.NET Framework 提供的类库，将 Microsoft 中间语言转换为本地计算机代码，最终在操作系统上运行。

## 13.1.3　使用 Visual Studio 2008

本书实例是使用 Visual Studio 2008 开发的 Windows 应用程序。Visual Studio 是一套完整的开发工具集，用于生成 ASP.NET Web 应用程序、桌面应用程序、移动应用程序等。

在"开始"菜单中依次选择"程序"／"Microsoft Visual Studio 2008"／"Microsoft Visual Studio 2008"，启动 Microsoft Visual Studio 2008 窗口，如图 13-2 所示。

图 13-2　Visual Studio 2008 主窗口

在 Visual Studio 2008 的主窗口中，默认打开"起始页"视图。在"起始页"视图中，显示最近打开的项目列表。单击项目名称，可以方便地打开项目进行编辑。如果"起始页"视图被关闭，可以在主菜单中依次选择"视图"／"其他窗口"／"起始页"，打开"起始页"视图。

在最近打开的项目列表下面，提供了打开和创建网站的超级链接。单击"创建"标签后面的"项目"超级链接，打开"新建项目"对话框，如图 13-3 所示。

图 13-3　创建 Visual C#项目

在"项目类型"树中选择 Visual C#→Windows，然后在右侧的模板列表中选择 Visual Studio

的项目模块，包括 Windows 窗体应用程序、类库、Windows 窗体控件库、WPF 自定义控件库、控制台应用程序、Windows 服务、空项目等。这些项目都只能在 Windows 平台下运行。

本章中将使用控制台应用程序项目来演示 Visual C#语言的基本编程方法。选择"控制台应用程序"，在"名称"文本框中输入项目名称和解决方案名称（一个解决方案可以包含多个项目），选择保存项目的目录，然后单击"确定"按钮，可以创建新的 Visual C#项目，如图 13-4 所示。

图 13-4　新建的 Visual C#控制台应用程序窗口

在 Visual Studio 窗口中包括菜单、工具栏、窗体设计及代码编辑器、解决方案资源管理器和属性窗口。菜单和工具栏中绝大多数 Windows 应用程序都支持的部件，这里就不做详细介绍了。

### 1. 窗体设计及代码编辑器

窗体设计及代码编辑器位于 Visual Studio 窗体的核心位置，它是程序员设计界面和编辑代码的主要工作区。在开发 Windows 应用程序时，可以在该区域中设计窗体的界面，并编写窗体中的代码。

### 2. 解决方案资源管理器

在解决方案资源管理器中，以树状结构显示当前解决方案中包含的项目，以及每个项目中包含的属性文件、引用、资源和 C#源文件列表。

在解决方案资源管理器中，可以向解决方案中添加项目、删除项目，向项目中增加类、接口、引用、资源等。

关于解决方案资源管理器的具体使用方法将在后面章节中结合具体情况介绍。

### 3. 属性窗口

在属性窗口中，可以显示和设置窗体和控件的属性。在解决方案资源管理器中，选择一个文件或引用，在属性窗口中也会显示其属性信息，如图 13-5 所示。

在工具栏中单击"启动调试"图标 ▷ 可以运行当前项目。对于控制台应用程序项目而言，运

图 13-5　查看 Program.cs 文件的属性

行项目将打开一个命令行窗口，窗口中显示的内容将取决于项目中程序员添加的具体代码。新建的控制台应用程序项目中没有任何用户添加的代码，因此运行该项目将显示一个空白的命令行窗口，随后系统将自动关闭窗口，结束应用程序。

## 13.1.4　编写一个简单的 C#例子

本小节将通过一个简单的实例来介绍如何开发 Visual C#控制台应用程序项目。控制台应用程序的界面设计比较简单。因此,本章选择控制台应用程序项目来演示 C#语言基本语法的使用情况。

参照 13.1.3 小节介绍的方法创建一个控制台应用程序项目，项目名称为 HelloWorld，项目的主文件为 Program.cs。

### 1. Program.cs 的默认代码

Program.cs 中包含的默认代码如下：

```
using System;
using System.Collections.Generic;
using System.Text;

namespace HelloWorld
{
    class Program
    {
        static void Main(string[] args)
        {
        }
    }
}
```

程序的说明如下。

（1）命名空间

.NET Framework 的类库中提供了大量的类，这些类都是层次结构分类管理的。命名空间是类的逻辑分组，它组织成一个逻辑树，树的根为 System。

System 命名空间包含一组基本类和基类，这些类定义常用的值和引用数据类型、事件、事件处理程序、接口、属性、异常处理等。

（2）using 指令

在 C#程序中可能会使用多个命名空间中定义的类，可以通过两种方式来引用命名空间中的类。

一种方法是使用命名空间加类名的方式引用类，格式如下：

&lt;命名空间&gt;.&lt;类名&gt;

例如，在 System.Text 命名空间中定义了一个 StringBuilder 类，表示可变字符的字符串。使用下面的方法可以声明一个 StringBuilder 类的对象 strObj。

System.Text.StringBuilder str;

但是，如果在一个 C#文件中多次使用 System.Text 命名空间中的类，上面的使用方法就显得比较麻烦，因为每次都要重复使用命名空间的名称。

可以使用 using 指令指定当前 C#文件默认使用的命令空间，其语法如下：

using &lt;命名空间&gt;

例如，在 C#文件中添加如下的指令，就可以在程序中直接使用 System.Text 命名空间中的类了。

using System.Text

定义 StringBuilder 类的代码可以简化如下：

```
StringBuilder str
```

在控制台应用程序项目中，默认包含 3 个命名空间，即 System 、System.Text 和 System.Collections.Generic。System.Text 命名空间包含表示 ASCII、Unicode、UTF-7 和 UTF-8 字符编码的类；System.Collections.Generic 命名空间包含定义泛型集合的接口和类，由于篇幅所限，本书将不介绍关于泛型的相关知识。

（3）定义自己的命名空间

在 C#程序中创建类或接口时，Visual Studio 会自动为其创建自定义的命名空间，默认的命名空间名称与项目名相同，在本例中为 HelloWorld。

使用 namespace 指定可以定义命名空间的名称。除了 using 指令外，C#程序中的所有代码都包含在 namespace 指定的定义范围内。

（4）Program 类

在 C#语言中，可以使用 class 指令定义类。默认的主程序类为 Program，类的定义代码包含在其后面的大括号 "{" 和 "}" 之间。

关于类的概念和使用方法将在 13.6 节中介绍。

（5）主函数 Main()

在类 Program 中包含主函数 Main()。运行项目时，系统将自动调用 Main()函数。参数 args 表示命令行参数。

### 2. 在 Main()函数中添加代码

要在项目中实现指定的功能，就需要在主函数 Main()中添加相应的代码。本实例只实现一个简单的功能，即在控制台窗口中输出 "Hello World!" 字符串，Main()函数的代码如下：

```
static void Main(string[] args)
{
    Console.WriteLine("Hello World!");
    Console.ReadKey();
}
```

Console 类用于管理控制台应用程序的标准输入流、输出流和错误流。Console.WriteLine()方法用于在控制台窗口中输出字符串，Console.ReadKey()方法用于获取用户按下的下一个字符或功能键。本例中使用 Console.ReadKey()方法的目的是使应用程序处于等待数据的状态，以便用户查看控制台窗口中的输出信息。当用户按下任意键后，应用程序将结束。

需要说明的是，C#语言是大小写敏感的，Console 和 console 表示的含义不同。

### 3. 运行程序

在菜单中选择 "调试" / "启动调试"，或在工具栏中单击 "启动调试" 按钮 ▶，可以运行当前的项目，如图 13-6 所示。

可以看到，在控制台窗口中显示了 Main()方法中输出的字符串 "Hello World!"。按下任意键后，应用程序将结束。

图 13-6　HelloWorld 项目的运行界面

#### 4．在程序中添加注释

优秀的程序设计人员不仅代码写得好，而且会在代码中适当地添加注释，从而增加程序的可读性。Visual C#编译器不会处理程序中的注释信息，因此在程序中增加注释信息不会影响程序的执行效率。

C#支持下面 3 种类型的注释方式。

（1）注释符//

注释符//后面的内容将被视为注释信息。//可以与代码位于同一行，也可以单独占用一行，例如：

```
// 文件名：Program.cs
// 描述：主程序文件
// 作者：启明星
// 日期：2012-2-18
……
int a = 0;  // 声明一个整型变量 a，初始值为 0
```

在最后一行代码中，int a = 0;是有效的代码，而后面的内容为注释信息。

（2）注释符/*...*/

注释符/* ... */的使用很灵活，可以与要执行的代码处于同一行，也可另起一行，甚至可以在有效代码的内部。从开始注释符（/*）到结束注释符（*/）之间的全部内容均视为注释部分。对于多行注释，必须使用开始注释符（/*）开始注释，使用结束注释符（*/）结束注释。注释行上不应出现其他注释字符。下面是使用注释符/*...*/的示例代码：

```
/* 文件名：Program.cs
描述：主程序文件
作者：启明星
日期：2012-2-18  */
……
int a = 0;  /* 声明一个整型变量 a，初始值为 0 */
int b /*变量b*/ = 0;
```

（3）XML 文档注释标记

在 Visual C#中，可以为代码创建文档，方法是在代码块前面，直接在源代码的特殊注释字段中包括 XML 标记。例如，在上面的实例中，将光标移至 class Program 代码块的上面一行，输入 3 个斜杠符号"///"，Visual Studio 将自动生成 XML 文档注释标记，代码如下：

```
/// <summary>
///
/// </summary>
class Program
……
```

可以在"/// <summary>"和"/// </summary>"之间的位置上添加类 Program 的注释信息，例如：

```
/// <summary>
/// 主程序类
/// </summary>
class Program
……
```

使用同样的方法，可以为 Main() 函数添加注释信息，代码如下：

```
/// <summary>
/// 主函数
/// </summary>
/// <param name="args">命令行参数</param>
static void Main(string[] args)
{
    Console.WriteLine("Hello World!"); // ab //c
    Console.ReadKey();
}
```

<param>…</param> 用于指定函数的参数信息。

# 13.2 数 据 类 型

在使用 C# 语言编写程序时，需要对不同类型的数据进行处理。对于不同类型的数据处理方法也不相同，如整数可以进行加、减、乘、除等操作，字符串则可以执行截取子串、连接等操作。

在使用 C# 语言编写程序时，每个保存信息的量都必须事先声明它的数据类型，以便编译器为其分配存储空间。C# 的数据类型包括值类型和引用类型两大类。

## 13.2.1 值类型

值类型的变量用于直接存储变量的值。例如，一个整数类型 int 占用 4 个字节的内存空间，用于保存一个整数值。

C# 的值类型包括简单类型、结构类型和枚举类型 3 种。

### 1. 简单类型

所有的 C# 简单类型都是 .NET Framework 系统类型的别名，如 int 是 System.Int32 的别名，用于表示 32 位整数类型。因此，C# 的简单类型与 C++、Visual Basic 等语言中的数据类型并不完全相同，它实际上是一个类，有自己的属性和方法。这一点在后面还会介绍到。

C# 的简单类型又可以分为整数类型、实数类型、布尔类型和字符类型 4 类，具体情况如表 13-1 所示。

表 13-1　　　　　　　　　　　　　　　C# 简单类型

| 简单类型分类 | C# 数据类型 | .NET Framework 系统类型 | 具 体 说 明 |
|---|---|---|---|
| 整数类型 | byte | System.Byte | 无符号 8 位整数，取值范围为 0~255 |
| | sbyte | System.SByte | 有符号 8 位整数，取值范围为 –128~127 |
| | ushort | System.UInt16 | 无符号 16 位整数，取值范围为 0~65 535 |
| | short | System.Int16 | 有符号 16 位整数 |
| | uint | System.UInt32 | 无符号 32 位整数 |
| | int | System.Int32 | 有符号 32 位整数 |
| | ulong | System.UInt64 | 无符号 64 位整数 |
| | long | System.Int64 | 有符号 64 位整数 |

续表

| 简单类型分类 | C#数据类型 | .NET Framework 系统类型 | 具 体 说 明 |
|---|---|---|---|
| 实数类型 | float | System.Single | 32 位浮点数据类型，也称为单精度数据类型 |
| | double | System.Double | 64 位浮点数据类型，也称为双精度数据类型 |
| | decimal | System.Decimal | 128 位数据类型，主要用于金融或货币方面的计算和处理 |
| 布尔类型 | bool | System.Boolean | 布尔类型的变量只能存储布尔值 true（真）和 false（假） |
| 字符类型 | char | System.Char | 16 位 Unicode 字符类型 |

在 C#语言中选择简单数据类型可以遵循以下原则。

（1）在运算量较大的情况下，如果能使用整数类型，则不要使用实数类型，因为计算机对实数类型的运算复杂度要远高于对整数的运算。

（2）在对精度要求不是很高的情况下，尽量选择 float 数据类型，因为大量使用 double 数据类型不仅会占用更多的内存空间，而且增加 CPU 的负载。当然，double 数据类型拥有更高的精度。

（3）注意考虑每个数据类型的取值范围，避免出现越界的情况，影响运算的结果。

【例 13-1】byte 数据类型的取值范围是 0~255，下面程序将验证变量越界的情况。

```
static void Main(string[] args)
{
    byte a = 255;
    Console.WriteLine(a);
    a++;
    Console.WriteLine(a);
    Console.ReadKey();
}
```

程序首先定义一个 byte 类型的变量 a，其初始值为 255。关于变量的定义和使用将在 13.3 节介绍。

调用 Console.Write(a)方法输出变量 a 的值，然后执行 a++语句，将变量 a 的值增加 1。最后，再次调用 Console.Write(a)方法输出变量 a 的值。程序的运行结果如下：

```
255
0
```

因为变量 a 的初始值为 255，已经达到了 byte 数据类型的取值上限。此时再执行 a++语句，将使变量 a 的值越界，从 0 开始计数，从而造成了 255+1=0 的结果。这与程序设计初衷不同，因此应该避免出现这种情况。

char 类型的变量用于存储 16 位 Unicode 字符类型，除了数字、字母和特号外，还包含一组转义字符，表示特殊的控制字符。常用的转义字符如表 13-2 所示。

表 13-2　　　　　　　　　　常用的 C#转义字符

| 转 义 字 符 | 含 义 | 转 义 字 符 | 含 义 |
|---|---|---|---|
| \a | 警报（响铃） | \e | ESC 符 |
| \b | 退格符 | \\ | 反斜杠（\） |
| \t | TAB 符 | \f | 换页符 |
| \r | 回车符 | \n | 换行符 |
| \v | 垂直 TAB 符 | | |

### 2. 结构类型

结构类型 struct 是比简单类型更为复杂的类型，它可以把若干个简单类型的变量组合在一起，形成一个独立的结构。使用结构类型可以描述一个事物的多种属性，如定义结构类型 Employee 用于员工的基本信息，包括姓名（EmpName）、性别（Sex）、工资（Wage）和身份证号码（IDCard），代码如下：

```
struct Employee
{
    public string EmpName;      // 姓名
    public string Sex;          // 性别
    public int Wage;            // 工资
    public string IDCard;       // 身份证号
}
```

string 是引用数据类型，表示由 Unicode 字符组成的字符串。关于引用数据类型将在 13.2.2 小节介绍。

可以通过下面的语句声明一个 Employee 结构类型的变量 emp。

```
Employee emp;
```

可以通过 "emp.<结构内变量名>" 方式来访问结构体内的变量。例如，使用下面的语句可以为结构类型变量 emp 设置具体的值。

```
emp.EmpName = "小强";
emp.Sex = "男";
emp.Wage = 3000;
emp.IDCard = "1101234567890xx";
```

结构类型可以嵌套定义，即在结构类型的内部再定义一个结构类型。

【例 13-2】在 Employee 结构类型中增加一个 Phone 结构类型，用于定义员工的电话信息。Phone 结构类型包含 3 个成员变量，即住宅电话 HomePhone、办公电话 OfficePhone 和移动电话 MobilePhone，定义代码如下：

```
struct Employee
{
    public string EmpName;      // 姓名
    public string Sex;          // 性别
    public int Wage;            // 工资
    public string IDCard;       // 身份证号
    public struct Phone
    {
        public string HomePhone;     // 住宅电话
        public string OfficePhone;   // 办公电话
        public string MobilePhone;   // 移动电话
    }
    public Phone phone;              // 定义电话变量
}
```

可以使用下面的语句来设置 emp 变量的住宅电话。

```
emp.phone.HomePhone = "66668888";
```

### 3. 枚举类型

顾名思义，枚举类型就是能够枚举出所有取值的类型。例如，一周有 7 天，可以定义一个枚举类型 Days，表示周 1 至周日，代码如下：

```
enum Days { Sun, Mon, Tue, Wed, Thu, Fri, Sat}
```

enum 关键字用于定义枚举类型，Days 是枚举类型名。后面的大括号中枚举了该类型所有的取值情况，Sun 表示周日，Mon 表示周 1，依此类推，它们被统称为枚举元素。

每个枚举类型都有一个基础类型，该类型可以是任何整数类型，默认的基础类型为 int。默认情况下，第 1 个枚举元素的值为 0，后面每个枚举元素的值依次递增 1。在上面的定义中，枚举元素 Sun 的值为 0，Mon 的值为 1，Tue 的值为 2，依此类推。

也可以手动指定枚举元素的值。例如，下面的代码中指定枚举元素 Sun 的值为 1。

```
enum Days { Sun = 1, Mon, Tue, Wed, Thu, Fri, Sat}
```

可以使用下面的方法来声明枚举类型的元素。

```
Days weekday
```

可以使用 "<枚举类型名>.<枚举元素名>" 的方式来引用枚举类型的元素。例如，将变量 weekday 赋值为周日，代码如下：

```
weekday = Days.Sun;
```

## 13.2.2　引用类型

引用类型与值类型的最大区别在于，引用类型变量不直接存储所包含的值，而是指向它所要存储的值。也就是说，引用类型变量保存的是数据引用值的地址，这一点类似于 C 语言中的指针。

C#语言中包含的引用类型包括类（class）、数组（array）、接口（interface）、委托（delegate）等。

### 1. 类

类是面向对象程序设计的基本单位，它既可以描述对象的属性，又可以定义对象的操作。关于 C#语言中定义和使用类的方法，将在 13.6 节详细介绍，这里只介绍一个简单的定义类的实例。

【例 13-3】声明类 CEmployee，用于定义员工的信息和操作，代码如下：

```
class CEmployee
{
    public string EmpName;      // 姓名
    public string Sex;          // 性别
    public int Wage;            // 工资
    public string IDCard;       // 身份证号

    /// <summary>
    /// 输出员工信息
    /// </summary>
    public void PrintEmpInfo()
    {
        Console.WriteLine(EmpName);
        Console.WriteLine(Sex);
        Console.WriteLine(Wage);
        Console.WriteLine(IDCard);
    }
}
```

使用关键字 class 可以声明一个类。定义类的方法与定义结构类型相似，但类中可以定义方法。在类 CEmployee 中定义了一个 PrintEmpInfo()方法，用于输出员工的基本信息。方法是包含一系列语句的代码块。关于 C#方法的定义和实现将在 13.6 节中介绍。

## 2. 数组

数组是包含若干相同数据类型变量的数据结构，它对应一段连续的内存空间。在定义数组时，需要指定数组名、数组元素的数据类型和数组的维数等信息。

数组可以是一维的，也可以是多维的。声明一维数组的语法如下：

```
<数组元素的类型>[] <数组名> = new <数组元素的类型>[<数组元素的数量>]
```

关键字 new 用于创建新的对象。例如，定义一个整型一维数组 arr，它包含 5 个数组元素，代码如下：

```
int[] arr = new int[5];
```

在声明数组对象时，可以直接对其进行初始化，例如：

```
int[] arr = new int[5] {1, 2, 3, 4, 5};
```

数组对象的 Length 属性可以返回数组元素的数量。在上面的实例中，arr.Length 的值为 5。可以使用 "<数组名>[数组元素下标]" 来设置和返回数组元素的值。数组元素下标从 0 开始计数，如 arr[0]表示数组中的第 1 个元素。

使用下面的语句可以设置和返回数组元素的值。

```
arr[0] = 2;
int a = arr[2];
```

可以使用循环语句遍历数组中的元素，具体方法将在 13.5.2 小节介绍。

在 C#语言中可以声明多维数组。例如，下面的语句声明了一个 5 行 2 列的二维整型数组。

```
int[,] array = new int[5, 2];
```

多维数组的使用方法与一维数组类似，也可以在声明数组时定义其初始值。例如：

```
int[,] array = new int[,] { { 1, 2 }, { 2, 2 }, { 3, 3 }, { 4, 2 }, { 5, 3 } };
```

在多维数组中，也可以使用数组元素下标来访问数组元素。例如，array[0][0]表示二维数组 array 第 1 行第 1 列的数据。

## 3. 接口

很多事物之间都存在共性，同时每个事物都存在个性。对共性进行归纳和总结，可以使程序的结构更加清晰，简化设计过程。在 C#语言中，可以将一些具有共性的属性和方法定义成接口，而在用户自定义的类中对接口进行具体的实现。

【例 13-4】在绘制图形时，都可以指定绘图使用的颜色（color 属性），也需要包含一个绘制动作（Draw 方法）。因此，可以定义一个接口 ISharp，包含所有绘图类所包含的 color 属性和 draw 方法，代码如下：

```
public interface ISharp
{
    /// <summary>
    /// 绘制图形的颜色
    /// </summary>
    System.Drawing.Color color { get; set;}
    /// <summary>
    /// 绘制图形
    /// </summary>
    void draw();
}
```

关键字 interface 用于定义接口，接口名为 ISharp。color 是接口 ISharp 中定义的颜色属性，它后面的 get 和 set 被称为访问器，用于指定属性的可见性和访问级别。get 访问器指定在实现接口的类中可以读取到该属性的值，而 set 访问器则指定在实现接口的类中可以设置该属性的值。

　　draw 是接口 ISharp 中定义的方法，它并没有具体的实现代码。因为在定义接口时，不确定实现它的类的具体情况，因此 draw()方法的具体代码需要在实现接口的类中来定义。例如，从接口 ISharp 中定义一个 Circle 类，用于实现画圆的功能，则在类 Circle 中需要设计 draw()方法的具体代码，在以指定的颜色画圆。

### 4. 委托

　　委托（delegate）相当于 C++中的函数指针，但是委托是类型安全和可靠的，它避免了 C++中由于没有释放指针而导致的资源泄露现象，也不会因为指针指向不正确的地址而产生异常。

　　可以使用关键字 delegate 来定义委托。例如，定义一个指向 void 类型函数的委托，代码如下：

```
delegate void MyDelegate();
```

　　委托本身没有意义，在没有指向具体的函数前也不能被独立执行。需要首先定义一个函数，然后将委托指向该方法，才能通过委托调用方法。

　　【例 13-5】下面是一个委托的定义和使用实例。

```
class Program
{
    // 定义委托 MyDelegate
    delegate void MyDelegate();
    // 主函数
    static void Main(string[] args)
    {
        // 将委托对象 d 指向 PrintHello()方法
        MyDelegate d = new MyDelegate(PrintHello);
        // 相当于执行 PrintHello()方法
        d();
        // 将委托对象 d 指向 PrintABC()方法
        d = new MyDelegate(PrintABC);
        // 相当于执行者 PrintABC()方法
        d();
        // 等待用户按任意键退出
        Console.ReadKey();
    }
    // 打印 Hello World 的方法
    public static void PrintHello()
    {
        Console.WriteLine("Hello World");
    }
    // 打印 ABC 的方法
    public static void PrintABC()
    {
        Console.WriteLine("ABC");
    }
}
```

　　在类 Program 中定义了两个静态函数（使用 static 关键字），即 PrintHello()方法和 PrintABC()方法。在主函数 Main()中，首先将 MyDelegate 变量 d 指向 PrintHello()方法，然后调用 d()，此时相当于调用 PrintHello()方法；再将 MyDelegate 变量 d 指向 PrintABC()，然后调用 d()，此时相当于调用 PrintABC()方法。运行结果如下：

```
Hello World
ABC
```

可以看到，虽然都是调用 d() 方法，但执行的结果却不相同。这是因为委托变量指向不同的方法。

提示

在开发应用程序时，委托是一种很灵活方便的技术。例如，在比较大型应用程序开发过程中，一般都是需要多人协作共同完成的。在底层开发包中可以定义某种情况下将会被调用的委托，但并不给出具体的实现方法。由上层应用程序的开发人员定义委托指向的方法，如果有多个应用程序引用这个底层开发包，则不同的应用程序可以定义不同的处理方法，从而为上层应用程序的开发人员提供了更多的选择。

#### 5. 内置引用类型

C#提供两种内置的引用类型，即 object 和 string。

（1）object 类型

object 类型是.NET Framework 中 System.Object 的别名。在 C#的统一类型系统中，所有类型都是直接或间接从 Object 继承的，因此可以将任何类型的值赋予 object 类型的变量。

可以将值类型赋予 object 类型的变量，此过程被称为"装箱"。例如，下面的代码将整型变量 i 的值赋予 object 变量中。

```
int i = 10;
object obj = i;
```

装箱的反向操作为"取消装箱"，即将 object 变量中的值赋予一个值类型变量中。例如，下面的代码将 object 变量 obj 的值赋予 int 变量 j 中。

```
int j = (int)obj;
```

这里使用"(int)"进行强制类型转换。执行该语句后，int 类型变量 j 的值为 10。

（2）string 类型

string 类型用于表示 Unicode 字符串，这是 C#语言中非常常用的类型之一。string 是.NET Framework 中 System.String 的别名。

string 类型变量的声明方式如下：

```
string <变量名> = <初始值>;
```

例如，下面的语句中定义了一个 string 类型变量 str，其初始值为"hello"。

```
string str = "hello";
```

C#字符串常量包含在两个双引号之间。

可以使用+来连接两个字符串，例如：

```
string str = "hello " + "world";
```

变量 str 的初始值为"hello world"。

## 13.2.3　类型转换

在程序设计过程中，有时需要进行类型转换。例如，将 int 类型变量转换为 long 类型，或者将 float 类型变量转换为 double 类型等。C#语言提供两种的类型转换方式，即隐式转换和显式转换。

#### 1. 隐式转换

隐式类型转换是系统默认的转换方式，可以直接通过赋值的方式实现隐式类型转换。例如：

```
int a = 10;
long b = a;
```

在上面的代码中，int 类型变量 a 的初始值为 10，将其赋值给 long 类型变量 b，则 b 的值也等于 10。

**2. 显式转换**

显式类型转换也称为强制类型转换，它需要在进行类型转换时明确指定要转换的类型。例如：

```
int a = 10;
long b = (long)a;
```

**提示**　在进行类型转换时应注意避免出现越界的情况。例如，将 long 类型变量转换为 int 类型时，如果变量值超过了 int 数据类型的取值范围，则会出现越界，得到错误的结果。

# 13.3　常量和变量

常量和变量是程序设计语言的基础知识，每种程序设计语言都提供对常量和变量的支持。本节将介绍 C#语言中常量和变量的声明与使用情况。

## 13.3.1　常量

常量具有固定的值，在程序中常量的值不能发生改变。在 C#语言中，可以使用 const 关键字来声明常量，语法如下：

<访问修饰符> const <数据类型> <常量名> = <常量值>;

<访问修饰符>可以对指定常量、变量、类、结构等的使用范围进行限制，包括 public、private、protected 和 internal 等。

**1. public 访问修饰符**

public（公共）访问修饰符是允许的最高访问级别，系统对访问 public 成员没有限制，可以在项目中的位置访问对其进行访问。

例如，定义一个 public 常量 pi 的代码如下：

```
public const float PI = 3.1415926;
```

**2. private 访问修饰符**

private（私有）访问修饰符是允许的最低访问级别，只有在声明它的类或结构体内部才能访问 private 成员。

例如，定义一个 private 常量 version 的代码如下：

```
private const string version = "version";
```

**3. protected 访问修饰符**

protected（受保护）访问修饰符指定受保护成员只在当前类及其派生类中可以访问。

**4. internal 访问修饰符**

internal（内部）访问修饰符指定内部成员只在同一程序集的文件中，内部类型或成员才是可访问的。

## 13.3.2　变量

变量是内存中命名的存储位置，变量的值可以动态变化，在程序设计中能发挥重要的作用。在 C#语言中，声明变量的语法如下：

```
<访问修饰符> <数据类型> <常量名>;
```
在前面的内容中已经介绍了一些声明变量的实例，如声明 int 类型的变量 i，代码如下：
```
int i;
```
在声明变量的同时，可以设置变量的初始值。例如，声明 int 类型变量 a，其初始值为 10，代码如下：
```
int a = 10;
```
C#变量的命名规则如下。

- 变量名必须以字母或下划线等特定符号开头。
- 变量名只能由字母、数字和下划线组成，不能包含空格、标点符号、运算符等。
- 变量名不能与 C#的库函数名相同。
- 变量名不能与 C#的关键字相同。

例如，下面声明的变量是合法的。
```
int a = 10;
int _a = 1;
string str;
float f;
```
下面声明的变量是非法的。
```
int 1a;             // 以数字开头
int 1+a;            // 变量名中包含+
int Main;           // 与主函数同名
string public;      // public 是 C#关键字
```

# 13.4  运算符和表达式

运算符是一种术语或符号，用来指定在一个或多个操作数中要执行的操作，并返回操作的结果。表达式则是由操作数和运算符组成的代码片段。操作数可以是常量、变量、对象、函数等，也可以是一个表达式。

C#提供了大量的运算符，常用运算符可以分类为算术运算符、逻辑运算符、递增递减运算符、关系运算符和赋值运算符等。

## 13.4.1  算术运算符和算术表达式

算术运算符用来进行算术运算，包括加、减、乘、除和求余等操作，如表 13-3 所示。

表 13-3　　　　　　　　　　　　算术运算符

| 算术运算符 | 描　　述 |
| --- | --- |
| + | 作为一元运算符表示正数，其结果就是操作数本身；作为二元运算符，用于计算两个操作数的和 |
| - | 作为一元运算符表示取负数，其结果为操作数的相反数；作为二元运算符，用于计算两个操作数的差 |
| * | 乘法运算符，用于计算两个操作数的乘积 |
| / | 除法运算符，用于计算第 2 个操作数除第 1 个操作数的结果 |
| % | 模数运算符，用于计算第 2 个操作数除第 1 个操作数的余数 |

算术表达式则操作数和算术运算符组成,并返回计算结果。在算术表达式中,*、/和%运算符的优化级要高于+和−运算符。对于优先级相同的运算符,系统将按照从左至右的顺序进行计算。如果表达式中出现括号,则优先计算括号里的值。

【例 13-6】下面代码演示算术表达式的计算方法。

```
static void Main(string[] args)
{
    int i = 10, j = 30, k = 50;
    // 优先计算 j*k
    int num = i + j * k;
    Console.WriteLine("10+30*50 = {0}" , num);
    // 优先计算括号里面的内容
    num = (i + j) * k;
    Console.WriteLine("(10+30)*50 = {0}", num);
    // 按任意键退出
    Console.ReadKey();
}
```

运行结果如下:

```
10+30*50 = 1510;
(10+30)*50 = 2000;
```

在第 1 个算术表达式 i + j * k 中,因为*的优先级高于+,所以程序首先计算 j*k 的值,得到 1500,然后再加上 i 的值 10,计算结果为 1510;在第 2 个算术表达式(i + j) * k 中,程序首先计算括号中表达式的值,得到 40,然后再乘以 50,计算结果为 2000。

加号(+)还可以作为字符串串联运算符,用于连接两字符串。例如:

```
string str = "hello " + "world";
```

变量 str 的值为"hello world"。

## 13.4.2  逻辑运算符和逻辑表达式

逻辑运算符用来进行布尔运算和位运算,如表 13-4 所示。

表 13-4                                逻辑运算符

| 逻辑运算符 | 描　　　　述 |
| --- | --- |
| & | 二元运算符,用于计算操作数的逻辑按位"与"操作 |
| \| | 二元运算符,用于计算操作数的逻辑按位"或"操作 |
| ^ | 二元运算符,用于计算操作数的逻辑按位"异或"操作 |
| ! | 一元运算符,用于对操作数求反的逻辑非运算符 |
| ~ | 一元运算符,用于对操作数执行按位求补运算 |
| && | 二元运算符,用于对操作数执行逻辑"与"操作 |
| \|\| | 二元运算符,用于对操作数执行逻辑"或"操作 |

逻辑表达式由 bool 类型操作数和逻辑运算符组成,运算结果的数据类型为 bool 类型。常用逻辑运算符的运算结果如表 13-5 所示。位运算符在本书中不会使用到,因此这里不对其做详细介绍。

表 13-5                                            常用逻辑运算的真值表

| 操作数 a 的值 | 操作数 b 的值 | a&&b 的值 | a\|\|b 的值 | !a 的值 |
|---|---|---|---|---|
| true | true | true | true | false |
| true | false | false | true | false |
| false | true | false | true | true |
| false | false | false | false | true |

### 13.4.3  递增递减运算符和递增递减表达式

递增运算符为++，用于将操作数增加 1。递增运算符可以出现在操作数的前面（例如，++i），也可以出现在操作数的后面（例如，i++）。

当递增运算符出现在操作数前面时，程序将首先将操作数增加 1，然后再将增加 1 后的结果作为表达式的返回值。

【例 13-7】下面代码演示递增运算符出现在操作数前面时的情况。

```
int i = 10;
int j = ++i;
Console.WriteLine("i=" + i.ToString());
Console.WriteLine("j=" + j.ToString());
```

运行结果如下：

```
i=11;
j=11;
```

当递增运算符出现在操作数后面时，程序将操作数作为表达式的返回值，然后再将操作数增加 1。

【例 13-8】下面代码演示递增运算符出现在操作数后面时的情况。

```
int i = 10;
int j = i++;
Console.WriteLine("i=" + i.ToString());
Console.WriteLine("j=" + j.ToString());
```

运行结果如下：

```
i=11;
j=10;
```

递减运算符为--，用于将操作数减 1。它的使用方法也递增运算符相同，请读者参照理解。

### 13.4.4  关系运算符和关系表达式

关系运算符用于实现两个操作数之间的比较，如表 13-6 所示。

表 13-6                                            关系运算符

| 关系运算符 | 描　　述 |
|---|---|
| == | 如果两个操作数相等，则返回 true；否则返回 false |
| != | 如果两个操作数不相等，则返回 true；否则返回 false |
| < | 如果第 1 个操作数小于第 2 个操作数，则返回 true；否则返回 false |
| > | 如果第 1 个操作数大于第 2 个操作数，则返回 true；否则返回 false |
| <= | 如果第 1 个操作数小于或等于第 2 个操作数，则返回 true；否则返回 false |
| >= | 如果第 1 个操作数大于或等于第 2 个操作数，则返回 true；否则返回 false |

关系表达式由两个操作数和关系运算符组成，返回 bool 类型的值。关系表达式还可以和逻辑表达式结合使用。

【例 13-9】下面代码演示关系表达式和逻辑表达式结合使用的计算结果。

```
int i = 50;
Console.WriteLine(i>30 && i<60);
Console.ReadKey();
```

当 int 类型变量 i 等于 50 时，关系表达式 i>30 成立，结果为 True；关系表达式 i<60 也成立，结果为 True；逻辑表达式 i>30 && i<60 的计算结果也等于 True。因此，本实例的输出结果为 True。

## 13.4.5　赋值运算符和赋值表达式

赋值运算符用于将右操作数的值直接或经过计算后赋值到左操作数中。常用的赋值运算符如表 13-7 所示。

表 13-7　　　　　　　　　　　　　　　　赋值运算符

| 赋值运算符 | 描　　　述 |
|---|---|
| = | 将右操作数的值存储在左操作数表示的变量或属性中 |
| += | 加法赋值运算符，x += y 等价于 x = x + y |
| -= | 减法赋值运算符，x -= y 等价于 x = x − y |
| *= | 乘法赋值运算符，x *= y 等价于 x = x * y |
| /= | 除法赋值运算符，x /= y 等价于 x = x / y |
| %= | 求余赋值运算符，x %= y 等价于 x = x % y |

【例 13-10】下面代码演示了各种赋值表达式的计算方法。

```
static void Main(string[] args)
{
    int i = 10, j = 3;
    Console.WriteLine("i=10; j=3");
    // = 运算符
    int num = i + j;
    Console.WriteLine("i+j={0}", num);
    // += 运算符
    num = i;
    num += j;
    Console.WriteLine("i+j={0}", num);
    // -= 运算符
    num = i;
    num -= j;
    Console.WriteLine("i-j={0}", num);
    // *= 运算符
    num = i;
    num *= j;
    Console.WriteLine("i*j={0}", num);
    // /= 运算符
    num = i;
    num /= j;
    Console.WriteLine("i/j={0}", num);
    // = 运算符
    num = i;
    num %= j;
```

```
        Console.WriteLine("i%j={0}", num);
        Console.ReadKey();
            }
```

运行结果如下：

```
i=10; j=3
i+j=13
i+j=13
i-j=7
i*j=30
i/j=3
i%j=1
```

# 13.5  流程控制语句

语句是构造 C#程序的过程构造块。在前面的示例程序中，已经看到了一些简单的 C#语句。普通语句是顺序执行的，而本节要介绍的流程控制语句则可以改变程序执行的流程，形成程序的循环和分支结构。

常用的流程控制语句包括选择控制、循环控制、跳转控制和异常处理。

## 13.5.1  选择控制语句

选择控制语句根据某个条件是否为 true 决定程序控制权移交给特定的代码块。C#语言中选择控制语句包含 if 语句和 switch 语句。

### 1. if 语句

if 语句的语法如下：

```
if(<布尔表达式>)
{
    <语句块 1>
}
else
{
    <语句块 2>
}
```

<布尔表达式>可以是逻辑表达式，也可以是关系表达。当<布尔表达式>的值为 true 时，执行<语句块 1>；否则执行<语句块 2>。也可以省略 else 语句，当<布尔表达式>等于 false 时，不执行任何操作。

【例 13-11】下面代码演示了 if 语句的使用方法。

```
static void Main(string[] args)
{
    Console.WriteLine("请输入你的姓名: ");
    string str = Console.ReadLine();
    if (str.Length > 0)
        Console.WriteLine("您的姓名是: {0}", str);
    else
        Console.WriteLine("没有输入");
    Console.ReadKey();
}
```

程序首先要求用户输入一行字符串到变量 str，然后使用 str.Length 属性判断字符串长度是否大于 0。如果字符串长度大于 0，则输入 str 的值；否则显示"没有输入"。

也可以在 if 语句是使用 else if 语句，形成多分支选择控制语句，语法如下：

```
if(<布尔表达式 1>)
{
    <语句块 1>
}
else if(<布尔表达式 2>)
{
    <语句块 2>
}
……
else
{
    <语句块 n>
        }
```

【例 13-12】下面代码演示了使用 if 语句实现多分支控制的方法。

```
static void Main(string[] args)
{
    DateTime now = DateTime.Now;
    if (now.DayOfWeek == DayOfWeek.Monday)
        Console.WriteLine("星期一");
    else if (now.DayOfWeek == DayOfWeek.Tuesday)
        Console.WriteLine("星期二");
    else if (now.DayOfWeek == DayOfWeek.Wednesday)
        Console.WriteLine("星期三");
    else if (now.DayOfWeek == DayOfWeek.Thursday)
        Console.WriteLine("星期四");
    else if (now.DayOfWeek == DayOfWeek.Friday)
        Console.WriteLine("星期五");
    else if (now.DayOfWeek == DayOfWeek.Saturday)
        Console.WriteLine("星期六");
    else
        Console.WriteLine("星期日");
}
```

程序使用 DateTime.Now 属性获得当前的系统时间，并保存到变量 now 中。DateTime 对象的 DayOfWeek 属性可以返回指定日期是星期几，返回数据的属于枚举类型 DayOfWeek。枚举类型 DayOfWeek 的取值情况如表 13-8 所示。

表 13-8　　　　　　　　枚举类型 DayOfWeek 的取值情况

| 枚举类型 DayOfWeek 的值 | 描　述 |
| --- | --- |
| Monday | 星期一 |
| Tuesday | 星期二 |
| Wednesday | 星期三 |
| Thursday | 星期四 |
| Friday | 星期五 |
| Saturday | 星期六 |
| Sunday | 星期日 |

程序中使用 if…else if…else 语句，对 now.DayOfWeek 的值进行判断，并根据比较的结果输出对应的星期信息。

## 2. switch 语句

switch 语句是一个多分支控制语句，语法如下：

```
switch(<控制表达式>)
{
    case <值 1>:
        <语句块 1>
        break;
    case <值 2>:
        <语句块 2>
        break;
    ……
    default:
        <语句块 n>
        break;
}
```

程序首先计算<控制表达式>的值，然后将其与 case 语句后面的值进行比较。如果两者相等，则执行相应的语句块；如果所有的 case 语句都不等于<控制表达式>，则执行 default 语句后面的语句块。

switch 语句可以包括任意数目的 case 语句块，但是任何两个 case 语句都不能具有相同的值。

【例 13-13】使用 switch 语句输出当前日期是星期几，代码如下：

```
static void Main(string[] args)
{
    DateTime now = DateTime.Now;
    switch (now.DayOfWeek)
    {
        case DayOfWeek.Monday:
            Console.WriteLine("星期一");
            break;
        case DayOfWeek.Tuesday:
            Console.WriteLine("星期二");
            break;
        case DayOfWeek.Wednesday:
            Console.WriteLine("星期三");
            break;
        case DayOfWeek.Thursday:
            Console.WriteLine("星期四");
            break;
        case DayOfWeek.Friday:
            Console.WriteLine("星期五");
            break;
        case DayOfWeek.Saturday:
            Console.WriteLine("星期六");
            break;
        default:
            Console.WriteLine("星期日");
            break;
    }
}
```

注意，C#不支持从一个 case 语句显式贯穿到另一个 case 语句，因此每个 case 语句块后面都有一个 break 语句，表示退出当前的 case 语句块。但是，如果 case 语句中没有代码，则可以不使用 break 语句，此时表示多个 case 语句使用同一个处理语句块。

【例 13-14】使用 switch 语句判断当前日期是工作日还是周末，代码如下：

```
static void Main(string[] args)
{
    DateTime now = DateTime.Now;
    switch (now.DayOfWeek)
    {
        case DayOfWeek.Monday:
        case DayOfWeek.Tuesday:
        case DayOfWeek.Wednesday:
        case DayOfWeek.Thursday:
        case DayOfWeek.Friday:
            Console.WriteLine("工作日");
            break;
        default:
            Console.WriteLine("周末");
            break;
    }
}
```

## 13.5.2　循环控制语句

循环控制语句可以在满足一定条件的情况下多次执行一段代码。C#语言的循环控制语句包括 do…while 语句、while 语句、for 语句和 foreach 语句。

### 1. do…while 语句

do…while 语句的语法如下：

```
do
{
    <循环语句块>
}
while(<条件表达式>)
```

程序首先执行一次<循环语句块>中的代码，然后判断 while 语句中的<条件表达式>是否成立。如果<条件表达式>等于 true，则继续执行<语句块>；否则退出循环控制语句。

【例 13-15】使用 do…while 语句计算 1+2+3+…+9 的结果，代码如下：

```
static void Main(string[] args)
{
    int i = 1;
    int sum = 0;
    do
    {
        sum += i++;
    }
    while (i < 11);
    Console.WriteLine(sum.ToString());
    Console.ReadKey();
}
```

运行结果为 55。

### 2. while 语句

while 语句的语法如下：

```
while(<条件表达式>)
{
    <循环语句块>
}
```

程序首先判断 while 语句中的<条件表达式>是否成立。如果<条件表达式>等于 true，则继续执行<循环语句块>；否则退出循环控制语句。do…while 语句至少执行一次循环语句块，而 while 语句则不可能不执行循环语句块。

在循环语句块中，可以使用 break 语句跳出循环体。

【例 13-16】使用 while 语句计算 1+2+3+…+9 的结果，代码如下：

```
static void Main(string[] args)
{
    int n = 1;
    int sum = 0;
    while (true)
    {
        sum += n++;
        if (n > 10)
            break;
    }
    Console.WriteLine(sum.ToString());
    Console.ReadKey();
}
```

### 3. for 语句

for 语句的语法如下：

```
for(<初始化循环控制变量>; <循环控制条件>; <改变循环控制变量的语句>)
{
    <循环语句块>
}
```

在 for 语句中，需要定义一个循环控制变量，用来控制循环语句的执行。例如：

```
for(int i=0; i<10; i++)
{
    Console.WriteLine(i.ToString());
}
```

变量 i 是循环控制变量，其初始值为 0；循环控制条件为 i<10，即当变量 i 的值小于 10 时，退出循环语句；改变循环控制变量的语句为 i++，即每次执行循环语句块后，执行 i++，将循环控制变量 i 的值增加 1。

【例 13-17】使用 for 语句输出数组 arr 所有元素的值，代码如下：

```
static void Main(string[] args)
{
    int[] arr = new int[5] { 1, 2, 3, 4, 5 };
    for (int i = 0; i < arr.Length; i++)
    {
        Console.WriteLine("arr[{0}]={1}", i, arr[i]);
    }
    Console.ReadKey();
}
```

输出结果如下：

```
arr[0]=1
arr[1]=2
```

```
arr[2]=3
arr[3]=4
arr[4]=5
```

#### 4. foreach 语句

foreach 语句可以在循环语句块中依次处理数组或对象集合中的每个元素，语法如下：

```
foreach(<循环控制变量> in <数组或对象集合>)
{
    <循环语句块>
}
```

【例 13-18】使用 foreach 语句输出数组 arr 所有元素的值，代码如下：

```
static void Main(string[] args)
{
    int[] arr = new int[5] { 1, 2, 3, 4, 5 };
    foreach (int element in arr)
    {
        Console.WriteLine(element);
    }
    Console.ReadKey();
}
```

输出结果如下：

```
1
2
3
4
5
```

### 13.5.3　跳转控制语句

可以在循环控制语句中使用跳转控制语句，转变程序的执行顺序。本小节介绍两个常用的跳转控制语句，即 break 和 continue。

#### 1. break 语句

break 语句用于退出当前的循环体或 switch 语句。在介绍 switch 语句时已经演示了 break 语句的使用，下面介绍在循环控制语句中使用 break 语句的方法。

【例 13-19】在数组 arr 中查找等于 10 的元素，找到后退出循环，并输出该元素在数组中的序号，代码如下：

```
static void Main(string[] args)
{
    int[] arr = new int[5] { 1, 21, 10, 43, 25 };
    int index = -1;
    for(int i=0; i<arr.Length; i++)
    {
        if (arr[i] == 10)
        {
            index = i;;
            break;
        }
    }
    if (index >= 0)
        Console.WriteLine("等于 10 的数组索引为{0}", index);
    else
        Console.WriteLine("没有找到等于 10 的数组元素。");
```

```
        Console.ReadKey();
    }
```

程序使用 for 语句遍历数组 arr 中的所有元素，如果元素值等于 10，则将当前的数组元素序号赋值到变量 index 中，并执行 break 语句退出循环体。

### 2. continue 语句

continue 语句用于将程序的控制权转向循环语句的下一次循环操作。

【例 13-20】遍历数组 arr 中的元素，输出其中的偶数，代码如下：

```
static void Main(string[] args)
{
    int[] arr = new int[5] { 1, 21, 10, 44, 25 };
    int index = -1;
    for(int i=0; i<arr.Length; i++)
    {
        if (arr[i] % 2 == 1)
            continue;
        Console.WriteLine(arr[i]);
    }
    Console.ReadKey();
}
```

程序使用 for 语句遍历数组 arr 中的所有元素，如果元素值被 2 求余等于 1，则说明该元素值为奇数。此时，执行 continue 语句，将不执行后面的代码，返回 for 语句，开始下一次循环。

运行结果如下：

```
10
44
```

## 13.5.4  异常处理语句

程序在运行过程中可能会出现异常情况，使用异常处理语句可以捕获到异常情况，并进行处理，从而避免程序异常退出。

C#的异常处理语句 try…catch，语法如下：

```
try
{
    <try 语句块>
}
catch(<异常处理类>)
{
    <异常处理代码>
}
```

在程序运行过程中，如果<try 语句块>的中某一条语句出现异常，则程序将找到与异常类型相匹配的异常处理类，并执行catch语句中的异常处理代码。在try语句块后面可以跟一个或多个catch块，每个 catch 语句都需要指定一个异常处理类。

所有异常处理类都继承自 System.Exception。例如，强制转换 null 对象将引发 NullReferenceException异常，这是一种比较常见的C#异常。

【例 13-21】下面的实例演示当发生除 0 错误时不进行异常处理的情况。

```
static void Main(string[] args)
{
    int i = 10;
    int result = 30 / (i - 10);
```

```
Console.WriteLine(result);
}
```

程序中存在一个 30/0 的错误，在调试状态下运行该程序，将弹出异常对话框，如图 13-7 所示。

在没有异常处理代码的情况下，当程序运行过程中出现异常时，程序弹出异常信息，然后退出。这给用户的感觉很不友好。

【例 13-22】下面的实例演示当发生除 0 错误时进行异常处理的情况。

```
static void Main(string[] args)
{
    try
    {
        int i = 10;
        int result = 30 / (i - 10);
        Console.WriteLine(result);
    }
    catch (Exception ex)
    {
        Console.WriteLine(ex.Message);
    }
    Console.ReadKey();
}
```

图 13-7　除零异常信息

在程序中增加了 try…catch 语句后，运行结果如下：

试图除以零

在 catch 语句块中，程序定义了一个 Exception 对象 ex，用于接收异常处理对象。ex.Message 属性表示异常描述信息。因为程序已经捕获到异常信息，所以不会再弹出异常错误的对话框了，程序也没有因为出现异常情况而退出。

还可以将 try…catch 语句和 finally 语句结合使用，通常在 try 块中获取并使用资源，在 catch 块中处理异常情况，在 finally 块中释放资源。

【例 13-23】下面的实例演示 try…catch…finally 语句的使用情况。

```
static void Main(string[] args)
{
    int i = 0;
    try
    {
        i = 10;
        int result = 30 / (i - 10);
        Console.WriteLine(result);
    }
    catch (Exception ex)
    {
        Console.WriteLine(ex.Message);
    }
    finally
    {
        i = 5;
    }
    Console.Write(i);
    Console.ReadKey();
}
```

运行结果如下：

试图除以零
5

尽管在 try 块中出现除零异常，但程序依然会运行 finally 块中的代码，将变量 i 的值设置为 5。

前面介绍的异常信息都是由系统产生的，也可以在程序中使用 throw 语句引发异常，语法如下：

```
throw <派生自 Exception 类的实例>
```

例如，要在程序中引用 NullReferenceException 异常，可以使用下面的代码：

```
throw new NullReferenceException();
```

# 13.6　类　和　对　象

C#是面向对象的程序设计语言，它使用类和结构来实现类型。典型的 C#应用程序由程序员自定义的类和.NET Framework 提供的类组成。

## 13.6.1　面向对象程序设计思想

在传统的程序设计中，通常使用数据类型对变量进行分类。不同数据类型的变量拥有不同的属性，如 int 类型变量用于保存整数，string 类型变量用于保存字符串。数据类型实现了对变量的简单分类，但并不能完整地描述事务。

在日常生活中，要描述一个事务，即要说明它的属性，也要说明它所能进行的操作。例如，如果将人看做一个事务，它的属性包含姓名、性别、生日、职业、身高、体重等，它能完成的动作包括吃饭、行走、说话等。将人的属性和能够完成的动作结合在一起，就可以完整的描述人的所有特征了，如图 13-8 所示。

面向对象的程序设计思想正是基于这种设计理念，将事务的属性和方法都包含在类中，而对象则是类的一个实例。如果将人定义为类的话，那么某个具体的人就是一个对象。

面向对象程序设计具有如下特性。

### 1. 对象唯一性

每个对象都有自身唯一的标识，通过这种标识，可找到相应的对象。在对象的整个生命期中，它的标识都不改变，不同的对象不能有相同的标识。

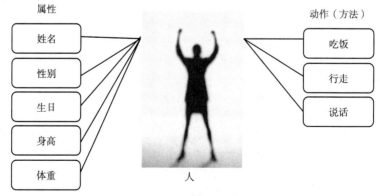

图 13-8　人的属性和方法

### 2. 抽象性

抽象性是指将具有一致属性和操作的对象抽象成类。在定义类结构时，通常只关注与应用程序相关的重要属性和操作，而忽略其他一些无关内容。例如，每个人都具有非常多的属性，但在人力资源管理系统中，设计员工类 Employee 时只考虑与管理相关的属性，如姓名、性别、工资等。

### 3. 继承性

继承性是子类自动共享父类（也称为基类）数据结构和方法的机制，这是类之间的一种关系。在定义和实现一个类的时候，可以在一个已经存在的类的基础之上来进行，把这个已经存在的类所定义的内容作为自己的内容，并加入若干新的内容。这种从父类衍生出子类的方法叫做派生。子类（也称为派生类）将自动拥有父类中定义的属性和操作。

例如，设计一个类 Human 表示人类，它具有人类共同的属性，包括姓名、性别等，也具有人类共同的行为（操作），包括吃饭、走路等。可以从类 Human 中派生一个员工子类 Employee，它会自动拥有其父类的姓名、性别等属性以及吃饭、走路等行为。也可以在类 Employee 中定义自己的属性和操作，如职务、工资等。

继承性是面向对象程序设计语言不同于其他语言的最重要的特点。在类层次中，子类只继承一个父类的数据结构和方法，则称为单重继承。在类层次中，子类继承了多个父类的数据结构和方法，则称为多重继承。注意，C#不支持多重继承。

在软件开发过程中，类的继承性使所建立的软件具有开放性、可扩充性，这是对信息进行组织与分类的有效方法，它简化了对象、类的创建工作量，增加了代码的可重用性。

### 4. 多态性

多态性指相同的操作可作用于多种类型的对象上并获得不同的结果。不同的对象，收到同一消息可以产生不同的结果，这种现象称为多态性。

例如，定义一个"汽车"类，其中包含一个"开车"操作。从"汽车"类中派生两个子类，即"手动档汽车"和"自动挡汽车"，它们都继承了"开车"这个操作。但在这两个子类中，可以分别用自己的方法来实现"开车"操作。

多态性允许每个对象以适合自身的方式去响应共同的消息，从而增强了软件的灵活性和重用性。由于篇幅所限，本书将不介绍 C#语言中类的继承和多态的实现方法。

## 13.6.2　创建类

在 Visual Studio 2008 的菜单中依次选择"项目"/"添加类"，打开"添加新项"对话框，如图 13-9 所示。

在"名称"文本框中输入类文件名，扩展名为.cs，然后单击"添加"按钮，可以在项目中添加一个类文件。假定新建的类名为 Class1，则其默认的内容如下：

图 13-9　添加类

```
using System;
using System.Collections.Generic;
using System.Text;

namespace ConsoleApplication1
{
    class Class1
    {
    }
}
```

ConsoleApplication1 是当前项目的命名空间。使用 class 关键字可以定义一个类，其语法如下：

```
<访问修饰符> class <类名>
{
    <类的内容>
}
```

常用的访问修饰符包括 public、private、protected 和 internal，它的具体含义请读者参照 13.3.1 小节理解。在 13.2.2 小节中介绍了定义员工类 Employee 的实例，可以使用下面的方法定义类 Employee 的对象 obj。

```
Employee obj = new Employee();
```

使用 new 关键字可以创建对象。如果不使用 new 关键字，则在编译应用程序时会提示下面的错误信息：

使用了未赋值的局部变量 "obj"

使用 "." 运算符可以访问对象的属性和函数，语法如下：

<对象名>.<属性名或函数名>

【例 13-24】下面的实例演示了如何访问对象属性和函数。

```
static void Main(string[] args)
{
    Employee obj = new Employee();
    obj.EmpName = "小明";
    obj.Sex = "男";
    obj.Wage = 2500;
    obj.IDCard = "1234567890abcd";

    obj.PrintEmpInfo();
    Console.ReadKey();
}
```

程序首先设置 obj 对象各字段的值，然后调用 obj.PrintEmpInfo()方法，输出 obj 对象的字段值。运行结果如下：

```
小明
男
2500
1234567890abcd
```

注意，private 字段只能在类的内部访问，在类的外部是不可见的。通常将字段声明为 private 变量，然后使用属性来获取和设置字段的值。

属性可以通过 set 和 get 访问器来读取、设置或计算私有字段的值，可以像使用公共字段一样来使用属性。这样可以有效地保护类中字段值的安全性，避免程序员设置无效的字段值。

【例 13-25】修改类 Employee 的定义，将字段设置为 private 类型，并使用公共属性来获取和设置字段的值，代码如下：

```
class Employee
{
    private string empName;     // 姓名
    private string sex;         // 性别
    private int wage;           // 工资
    private string idCard;      // 身份证号

    /// <summary>
    /// empName 字段对应的属性
```

```
/// </summary>
public string EmpName
{
    get { return empName; }
    set { empName = value; }
}
/// <summary>
/// sex 字段对应的属性
/// </summary>
public string Sex
{
    get { return sex; }
    set { sex = value; }
}
/// <summary>
/// wage 字段对应的属性
/// </summary>
public int Wage
{
    get
    {
        if (wage > 0)
            return wage;
        else
            return 0;
    }
    set
    {
        if (value > 0)
            wage = value;
        else
            wage = 0;
    }
}
/// <summary>
/// idCard 字段对应的属性
/// </summary>
public string IDCard
{
    get { return idCard; }
    set { idCard = value; }
}
/// <summary>
/// 访问私有字段，输出员工信息
/// </summary>
public void PrintEmpInfo()
{
    Console.WriteLine(empName);
    Console.WriteLine(sex);
    Console.WriteLine(wage);
    Console.WriteLine(idCard);
}
}
```

在属性中通过 get 访问器可以获取私有字段的值。例如，在属性 EmpName 的定义中，使用下面的语句获取字段 empName 的值。

```
get { return empName; }
```

为了防止字段中存在无效的数据，可以在 get 访问器中对私有字段的值进行检查。例如，在 Wage 属性的 get 访问器定义中，对 wage 字段的值进行判断。如果 wage 字段值大于 0，则返回 wage 字段值，否则返回 0。这样在访问 Wage 属性时，就不会得到无效的工资数据了。

在属性中通过 set 访问器可以设置私有字段的值。例如，在属性 EmpName 的定义中，使用下面的语句设置字段 empName 的值。

```
set { empName = value; }
```

变量 value 表示对属性 EmpName 设置的值。例如，在下面的语句中，变量 value 的值将被设置为"小明"。

```
obj.EmpName = "小明";
```

为了防止为字段设置无效的数据，可以在 set 访问器中对私有字段的值进行检查。例如，在 Wage 属性的 set 访问器定义中，对变量 value 的值进行判断。如果变量 value 的值大于 0，则将其赋值到 wage 字段中，否则将 wage 字段设置为 0。这样就不会通过 Wage 属性设置无效的工资数据了。

如果在属性中只使用 get 访问器，则该属性是只读属性，在类的外部只能获取该属性的值，但无法设置它的值；如果在属性中只使用 set 访问器，则该属性是只写属性，在类的外部只能设置该属性的值，但无法获取它的值。

### 13.6.3 函数

函数是包含一系列语句的代码块。在声明函数时，需要指定访问级别、返回值类型、函数名称、使用的参数和实现代码。

声明函数的语法如下：

```
<访问修饰符> <返回值类型> <函数名>(<参数列表>)
{
    <函数体>
}
```

如果函数没有返回值，则在<返回值类型>位置使用 void。<参数列表>中列出函数的参数信息，如果定义了多个参数，则使用逗号分隔。

【例 13-26】在 Employee 中声明一个公共函数 Sum，计算两个参数之和，代码如下：

```
public int Sum(int x, int y)
{
    int sum = x + y;
    return sum;
}
```

在方法体中使用 return 语句返回函数值。在类的外部，可以使用下面的方法来调用类的公共方法 Sum，并得到返回值。

```
int sum = obj.Sum(10, 20);
Console.WriteLine(sum);
```

输出的结果为 30。

在 C#方法中，参数分为两种类型，即值类型参数和引用类型参数。

#### 1. 值类型参数

值类型参数只用于传递参数的值。在例 13-26 中使用的两个参数都是值类型参数。在调用方法时，可以使用常量、变量或表达式作为参数；第 1 个参数的值将传递给参数变量 x，第 2 个参数的值将传递给参数变量 y。在方法中对参数变量进行修改，对调用方法时使用的变量值不会产生任何影响。

【例 13-27】在类 Employee 中定义 Sum1()方法，代码如下：

```
public int Sum1(int x, int y)
{
    x = x + y;
    return x;
}
```

在 Sum1()方法中，程序修改了参数变量 x 的值，并将其作为函数的返回值。在 Main()方法中使用下面的代码调用 Sum1()方法：

```
static void Main(string[] args)
{
    Employee obj = new Employee();
    int x = 10, y = 20;
    int sum = obj.Sum1(x, y);
    Console.WriteLine("x={0}", x);
    Console.WriteLine("y={0}", y);
    Console.WriteLine("sum={0}", sum);
    Console.ReadKey();
}
```

输出结果如下：

```
x=10
y=20
sum=30
```

可以看到，在 Sum1()方法中修改了参数变量 x 的值，但这并没有改变 Main()方法中变量 x 的值。因为在调用 Sum1()方法时，程序只是将变量 x 的值传递到 Sum1()方法的参数中，所以在 Sum1()方法无法访问 Main()方法中的变量 x。

**2. 引用类型参数**

引用类型的变量不直接包含其数据，而是包含它对数据的引用。当通过值传递引用类型的参数时，有可能会改变引用所指向的数据。在 C#中，使用 ref 关键字表示引用类型参数。

【例 13-28】在类 Employee 中定义 Swap()函数，用于交换两个参数变量的值代码如下：

```
public void Swap(ref int x, ref int y)
{
    int t = x;
    x = y;
    y = t;
}
```

在调用 Swap()函数时，也需要在参数中使用 ref 关键字。例如，在 Main()中使用下面的方法调用 Swap()函数。

```
static void Main(string[] args)
{
    Employee obj = new Employee();
    int x = 10, y = 20;
    obj.Swap(ref x, ref y);
    Console.WriteLine("x={0}", x);
    Console.WriteLine("y={0}", y);
    Console.ReadKey();
}
```

运行结果如下：

```
x=20
y=10
```

可以看到，在 Main()方法中，变量 x 和变量 y 的值发生了改变。

### 3. 构造函数

构造函数是类的特殊函数，在创建对象时自动执行，用于对类对象进行初始化。每个类都有构造函数，它的函数名与类名相同。

例如，在类 Employee 中定义构造函数，代码如下：

```
public Employee()
{
    empName = "";
    sex = "";
    wage = 0;
    idCard = "";
}
```

在构造函数中还可以使用参数。通常使用参数设置字段的初始值，代码如下：

```
public Employee(string _name, string _sex, int _wage, string _idcard)
{
    empName = _name;
    sex = _sex;
    wage = _wage;
    idCard = _idcard;
}
```

在创建对象时，可以使用带参数的构造函数，代码如下：

```
Employee obj = new Employee("小强", "男", 2000, "12345657898xxx");
```

这样就可以在创建对象的同时完成初始化对象字段的工作了。

一个类可以拥有多个构造函数，它们的函数名相同，但参数的数量和类型不同，这叫做函数的重载。

### 4. 析构函数

析构函数在类的实例被释放时调用，它的函数名是固定的，即在构造函数前面加上~。析构函数具有如下特性。

- 一个类只有一个析构函数。
- 析构函数只能在当前类中使用，不允许继承和重载析构函数。
- 不允许显式的调用析构函数，只能由系统自动调用。
- 析构函数没有修饰符，也没有参数。

析构函数通常用于释放系统资源，但是.NET Framework 的垃圾回收器会隐式地管理对象的内存分配和释放，因此多数情况下不需要定义析构函数。

下面是类 Employee 的析构函数的实例。

```
~Employee()
{
    Console.WriteLine("Employee 对象已经被释放。");
}
```

## 练 习 题

### 一、选择题

1. C#的发音为（　　）。

    A．C jing        B．C plus plus      C．C Sharp      D．C jia jia

2．下面关于 Visual Studio 错误的是（　　　）。

  A．Visual Studio 是一套完整的开发工具集

  B．Visual Studio 可以用于生成 ASP.NET Web 应用程序

  C．Visual Studio 只支持开发 Visual C#应用程序

  D．Visual Basic、Visual C++、Visual C#和 Visual J#等语言全都使用相同的集成开发环境（IDE）

3．下面关于 C#注释的使用错误的是（　　　）。

  A．// 这是一条注释信息     B．/* 这是一条注释信息 */

  C．// 这是一条 // 注释信息    D．/* 这是一条 */ 注释信息

4．下面不属于 C#注释符的是（　　　）。

  A．//     B．/*     C．--     D．*/

5．下面不属于 C#值类型的是（　　　）。

  A．类     B．结构类型   C．简单类型   D．枚举类型

6．用来连接两个 string 类型字符串的操作符是（　　　）。

  A．+      B．-      C．&     D．_

7．下面不属于 C#访问修饰符的是（　　　）。

  A．public    B．internal   C．const   D．private

8．下面不属于关系运算符的是（　　　）。

  A．!=     B．=      C．>     D．>=

9．下面关于析构函数说法不正确的是（　　　）。

  A．一个类只有一个析构函数

  B．不允许显式的调用析构函数

  C．析构函数没有修饰符，可以带参数

  D．析构函数只能在当前类中使用，不允许继承和重载析构函数

**二、填空题**

1．.NET Framework 具有两个主要组件，即_____和_____。

2．命名空间是类的逻辑分组，它组织成一个逻辑树，树的根为_____。

3．C#的数据类型包括_____和_____两大类。

4．C#语言中包含的引用类型包括_____、_____、_____和_____。

5．C#提供两种内置的引用类型，即_____和_____。

6．C#语言的循环控制语句包括_____语句、_____语句、_____语句和_____语句。

7．所有异常处理类都继承自_____。

**三、判断题**

1．C#程序在.NET Framework 上运行。（　　　）

2．C#字符串常量包含在两个单引号之间。（　　　）

3．switch 语句最多可以包括 10 个 case 语句块。（　　　）

4．强制转换 null 对象将引发 NullReferenceException 异常。（　　　）

5．类文件的扩展名为.class。（　　　）

**四、上机练习题**

1．练习开发控制台应用程序。

（1）启动 Microsoft Visual Studio 2008 窗口，参照 13.1.3 小节介绍的方法创建一个控制台应用程序项目，项目名称为 HelloWorld。

（2）在主函数 Main()中添加代码，在控制台窗口中输出"Hello World!"字符串。

（3）练习为 Main()函数添加注释信息。

（4）在菜单中选择"调试"／"启动调试"，或在工具栏中单击"启动调试"按钮 ▶，可以运行当前的项目，观察运行结果。

2．练习数组和流量控制语句编程。

（1）启动 Microsoft Visual Studio 2008，一个控制台应用程序项目。

（2）在主函数 Main()中定义一个 int 类型的一维数组，并赋初始值。

（3）使用 for 语句依次输出数组中的元素。

（4）使用 do…while 语句依次输出数组中的元素。

（5）使用 while 语句依次输出数组中的元素。

（6）使用 foreach 语句依次输出数组中的元素。

（7）在循环体中，如果数组元素为 0，则使用 break 语句退出循环。

（8）在循环体中，如果数组元素为负数，则使用 continue 语句不予处理。

（9）运行当前项目，观察运行结果。

3．练习使用类。

（1）启动 Microsoft Visual Studio 2008 创建一个控制台应用程序项目。

（2）添加一个类 Human，拥有 Name 和 Sex 两个属性，定义一个 printName()函数，打印 Name 属性。

（3）添加一个类 Human 的派生类 Employees，拥有 Title 和 Wage 两个属性。

（4）在类 Employees 的构造函数中，对 Name、Sex、Title 和 Wage 等属性赋值，看看是否可以访问 Name 和 Sex 属性，为什么？

（5）在主函数 Main()中声明一个 Employees 对象 empobj，调用 objprintName()函数打印 Name 属性。看看是否可以访问 printName()函数，为什么？

（6）在菜单中选择"调试"／"启动调试"，或在工具栏中单击"启动调试"按钮 ▶，可以运行当前的项目，观察运行结果。

# 第 14 章
# Visual C#数据库程序设计

Visual C#使用 ADO.NET 技术访问数据库。ADO.NET 是 ADO（ActiveX Data Objects）的升级版本，它为.NET Framework 提供高效的数据访问机制。本章介绍 ADO.NET 数据访问技术的基本概念、常用对象和访问数据库的服务器端控件。

## 14.1　ADO.NET 的结构和命名空间

本节介绍 ADO.NET 数据库访问技术的结构和命名空间。

### 14.1.1　ADO.NET 的结构

ADO. NET 的结构并不复杂，它由一组数据库访问类组成，图 14-1 所示。

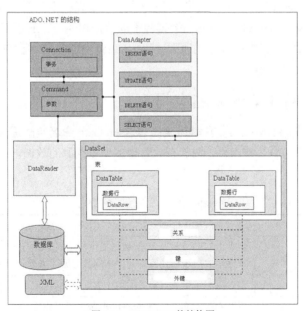

图 14-1　ADO.NET 的结构图

在 ADO. NET 中，可以通过 Command 对象和 DataAdapter 对象访问数据库。DataSet 像保存在系统内存的数据库副本，它不但提供访问数据库的机制，同时还支持访问 XML 文件的机制，可以方便地实现与 XML 文件进行数据交互功能。在 ADO. NET 中，任何数据或数据的模式都可以序列化为 XML 的格式。

下面介绍 ADO.NET 常用类的基本情况，这些类的具体使用情况将在 14.2 小节介绍。

### 1. Connection 类

Connection 类主要提供连接数据库的功能，即提供一个连接，应用程序可以通过此连接把数据库的操作指令传送到数据存储器等。连接数据库方式有信任连接和用户名\密码两种方式，Connection 类提供数据库（源）的连接是实现操作数据库的基础。Connection 类使用数据库连接字符串来连接数据库，该字符串是以"键\值"对的形式实现。

### 2. Command 类

Command 类提供 SqlCommand、OleDbCommand、OdbcCommand、OracleCommand 等多种访问方式，可以直接访问不同种类的数据库。同时 Command 类还支持 IDbCommand 接口，可以从数据库获取一个标量结果或者一个存储过程的输出参数。该类主要用于执行 SQL 语句，从数据库检索数据、插入数据、修改和删除数据。

### 3. DataReader 类

DataReader 类通过 Command 类提供从数据库检索数据信息的功能。此功能以一种只读的、向前的、快速的方式访问数据库，在读取或操作数据库时，不能断开与数据库之间的连接。所以在使用 DataReader 对象时，必须保持与数据库的连接。

### 4. DataSet 类

DataSet 类提供一种断开式的数据访问机制，即以驻留在内存中的形式来显示数据之间的关系模型。DataSet 可以看成数据存储器的部分数据的本地副本，可以执行读取、插入、修改和删除其中的数据。

### 5. DataAdapter 类

DataAdapter 类是 DataSet 类和数据源之间的桥接器，可以检索和保存数据。DataAdapter 通过 Fill 方法来修改 DataSet 中的数据，以便与数据源中的数据相匹配；通过 Update 方法来修改数据源中的数据，以便与 DataSet 中的数据相匹配。DataAdapter 类可以执行 SELECT 语句、INSERT、UPDATE 和 DELETE 4 种语句。

## 14.1.2 ADO.NET 的命名空间

命名空间是.NET Framework 类的逻辑分组，System.Data 命名空间提供对 ADO.NET 结构中类的访问。此命名空间包含一些组件，用于有效管理多个数据源的数据。System.Data 的主要命名空间如表 14-1 所示。

表 14-1　　　　　　　　　　　　System.Data 的主要命名空间

| 命 名 空 间 | 说　　明 |
|---|---|
| System.Data.Common | 包含由.NET Framework 数据提供程序共享的类。.NET Framework 数据提供程序描述用于在托管空间中访问数据源（如数据库）的类的集合 |
| System.Data.Design | 包含可用于生成自定义类型化数据集的类 |
| System.Data.ODBC | 用于 ODBC 的.NET Framework 数据提供程序 |
| System.Data.OleDb | 用于 OLE DB 的.NET Framework 数据提供程序 |
| System.Data.OracleClient | 用于 Oracle 的.NET Framework 数据提供程序 |
| System.Data.Sql | 包含支持 SQL Server 特定功能的类 |

续表

| 命　名　空　间 | 说　　　明 |
|---|---|
| System.Data.SqlClient | 封装 SQL Server .NET Framework 数据提供程序。SQL Server .NET Framework 数据提供程序描述了用于在托管空间中访问 SQL Server 数据库的类集合 |
| System.Data.SqlServerCe | 用于 SQL Server Mobile 的.NET Compact Framework 数据提供程序 |
| System.Data.SqlTypes | 包含 SQL Server 2000 以及更高版本中使用的不同数据类型的各种信息 |

# 14.2　ADO.NET 中的常用 SQL Server 访问类

本节介绍 ADO.NET 中的常用 SQL Server 访问类，使用它们可以访问 SQL Server 数据库。

## 14.2.1　SqlConnection 类

SqlConnection 类主要处理对数据库的连接，它是操作数据库的基础。该类表示应用程序和数据源之间的唯一会话。在.NET Framework 中，使用 IDbConnection 接口定义 SqlConnection 类的属性和方法。

IDbConnection 接口的主要属性如表 14-2 所示，其主要方法如表 14-3 所示。

表 14-2　　　　　　　　　　　　IDbConnection 接口的主要属性

| 属　　性 | 说　　　明 |
|---|---|
| ConnectionString | 用于定义打开或连接数据库的字符串 |
| ConnectionTimeout | 尝试建立连接到终止尝试并生成错误之前所等待的时间 |
| Database | 当前数据库或连接打开后要使用的数据库的名称 |
| State | 连接的当前状态 |

表 14-3　　　　　　　　　　　　IDbConnection 接口的主要方法

| 方　　法 | 说　　　明 |
|---|---|
| Open | 打开对数据库的连接 |
| Close | 关闭当前对数据库的连接 |
| CreateCommand | 创建并返回一个与该连接相关联的 Command 对象 |
| BeginTransaction | 开始数据库事务 |
| ChangeDatabase | 更改当前打开的 Connection 对象的数据库 |

.NET Framework 称处理数据库的应用程序为托管应用程序。SQL Server 数据库连接字符串是以“键\值”对的形式组合而成的。在 SQL Server 托管应用程序的连接字符串中存在很多属性，但是常用的属性并不多，数据库连接字符串的常用属性如下。

- Data Source：数据源的机器名。
- Initial Catalog：SQL Server 数据库。
- User Id：用户 ID，用于连接数据库的用户身份名称。
- Password：用户密码，用于连接数据库的用户登录的密码。

例如，采用用户名 sa 和密码 sa 连接数据库 HrSystem，连接字符串代码如下：

```
String ConnectionString = "Data Source=localhost;Persist Security Info=True;User
ID=sa;Password=sa; Initial Catalog=HrSystem;";
```

SqlConnection 类为 IDbConnection 接口的一个派生类，它表示应用程序和 SQL Server 数据库的唯一会话。

【例 14-1】下面通过实例介绍 SqlConnection 类的使用方法。

这是一个 Windows 应用程序项目，它的运行界面如图 14-2 所示。

单击"连接数据库"按钮时，程序连接到指定的 SQL Server 数据库，并在页面中显示当前数据库的版本信息，10.00 表示数据库当

图 14-2    示例程序 Sql
Connection 的运行界面

前的版本为 SQL Server 2008；单击"断开连接"时，程序断开与数据库的连接。

为了在程序中访问 SQL Server 数据库，需要使用 System.Data.SqlClient 命名空间，代码如下：

```
using System.Data.SqlClient;
```

首先需要声明一个 SqlConnection 对象，用于访问 SQL Server 数据库，代码如下：

```
SqlConnection conn; // 定义一个数据库连接对象;
```

接下来需要定义连接字符串，代码如下：

```
String ConnectionString = "Data Source=localhost;Persist Security Info=True;User
ID=sa;Password=sa; Initial Catalog=HrSystem;";
```

这里假定用户 sa 的密码为 sa。Data Source=localhost 表示连接到本地数据库。

当装入页面时，需要创建新的 SqlConnection 对象，代码如下：

```
protected void Page_Load(object sender, EventArgs e)
{
    conn = new SqlConnection(ConnectionString);
    label1.Text = "";
}
```

在创建新的 SqlConnection 对象时，使用连接字符串 ConnectString 作为参数，这样就可以使用此对象来访问指定的 SQL Server 数据库实例了。

label1 是用于显示信息的控件，初始化时不显示信息。

单击"连接数据库"按钮时，执行 buttonConnect_Click 函数，代码如下：

```
protected void buttonConnect_Click(object sender, EventArgs e)
{
    try
    {
        conn.Open();
        label1.Text = "连接成功! 当前 SQL Server 数据库的版本为: " + conn.ServerVersion;
    }
    catch (Exception ex)
    {
    }
}
```

程序调用 conn.Open()函数打开 SQL Server 数据库的连接，conn.ServerVersion 表示 SQLServer 服务器的版本信息。

单击"断开连接"按钮时，执行 buttonDisconnect _Click 函数，代码如下：

```
protected void buttonDisconnect _Click(object sender, EventArgs e)
{
    try
    {
        conn.Close();
        label1.Text = "已经断开连接! ";
```

```
    }
    catch (Exception ex)
    {
    }
}
```

程序调用 conn.Close()函数断开与 SQL Server 数据库的连接，并显示"已经断开连接!"。

## 14.2.2　SqlCommand 类

SqlCommand 是 ADO. NET 中的重要类，它实现对数据源的操作，如查询、插入、修改和删除等。通常情况下，可以通过构造函数或者 CreateCommand()函数创建对象 Command，其中第一种为常用方式。虽然创建 SqlCommand 对象存在两种不同的方式，但是在最终功能上是相同的。

【例 14-2】下面程序代码介绍使用构造函数和 CreateCommand()函数创建对象 SqlCommand 的方法。

```
String ConnectionString = "Data Source=localhost;Persist Security Info=True;User
ID=sa;Password=sa; Initial Catalog=HrSystem;";
private void CommandObject()    ///通过构造函数创建 Command
{
        SqlConnection conn = new SqlConnection(ConnectionString);
        string cmdText = "SELECT COUNT(*) AS EmpCount FROM Employees";
        SqlCommand myCommand = new SqlCommand(cmdText, conn);
}
private void CreateCommand()    ///通过 CreateCommand 函数创建 Command
{
        SqlConnection conn = new SqlConnection(ConnectionString);
        String cmdText = "SELECT COUNT(*) AS EmpCount FROM Employees ";
        SqlCommand myCommand = conn.CreateCommand();
        myCommand.CommandText = cmdText;
}
```

SqlCommand 类的 CommandType 属性提供 3 种执行命令类型，如表 14-4 所示。

表 14-4　　　　　　　　　　Command 对象的 CommandType 属性值

| 命 令 类 型 | 说　　　明 |
|---|---|
| Text | 用于执行 SQL 语句，SQL 语句构成执行数据库操作的文本，Command 对象可以把该文本直接传递给数据库，不需要进行任何处理。SQL Server、Oracle、ODBC 和 OLE DB 托管提供程序都支持该类型的命令。系统默认为该类型的命令 |
| Stored Procedure | 用于调用并执行存储过程的命令， SQL Server、Oracle、ODBC 和 OLE DB 托管提供程序都支持该类型的命令 |
| TableDirect | 一种特殊类型的 Command 命令，它从数据库返回一个完整的表，等价于 Select * From TableName 来调用 Text 类型的 Command 命令。该类型的命令只有 OLE DB 托管提供程序都支持 |

SqlCommand 类的默认执行命令方式为 Text 类型，当然，也可以使用下面的语句指明以存储过程的类型调用 Command 命令。

```
myCommand.CommandType = CommandType.StoredProcedure;
```

SqlCommand 类执行命令的方式有多种，它们之间最大区别是数据库返回结果集的格式，如表 14-5 所示。

表 14-5 　　　　　　　　　　　　SqlCommand 类执行命令的主要执行方式

| 方　法 | 说　明 |
|---|---|
| ExecuteReader | 用于执行 SQL 语句，可以把该文本直接传递给数据库，不需要进行任何处理。SQL Server、Oracle、ODBC 和 OLE DB 托管提供程序都支持该类型的命令。系统默认为该类型的命令 |
| ExecuteNonQuery | 返回受命令影响记录的行数，它可以执行执行 INSERT、DELELE、UPDATE、SET 语句及 Transact-SQL 等命令 |
| ExecuteScalar | 执行查询，返回个结果集中的第 1 行、第 1 列，所有其他行和列将被忽略 |
| ExecuteXMLReader | 执行查询并返回 XmlReader 对象，只有 SQL Server 2000 或更高的版本才支持 |

【例 14-3】下面通过实例介绍对象 Command 中 ExecuteNonQuery()函数的使用方法。

这是一个 Windows 应用程序项目，运行界面如图 14-3 所示。

可以参照例 14-1 理解连接 SQL Server 数据库的方法。

单击"确定"按钮时，执行 buttonSubmit_Click 函数，代码如下：

```
private void buttonSubmit_Click(object sender, EventArgs e)
{
    if (txtName.Text.Trim() == "")
    {
        MessageBox.Show("请输入部门名称!");
        return;
    }
    // 定义 SqlCommand 对象
    SqlCommand comm;
    String sql;
    sql = "INSERT INTO Departments VALUES(" + numericUpDown1.Value.ToString() + ",'"
+ txtName.Text + "')";
    conn.Open();
    comm = new SqlCommand(sql, conn);
    if (conn.State == ConnectionState.Open)
        comm.ExecuteNonQuery();
    else
    {
        MessageBox.Show("无法连接到数据库! ");
        return;
    }
    MessageBox.Show("保存成功");
    conn.Close();
}
}
```

图 14-3　例 14-3 的运行界面

程序调用 SqlCommand 对象的 ExecuteNonQuery()函数，执行 INSERT 语句，向表 Deparrtments 中插入数据。

## 14.2.3　SqlDataReader 类

SqlDataReader 类提供一种以只进流的方式从数据库中读取数据的方法。若要创建 SqlDataReader 对象，必须调用 Command 对象的 ExecuteReader()方法，而不使用对象 SqlDataReader 的构造函数。SqlDataReader 对象具有下面两个独有特性。

- SqlDataReader 只能读取数据，没有提供创建、修改和删除数据库记录的功能。
- SqlDataReader 是一种向前的读取数据的方式，不能回头读取上一条记录。

SqlDataReader 对象的主要属性如表 14-6 所示，其主要方法如表 14-7 所示。

表 14-6　　　　　　　　　　　　　SqlDataReader 对象的主要属性

| 属　　　性 | 说　　　明 |
| --- | --- |
| HasRows | SqlDataReader 中是否包含记录 |
| Item | SqlDataReader 中列的值 |
| IsClosed | SqlDataReader 对象的当前状态 |
| FieldCount | 当前行中的列数 |
| NextResult | 当读取批处理 Transact-SQL 语句的结果时，使数据读取器前进到下一个结果 |
| IsDBNull | 表示某列中是否包含不存在的或缺少的值 |

表 14-7　　　　　　　　　　　　　SqlDataReader 对象的主要方法

| 方　　　法 | 说　　　明 |
| --- | --- |
| Read | 读取 SqlDataReader 中的下一条记录 |
| Open | 打开 SqlDataReader |
| Close | 关闭 SqlDataReader |

SqlDataReader 对象的 Item 属性返回指定字段的对象值。可以使用下面两种方式访问对象 SqlDataReader 的 Item 属性中的记录值。

```
object fieldValue = SqlDataReader [FieldName];
object fieldValue = SqlDataReader [FieldIndex];
```

FieldName 表示对象 SqlDataReader 记录集中数据列的列名称，FieldIndex 表示对象 SqlDataReader 记录集中数据列所在的索引，该索引从 0 开始。

另外，在 SqlDataReader 对象中定义一系列的 Get 方法，这些方法返回适当类型的值，如 GetString()方法返回 String 类型的数据值，这些方法会自动地把返回的值转换为返回数据的相应类型。下面的代码返回 SqlDataReader 对象 recm String 的第二列类型的数据值。

```
String companyName = recm.GetString(1);   ///返回第二列中数据值
```

除非应用程序调用 SqlDataReader 对象的 Close 方法，否则该对象一直处于连接状态。稍后将在例 14-4 中演示 SqlDataReader 对象的具体使用方法。

## 14.2.4　DataSet 类

DataSet 类是 ADO．NET 中最复杂的类，它可以包括一个或多个 DataTable，并且还包括 DataTable 之间的关系、约束等关系。它的结构如图 14-4 所示。

关于 DataSet 类的结构图说明如下。

● DataSet 类的层次如图 14-5 所示，图中只给出部分 DataSet 的部分类，而没有列出所有 DataSet 的类。

● DataTable 和数据库表的结构相似，采用行、列的形式组织数据集。

● DataRow 是由单行数据集构成的数据集合，它表示表中包含的实际数据。

● DataColumn 是一组列的集合，它表示 DataTable 中列的架构。

● Constraint 获取该表维护的约束的集合。

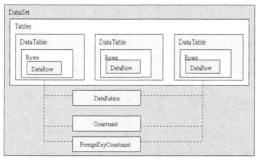

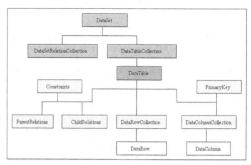

图 14-4  DataSet 对象的结构图          图 14-5  DataSet 类的层次结构图

DataSet 类的常用属性如表 14-8 所示，其常用方法如表 14-9 所示。

表 14-8                          DataSet 类的常用属性

| 属  性 | 说  明 |
|---|---|
| DataSetName | 当前 DataSet 的名称 |
| Namespace | DataSet 的名字空间 |
| HasErrors | 为一个 bool，标识 DataSet 的表中是否存在错误 |
| Tables | 当前 DataSet 中包含的表的集合 |
| Relation | 当前 DataSet 中表之间的关系的集合 |
| DefaultViewManager | DataSet 所包含的数据的自定义视图，以允许使用自定义的 DataViewManager 进行筛选、搜索和导航 |
| CaseSensitive | DataSet 中的数据是否对大小写敏感 |

表 14-9                          DataSet 类的常用方法

| 方  法 | 说  明 |
|---|---|
| Copy | 复制 DataSet 的结构和数据 |
| Clone | 复制 DataSet 的结构，但不复制数据 |
| Clear | 清除 DataSet 中的数据 |
| ReadXml | 把 XML 架构和数据读取到 DataSet 中 |
| WriteXml | 把 XML 架构和数据写到 DataSet 中 |

【例 14-4】下面通过实例介绍使用对象 DataReader 中的数据创建 DataSet 对象的方法。因为 DataSet 类比较复杂，所以这里演示其包含的 DataTable 类的用法。

本实例的功能是从表 Empployees 中读取数据到 DataTable 对象中，然后将其显示在表格控件 GridView 中，如图 14-6 所示。本实例演示了类 DataRow、类 DataColumn 和类 DataTable 的使用方法。

在主窗体的设计视图中，从"工具箱"中拖动 DataGridView 控件到页面中，如图 14-7 所示。 DataGridView 控件的默认名称为 dataGridView1，主要用来显示 DataSet 对象的数据。

本实例中的代码如下：

```
String ConnectionString = "Data Source=localhost;Persist Security Info=True;User
ID=sa;Password=sa; Initial Catalog=HrSystem;";

private void Form1_Load(object sender, EventArgs e)
{
```

图 14-6   实例 Sql_DataSet 的运行界面 图 14-7   添加 DataGridView 控件

```
SqlConnection conn = new SqlConnection(ConnectionString);   // 创建 SqlConnection 对象
String sql = "SELECT * FROM Employees";                     // 设置 SELECT 语句
SqlCommand comm = new SqlCommand(sql, conn);                // 创建 SqlCommand 对象
conn.Open();                                                // 打开数据库连接
DataTable table = new DataTable();                          // 创建 DataTable 对象
// 在 DataTable 对象中添加列
table.Columns.Add("序号");
table.Columns.Add("姓名");
table.Columns.Add("性别");
table.Columns.Add("职务");
table.Columns.Add("工资");
// 从数据库读取数据
SqlDataReader reader = comm.ExecuteReader();
int index = 0;       // 序号
while (reader.Read())
{ ///构造新的数据行
    DataRow row = table.NewRow();
    row["序号"] = (++index).ToString();
    row["姓名"] = reader["Emp_name"].ToString();
    row["性别"] = reader["Sex"].ToString();
    row["职务"] = reader["Title"].ToString();
    row["工资"] = int.Parse(reader["Wage"].ToString());
    table.Rows.Add(row);
}
// 释放对象
reader.Close();
conn.Close();
dataGridView1.DataSource = table;
}
```

DataTable 对象可以作为 GridView 控件的数据源（DataSource 属性）。

实例的设计步骤如下。

（1）使用 SqlConnection 对象，创建到数据库实例 HrSystem 的连接。

（2）使用 SqlCommand 对象从表 Employees 中读取数据，并把数据存放到对象 SqlDataReader

中。

（3）创建 DataTable 对象，并向 DataTable 对象添加 DataColumn。

（4）从对象 SqlDataReader 中读取数据，并把各列数据添加到 DataRow，最终将 DataRow 对象添加到 DataTable 中。

（5）把 DataTable 对象作为 DataGridView 控件的数据源。

## 14.2.5　SqlDataAdapter 类

SqlDataAdapter 类是 DataSet 对象和数据库之间关联的桥梁，可以用于检索和更新数据。SqlDataAdapter 类包含 4 个与 Command 对象相关的属性，如表 14-10 所示。

表 14-10　　　　　　　　DataAdapter 对象中与 Command 对象相关的属性

| 属　　性 | 说　　明 |
| --- | --- |
| SelectCommand | 表示执行 Transact-SQL 语句或存储过程，在数据源中查询记录 |
| InsertCommand | 表示执行 Transact-SQL 语句或存储过程，在数据源中插入新记录 |
| UpdateCommand | 表示执行 Transact-SQL 语句或存储过程，在数据源中更新记录 |
| DeleteCommand | 表示执行 Transact-SQL 语句或存储过程，从数据集中删除记录 |

【例 14-5】下面通过实例介绍 SqlDataAdapter 类的使用方法。

本实例的功能是使用 SqlDataAdapter 对象从表 Employees 中读取数据，然后将数据填充到 DataTable 对象中，最后将其显示在表格控件 DataGridView 中，如图 14-8 所示。

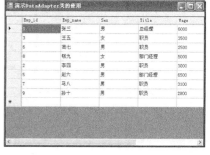

图 14-8　例 14-5 的运行界面

本实例的主要代码如下：

```
private void Form1_Load(object sender, EventArgs e)
{
    SqlConnection conn = new SqlConnection(ConnectionString);
    string sql = "SELECT * FROM Employees";        // 设置 SELECT 语句
    SqlDataAdapter da = new SqlDataAdapter(sql, conn);// 创建 SqlDataAdapter 对象
    // 设置命令的执行类型为 SQL 语句
    da.SelectCommand.CommandType = CommandType.Text;
    conn.Open();                                    // 打开数据库连接
    DataTable table = new DataTable();
    da.Fill(table);    // 使用 Fill() 函数将 SqlDataAdapter 对象的内容填充到 DataSet 对象中
    // 释放对象
    conn.Close();
    dataGridView1.DataSource = table;
}
```

本实例的设计步骤如下。

（1）使用 SqlConnection 对象，创建到数据库实例 HrSystem 的连接。

（2）使用 SqlAdapter 对象从表 Empployees 中读取数据。

（3）使用 Fill()函数把数据填充到对象 DataTable 中。

（4）把对象 DataTable 对象作为 DataGridView 控件的数据源。

## 14.2.6　DataView 类

DataView 类的功能和在 SQL Server 环境下显示视图的功能相似。在应用程序开发中，为了将控件的数据绑定数据源，常常使用与 DataTable 对象相对应的 DataView 对象，或者使用它们的默认视图 DefaultView。在 DataView 对象中，还提供了视图的排序、搜索、筛选等功能。

DataView 对象的常用属性如表 14-11 所示，其常用方法如表 14-12 所示。

表 14-11　DataView 对象的常用属性

| 属　　性 | 说　　明 |
| --- | --- |
| Sort | 视图的排序表达式 |
| RowFilter | 视图的行过滤表达式 |
| Item | 视图中的一行数据 |
| Table | 视图所属的 DataTable |
| RowStateFilter | 用于视图中的行状态筛选器 |
| DefaultViewManager | 与此视图关联的 DataViewManager |
| Count | 视图中的记录的数量 |
| AllowEdit | 是否可以编辑视图 |
| AllowDelete | 是否可以删除视图中的行 |
| AllowNew | 是否可以添加新的行到视图中 |
| ApplyDefaultSort | 使用视图的默认排序方案 |

表 14-12　DataView 对象的常用方法

| 方　　法 | 说　　明 |
| --- | --- |
| AddNew | 添加新的行到视图中 |
| Delete | 在视图中删除某一行 |
| Find | 在视图中查找某一行 |

【例 14-6】下面通过实例介绍 DataView 类的使用方法。

本实例的功能是使用 DataView 对象从表 Employees 中读取数据，然后将数据填充到 DataTable 对象中，并对数据进行排序（按姓名降序排列）和过滤（只显示 Dep_id=1 的记录），最后将其显示在表格控件 DataGridView 中，如图 14-9 所示。

图 14-9　例 14-6 的运行界面

本实例的主要代码如下：

```
SqlConnection conn; // 定义一个数据库连接对象
String ConnectionString = "Data Source=localhost;Persist Security Info=True;User
ID=sa;Password=sa; Initial Catalog=HrSystem;";
SqlDataAdapter da;
DataTable table;
DataView dv;

private void Form1_Load(object sender, EventArgs e)
{
    conn = new SqlConnection(ConnectionString);        // 创建 SqlConnection 对象
    String sql = "SELECT * FROM Employees";            // 设置 SELECT 语句
```

```
da = new SqlDataAdapter(sql, conn);               // 创建 SqlDataAdapter 对象
da.SelectCommand.CommandType = CommandType.Text;  // 设置命令的执行类型为 SQL 语句
conn.Open();                                       // 打开数据库连接

table = new DataTable();
da.Fill(table);    // 使用 Fill()函数将 SqlDataAdapter 对象的内容填充到 DataSet 对象中
dv = new DataView();                               // 生成 DataView 对象
dv = table.DefaultView;                            // 从 DataTalbe 对象中获取默认视图
dv.Sort = "Emp_name DESC";                         // 按姓名的降序排列
dv.RowFilter = "Dep_id = 1";                       // 设置过滤条件，只显示 UserType=1 的记录
// 释放对象
conn.Close();
dataGridView1.DataSource = dv;
}
```

本实例的设计步骤如下。

（1）使用 SqlConnection 对象，创建到数据库实例 HrSystem 的连接。

（2）使用 SqlAdapter 对象从表 Empployees 中读取数据。

（3）使用 Fill()函数把数据填充到对象 DataTable 中。

（4）使用 DataTalbe 对象的 DefaultView 属性生成 DataView 对象。

（5）使用 DataView 对象的 Sort 属性设置排序方式。

（6）使用 DataView 对象的 RowFilter 属性设置过滤条件。

（7）把对象 DataView 对象作为 GridView 控件的数据源。

# 14.3　人力资源管理系统（C/S 版）

本节给出了一个小型的人力资源管理系统示例。该管理系统使用 SQL Server 2008 作为后台数据库管理系统，使用 Visual C# 2008 作为客户端应用程序开发工具。由于篇幅有限，这里仅给出了设计数据库时要考虑的关键问题及设计数据库应用程序所涉及的主要功能及实现。事实上，开发一个实际的管理信息系统应该严格按照数据库系统的设计步骤进行，其需要考虑的问题要复杂得多，该示例可以作为学生进行课程设计的参考。

## 14.3.1　数据库设计

### 1. 设计数据库和表

建立数据库 HumanResource，然后在该数据库中创建各表。本数据库包含了部门表 Departments、员工表 Employees、考勤表 CheckIn 和用户表 Users。部门表 Departments、员工表 Employees 的结构与第 6 章中的示例数据库相同，请读者参照理解。表 CheckIn 的结构如表 14-13 所示。

表 14-13　　　　　　　　　　　表 Checkin 的结构

| 编　号 | 字 段 名 称 | 数 据 类 型 | 说　　明 |
|---|---|---|---|
| 1 | CheckDate | char(10) | 考勤日期 |
| 2 | EmpId | int | 员工编号 |
| 3 | qqDays | decimal(4,1) | 全勤天数 |

续表

| 编　号 | 字 段 名 称 | 数 据 类 型 | 说　　明 |
|---|---|---|---|
| 4 | ccDays | decimal(4,1) | 出差天数 |
| 5 | bjDays | decimal(4,1) | 病假天数 |
| 6 | sjDays | decimal(4,1) | 事假天数 |
| 7 | kgDays | decimal(4,1) | 旷工天数 |
| 8 | fdxjDays | decimal(4,1) | 法定休假天数 |
| 9 | nxjDays | decimal(4,1) | 年休假天数 |
| 10 | dxjDays | decimal(4,1) | 倒休假天数 |
| 11 | cdMinutes | int | 迟到时间（分钟） |
| 12 | ztMinutes | int | 早退时间（分钟） |
| 13 | Jb1Days | decimal(4,1) | 法定节假日加班 |
| 14 | Jb2Days | decimal(4,1) | 周六或周日加班 |
| 15 | jb3Days | decimal(4,1) | 日常加班 |
| 16 | Memo1 | varchar(200) | 备注信息 |

表 Users 的结构如表 14-14 所示。

表 14-14　　　　　　　　　　　　　　表 Users 的结构

| 编　号 | 字 段 名 称 | 数 据 类 型 | 说　　明 |
|---|---|---|---|
| 1 | UserName | varchar(40) | 用户名，主键 |
| 2 | UserPwd | varchar(40) | 密码 |
| 3 | Usertype | tinyint | 用户类型（1 – 系统管理员用户，2 – 普通用户） |

## 2．定义主键约束和外部键约束

（1）设置主键

参照表 14-15 设置表的主键。设置主键的方法参照第 6 章。

表 14-15　　　　　　　　　　　　　　表的主键

| 表　名 | 主键字段名称 | 说　　明 |
|---|---|---|
| Departments | Dep_id | 设置为标识字段，标识增量为 1 |
| Employees | Emp_id | 设置为标识字段，标识增量为 1 |
| CheckIn | CheckDate 和 EmpId | 组合键 |
| Users | UserName | |

（2）设置外部键

通过定义外部键可以保证数据库的参照完整性。参照表 14-16 设置表的外部键。设置外部键的方法参照第 6 章。

表 14-16　　　　　　　　　　　　　　设置表的外部键

| 主 键 表 | 主 键 字 段 | 外 键 表 | 外 键 字 段 |
|---|---|---|---|
| Departments | Dep_id | Employees | Dep_id |
| Employees | Emp_id | CheckIn | Emp_id |

### 3. 插入默认管理员用户

本实例程序在运行时会要求用户使用表 Users 中的记录登录。因此，需要首先执行下面的语句插入默认管理员用户。

```
INSERT INTO Users Values('admin','pass',1)
```

### 4. 按查询要求有选择地建立索引

建立索引的目的是为了提高查询效率，参照表 14-17 设置表的索引。建立索引的方法参照第 7 章。

表 14-17　　　　　　　　　　　　　　定义索引

| 表　名 | 索引字段名称 | 索 引 类 型 |
|---|---|---|
| Employees | Emp_name | 聚集索引 |
| Users | UserName | 聚集索引 |

### 5. 设置检查约束

设置约束的目的是为了保持数据的有效性和完整性，参照表 14-18 设置表的检查约束。设置约束的方法参照第 6 章。

表 14-18　　　　　　　　　　　　　　定义约束

| 表　名 | 定义约束的字段 | 约 束 要 求 |
|---|---|---|
| Employees | Sex | 列 Sex 的值只能等于"男"或"女" |
| Employees | Wage | 列 Wage 的值大于 0 |
| Users | UserPwd | 长度大于 0 |

### 6. 定义数据库用户并设置权限

在数据库应用程序中，可以使用 sa 用户访问 SQL Server 数据库。但通常不建议这样做，因为这样就可能泄露 sa 用户的密码，从而造成安全隐患。通常需要为每个数据库应用程序定义一个数据库用户，本实例创建登录名 hr，采用 SQL Server 身份验证方式，自行设置密码，并在新建登录名窗口中将其映射到数据库 HumanResource，数据库角色成员设置为 db_owner，如图 14-10 所示。

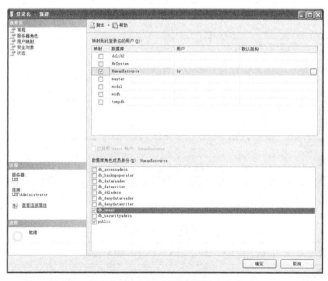

图 14-10　设置权限

## 14.3.2　应用程序的设计

#### 1. 系统功能设计

本管理系统的主要任务是对员工的基本信息、部门信息和考勤信息进行管理。主要功能如下。

（1）浏览基本表功能

- 按部门浏览员工基本信息。
- 浏览考勤信息。

（2）数据管理

- 添加、删除、修改部门。
- 添加、删除、修改员工。
- 添加、修改考勤信息。

（3）考勤查询和统计功能

- 按员工姓名和月份查询考勤明细信息。
- 按日期查询所有员工的考勤信息。
- 按月份统计所有员工的考勤信息。

#### 2. 创建项目

创建一个基于 Windows 窗体应用程序项目，项目名为 HumanResource。项目中包含一个默认的窗体 Form1。

#### 3. 添加 CADOConn 类

添加类 CADOConn，用于连接数据库，并执行 SQL 语句。自定义类 CADOConn 包含如下的成员变量：

```
class CADOConn
{
        public SqlConnection conn;    // 用于连接 SQL Server 数据库
        SqlCommand command;           // 用于执行 SQL 语句
        // 连接字符串
        String ConnString = "Data Source=localhost;Persist Security Info=True;User
ID=hr;Password=pass; Initial Catalog=HumanResource;";
        ……
        }
```

在连接字符串中，Data Source 表示数据库的数据源，localhost 表示本地数据库。使用用户 hr 连接数据库，这里假定密码为 pass。请根据实际情况修改连接字符串，否则可能无法连接到数据库。

在上面的代码中，……代表省略的成员函数部分。类 CADOConn 的成员函数如表 14-19 所示。

表 14-19　　　　　　　　　　　　　　类 CADOConn 的成员函数

| 成员函数名 | 具 体 说 明 |
| --- | --- |
| CADOConn() | 根据连接字符串生成 SqlConnection 对象 |
| SqlDataReader GetDataReader(String sql) | 执行 SELECT 语句 sql，结果集以 SqlDataReader 对象返回 |
| bool ExecuteSQL(String sql) | 执行非查询语句 sql，如果执行成功则返回 true，否则返回 false |

（1）CADOConn()函数的代码如下：

```
CADOConn()
```

```
    {
        conn = new SqlConnection(ConnString);
    }
```

（2）SqlDataReader GetDataReader(String sql)函数的代码如下：

```
// 执行查询语句
public SqlDataReader GetDataReader(String sql)
{
    try
    {
        SqlDataReader reader;
        // 如果没有连接，则建立连接
        if (conn == null)
            conn = new  SqlConnection(ConnString);
        // 定义 OracleCommand 对象，用于执行 SELECT 语句
        command = new SqlCommand(sql, conn);
        conn.Open();                       // 打开数据库连接
        reader = command.ExecuteReader();// 执行 SELECT 语句，数据保存到 OracleDataReader 对象中
        return reader;                     // 返回读取的 OracleDataReader 对象
    }
    catch (Exception e)
    {
        throw e;
    }
}
```

（3）bool ExecuteSQL(String sql)函数的代码如下：

```
// 执行 INSERT、UPDATE 或 DELETE 语句
public bool ExecuteSQL(String sql)
{
    try
    {
        // 如果没有连接，则建立连接
        if (conn == null)
            conn = new SqlConnection(ConnString);
        // 定义 OracleCommand 对象，用于执行 SELECT 语句
        command = new  SqlCommand(sql, conn);
        conn.Open();                   // 打开数据库连接
        command.ExecuteNonQuery();     // 执行非查询的 SQL 语句
        conn.Close();                  // 关闭数据库连接
        return true;                   // 返回 true，表示成功
    }
    catch (Exception e)
    {
        throw e;
    }
}
```

在整个项目中，如果需要访问数据库，则声明一个 CADOConn 即可。

**4. 添加数据库表类**

本实例中，为数据库的每个表都创建一个类，类的成员变量对应表的列，类的成员函数是对成员变量和表的操作。新建一个文件夹 Tables，用于保存数据库表类。

在通常情况下，类的成员变量与对应的表中的列名相同。绝大多数成员函数的编码格式都是

非常相似的。由于篇幅所限，本小节将只介绍每个类中成员函数的基本功能，并不对所有的成员函数进行具体的代码分析，请读者阅读光盘中相关类的内容。

（1）CDepartments 类

CDepartments 类用来管理表 Departments 的数据库操作，CDepartments 类的成员函数如表 14-20 所示。

表 14-20　　　　　　　　　　　　CDepartments 类的成员函数

| 函　数　名 | 具 体 说 明 |
|---|---|
| CDepartments | 初始化成员变量 |
| Exists | 返回指定的部门是否存在 |
| loadall() | 加载并返回所有部门数据，返回 List<CDepartments>列表 |
| sql_delete | 删除指定的记录 |
| sql_insert | 插入新的记录 |
| sql_update | 修改指定的记录 |

下面介绍其中的几个函数，后面的数据库类中也使用类似的代码实现数据库操作。

- sql_insert()函数

sql_insert()函数的代码如下：

```
// 插入新的记录
public void sql_insert()
{
    CADOConn m_ado = new CADOConn();
    String sql = "INSERT INTO Departments VALUES('" + Dep_name + "') ";
    m_ado.ExecuteSQL(sql);
}
```

- sql_delete()函数

sql_ delete()函数的代码如下：

```
// 删除指定的记录
public void sql_delete(int id)
{
    CADOConn m_ado = new CADOConn();
    String sql = "DELETE FROM Departments WHERE Dep_id=" + id.ToString();
    m_ado.ExecuteSQL(sql);
}
```

- sql_update()函数

sql_update()函数的代码如下：

```
// 修改指定的记录
public void sql_update(int id)
{
    CADOConn m_ado = new CADOConn();
    String sql = "UPDATE Departments SET Dep_name='" + Dep_name + "' WHERE Dep_id=" +
id.ToString();
    m_ado.ExecuteSQL(sql);
}
```

（2）CEmployees 类

CEmployees 类用来管理表 Employees 的数据库操作，CEmployees 类的成员函数如表 14-21 所示。

表 14-21　　　　　　　　　　　　　　CEmployees 类的成员函数

| 函　数　名 | 具　体　说　明 |
|---|---|
| CEmployees | 构造函数 |
| loadallid | 加载并返回所有员工编号，返回 List\<int\>列表 |
| sql_delete | 删除指定的记录 |
| sql_insert | 插入新的记录 |
| sql_update | 修改指定的记录 |

（3）CCheckIn 类

CCheckIn 类用来管理表 CCheckIn 的数据库操作，CCheckIn 类的成员函数如表 14-22 所示。

表 14-22　　　　　　　　　　　　　　CCheckIn 类的成员函数

| 函　数　名 | 具　体　说　明 |
|---|---|
| CCheckIn | 构造函数 |
| sql_delete | 删除指定日期的出勤记录 |
| sql_insert | 插入新的记录 |
| sql_update | 修改指定的记录 |

（4）CUsers 类

CUsers 类用来管理表 Users 的数据库操作，CUsers 类的成员函数如表 14-23 所示。

表 14-23　　　　　　　　　　　　　　CUsers 类的成员函数

| 函　数　名 | 具　体　说　明 |
|---|---|
| CUsers | 初始化成员变量 |
| GetData | 读取指定的用户记录 |
| Exists | 判断指定的用户名是否已经在数据库中 |
| ResetPassword | 将指定用户的密码更新为 "111111" |
| sql_delete | 删除指定的用户记录 |
| sql_insert | 插入新的用户记录 |
| sql_update | 修改指定的用户记录 |
| sql_updatePassword | 修改指定用户的密码 |

## 5. 设计主窗体（Form1）

在创建项目时会自动创建一个窗体 Form1，将其作为主窗体。参照表 14-24 设置主窗体的属性。

表 14-24　　　　　　　　　　　　　　设置主窗体的属性

| 属　　　性 | 设　置　值 | 具　体　说　明 |
|---|---|---|
| Text | 人力资源管理系统 | 窗体的标题条文本 |
| Start Position | CenterScreen | 窗体位置为屏幕居中 |
| WindowState | Maximized | 运行时最大化 |
| BackgroundImage | 设计的背景图片文件 | 设置背景图片 |
| BackgroundImageLayout | Stretch | 设置背景图片随窗体大小拉抻 |

在 Form1 中添加菜单（menuStrip1）控件（menuStrip1），实现窗体的主菜单，菜单项的定义如表 14-25 所示。

表 14-25　　　　　　　　　　　　　　菜单项的定义

| 菜 单 标 题 | 名　　称 | 菜 单 标 题 | 名　　称 |
|---|---|---|---|
| 系统管理 | 系统管理 ToolStripMenuItem | 考勤管理 | 考勤管理 ToolStripMenuItem |
| 部门管理 | 部门管理 ToolStripMenuItem | .　　录入日考勤 | 录入日考勤 ToolStripMenuItem |
| 员工管理 | 员工管理 ToolStripMenuItem | .　　月考勤统计 | 月考勤统计 ToolStripMenuItem |
| -（分隔符） | toolStripMenuItem2 | | |
| 用户管理 | 用户管理 ToolStripMenuItem | | |
| 修改密码 | 修改密码 ToolStripMenuItem | | |
| -（分隔符） | toolStripMenuItem1 | | |
| 退出 | 退出 ToolStripMenuItem | | |

主窗体的运行效果如图 14-11 所示。

"退出"菜单的代码如下：

```
private void 退出ToolStripMenuItem_Click(object sender, EventArgs e)
{
    Application.Exit();
}
```

图 14-11　主窗体的运行效果

### 6. 设计用户登录窗体（FormLogin）

用户要使用本系统，首先必须通过系统的身份认证，这个过程叫做登录。成功登录的用户将进入系统的主界面。

当前成功登录用户的数据应该是全局有效的，在项目的任何位置都可以访问它。在主窗体中定义一个 CUsers 对象，代码如下：

```
public CUsers curUser;  // 保存当前登录的用户;
```

添加一个 Windows 窗体，名称为 FormLogin，窗体 FormLogin 中包含的主要控件如表 14-26 所示。

登录窗体的布局如图 14-12 所示。在窗体 FormLogin 中需要访问主窗体中的变量，因此需要定义主窗体对象，代码如下：

表 14-26　窗体 FormLogin 中包含的主要控件

| 控 件 名 | 具 体 说 明 |
|---|---|
| txtUserName | 用户名编辑框 |
| txtUserPwd | 密码编辑框 |
| btnOK | "确定" 按钮 |
| btnCancel | "取消" 按钮 |

```
public Form1 FormMain;
```

在构造函数中，需要指定主窗体对象，代码如下：

```
public FormLogin(Form1 formmain)
{
    InitializeComponent();
    FormMain = formmain;
}
```

图 14-12　登录窗体

InitializeComponent()函数由系统自动生成，用于初始化窗体中的控件。当用户单击"确定"
按钮时，将执行 btnOK_Click()函数，代码如下：

```
private void btnOK_Click(object sender, EventArgs e)
{
    if (txtUserName.Text.Trim() == "")
    {
        MessageBox.Show("请输入用户名");
        txtUserName.Focus();
        return;
    }
    if (txtUserPwd.Text.Trim() == "")
    {
        MessageBox.Show("请输入密码");
        txtUserPwd.Focus();
        return;
    }
    // 获取用户信息
    FrmMain.curUser.GetData(txtUserName.Text.Trim());
    // 如果次登录失败,则退出系统
    if (logincount >= 3)
        Application.Exit();
    if (FrmMain.curUser.UserPwd != txtUserPwd.Text.Trim())
    {
        logincount++;
        MessageBox.Show("用户名不存在或密码不正确");
        return;
    }
    Close();
}
```

程序的运行过程如下。

● 判断是否输入了用户名和密码，如果没有输入，则返回，要求用户输入。

● 调用 CUsers.GetData()函数，将当前用户的信息读取到 FrmMain.curUser 对象中。
FrmMain.curUser 对象保存当前登录的用户信息。

● 每次登录 logincount 变量都加 1。

● 如果 logincoung 大于或等于 3，则退出应用程序。

● 如果 FrmMain.curUser.UserPwd 不等于用户输入的密码，则不允许用户登录。

● 关闭登录窗体，打开主窗体。

下面在主窗体的 Form1_Load()函数中添加代码,使窗体在启动时首先打开登录窗体,代码如下：

```
private void Form1_Load(object sender, EventArgs e)
{
    curUser = new CUsers();
    FormLogin login = new FormLogin(this);
    login.ShowDialog();
```

}

### 7. 设计部门管理窗体

部门管理窗体的名称为 FormDepartment。窗体用于显示、添加、编辑和删除部门记录，如图 14-13 所示。

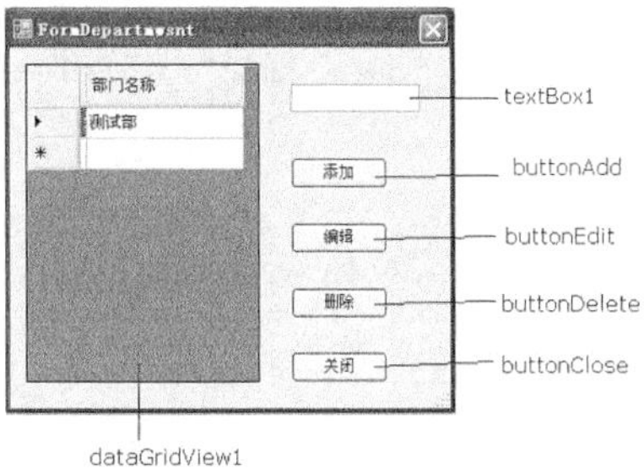

下面分别分析窗体的部分代码。

（1）DataRefresh ()函数

DataRefresh ()函数的功能是根据条件设置数据源，在 DataGridView 控件中显示满足条件的部门记录，代码如下：

图 14-13　部门管理窗体

```
//从数据源中读取数据,刷新表格中显示
private void DataRefresh()
{
    CADOConn m_ado = new CADOConn();
    String sql;
    sql = "SELECT [Dep__id] AS 编号, Dep_Name AS 部门名称 FROM Departments";
    // 使用 SqlDataAdapter 对象执行 SELECT 语句
    SqlDataAdapter da = new SqlDataAdapter(sql, m_ado.conn);
        da.SelectCommand.CommandType = CommandType.Text; // 设置命令的执行类型为 SQL 语句
    m_ado.conn.Open();
    // 使用 DataTable 对象提供数据源
    DataTable table = new DataTable();
    da.Fill(table);                // 将结果集数据填充到 DataTable 对象中
    m_ado.conn.Close();
    dataGridView1.DataSource = table;
    dataGridView1.Refresh();
    dataGridView1.Columns[0].Width = 0;
    dataGridView1.Columns[1].Width = 120;
}
```

此函数的关键在于使用 SELECT 语句从表 Departments 中获取部门信息。

（2）添加部门

单击"添加"按钮的代码如下：

```
private void buttonAdd_Click(object sender, EventArgs e)
{
    if (textBox1.Text.Trim() == "")
    {
        MessageBox.Show("请输入部门名称");
        return;
    }
    CDepartments obj = new CDepartments();
    obj.Dep_name = textBox1.Text.Trim();
    if(obj.Exists(obj.Dep_name))
    {
        MessageBox.Show("部门名称已存在。");
        return;
    }
    obj.sql_insert();
    DataRefresh();
}
```

程序首先调用 CDepartments.Exists()函数判断部门名称是否已经存在。如果存在则返回；否则调用 CDepartments.sql_insert()函数插入部门记录。

（3）选择部门

在 dataGridView1 控件中选择不同部门记录是，触发 SelectionChanged 事件，代码如下：

```
private void dataGridView1_SelectionChanged(object sender, EventArgs e)
{
    if (dataGridView1.SelectedCells.Count <2)
        return;
    try
    {
        depid = int.Parse(dataGridView1.SelectedCells[0].Value.ToString());
    }
    catch (Exception)
    {
        depid = 0;
    }
    textBox1.Text = dataGridView1.SelectedCells[1].Value.ToString();
    depname = dataGridView1.SelectedCells[1].Value.ToString();
}
```

程序调用 dataGridView1.SelectedCells 获取选择单元格的数据。部门编号保存在 depid 变量中，部门名称显示在 textBox1 中，并保存在 depname 变量中。

（4）编辑部门

单击“编辑”按钮的代码如下：

```
private void buttonEdit_Click(object sender, EventArgs e)
{
    if (depid == 0)
    {
        MessageBox.Show("请选择要修改的部门");
        return;
    }
    if (textBox1.Text.Trim() == "")
    {
        MessageBox.Show("请输入部门名称");
        return;
    }
    CDepartments obj = new CDepartments();
    obj.Dep_name = textBox1.Text.Trim();
    if (depname != textBox1.Text.Trim())
    {
        // 新部门名称是否存在
        if (obj.Exists(obj.Dep_name))
        {
            MessageBox.Show("部门名称已存在。");
            return;
        }
        obj.sql_update(depid);
        DataRefresh();
    }
}
```

如果用户输入了新的部门名称（即 depname != textBox1.Text.Trim()），则判断新部门名称是否已经存在，如果不存在，则调用 CDepartments.sql_update()函数更新部门记录。

（5）删除部门

单击“删除”按钮的代码如下：

```
private void buttonDelete_Click(object sender, EventArgs e)
{
    if (depid == 0)
    {
        MessageBox.Show("请选择要修改的部门");
        return;
    }
    if (MessageBox.Show("是否删除当前部门", "系统", MessageBoxButtons.YesNo) ==
DialogResult.Yes)
    {
        CDepartments obj = new CDepartments();
        obj.sql_delete(depid);
        DataRefresh();
    }
}
```

程序同样需要判断是否选择了要删除的记录。在删除数据前，程序通过调用
MessageBox.Show()函数要求用户确认删除操作。如果用户单击"是"按钮，则程序调用
CDepartments.sql_delete()函数删除数据。

### 8. 设计员工管理窗体

员工管理窗体的名称为 FormEmployees。窗体用于显示、添加、编辑和删除员工记录，如图
14-14 所示。

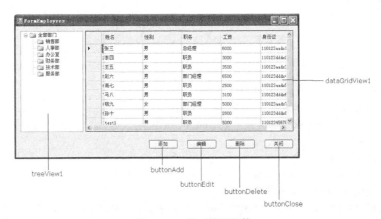

图 14-14　员工管理窗体

下面分别分析窗体的部分代码。

（1）显示部门信息

窗体中使用 TreeView 控件显示部门信息，定义类 DepartmentTreeNode 用来表示部门节点，
代码如下：

```
public class DepartmentTreeNode : TreeNode
{
    public int id;
}
```

TreeNode 是 TreeView 控件的节点类。DepartmentTreeNode 类从 TreeNode 类派生，因此可以
直接将 DepartmentTreeNode 对象添加到 TreeView 控件。

定义根节点 root，代码如下：

```
DepartmentTreeNode root = new DepartmentTreeNode();
```

在 FormEmployees_Load()函数中加载并显示部门信息，代码如下：

```
private void FormEmployees_Load(object sender, EventArgs e)
{
    root.id = 0;
    root.Text = "全部部门";
    treeView1.Nodes.Add(root);

    // 加载部门
    List<CDepartments> deplist = CDepartments.loadall();
    for (int i = 0; i < deplist.Count; i++)
    {
        DepartmentTreeNode node = new DepartmentTreeNode();
        node.id = deplist[i].Dep_id;
        node.Text = deplist[i].Dep_name;
        root.Nodes.Add(node);
    }
    root.Expand();
    treeView1.SelectedNode = root;
}
```

程序首先将 root 添加到 TreeView 控件，然后调用 CDepartments.loadall()函数加载部门信息，并将部门添加到 root 下。

（2）显示员工信息

DataRefresh ()函数的功能是根据条件设置数据源，在 DataGridView 控件中显示满足条件的员工记录，代码如下：

```
private void DataRefresh(int depid)
{
    CADOConn m_ado = new CADOConn();
    String sql;      // 定义 SELECT 语句,
    sql = "SELECT Emp_id AS 编号, Emp_name AS 姓名, Sex AS 性别, Title AS 职务, Wage AS
工资, IdCard AS 身份证  FROM Employees ";
    if (depid > 0)
        sql += "WHERE [Dep__id]=" + depid.ToString();
    // 使用 SqlDataAdapter 对象执行 SELECT 语句
    SqlDataAdapter da = new SqlDataAdapter(sql, m_ado.conn);
    da.SelectCommand.CommandType = CommandType.Text; // 设置命令的执行类型为 SQL 语句
    m_ado.conn.Open();
    // 使用 DataTable 对象提供数据源
    DataTable table = new DataTable();
    da.Fill(table);                  // 将结果集数据填充到 DataTable 对象中
    m_ado.conn.Close();
    dataGridView1.DataSource = table;
    dataGridView1.Refresh();
    dataGridView1.Columns[0].Width = 0;
    //dataGridView1.Columns[1].Width = 120;
}
```

参数 depid 指定要显示员工信息的部门编号。在 TreeView 控件中选择不同的部门时，调用 DataRefresh ()函数显示该部门下的员工，代码如下：

```
private void treeView1_AfterSelect(object sender, TreeViewEventArgs e)
{
    DepartmentTreeNode node = (DepartmentTreeNode)treeView1.SelectedNode;
```

```
        DataRefresh(node.id);
}
```

（3）添加员工

单击"添加"按钮的代码如下：

```
private void buttonAdd_Click(object sender, EventArgs e)
{
    if (treeView1.SelectedNode == null)
    {
        MessageBox.Show("请选择部门");
        return;
    }
    DepartmentTreeNode node = (DepartmentTreeNode)treeView1.SelectedNode;
    if (node.id ==0)
    {
        MessageBox.Show("请选择部门");
        return;
    }
    FormEmpEdit form = new FormEmpEdit();
    form.empobj.Dep_id = node.id;
    form.labelDep.Text = node.Text;
    if (form.ShowDialog() == DialogResult.OK)
        DataRefresh(node.id);
}
```

程序首先检查是否选择了部门，此部门作为添加员工的所属部门。然后打开 FormEmpEdit，编辑员工信息。如果用户在 FormEmpEdit 窗体中单击"确定"按钮（DialogResult.OK），则调用 DataRefresh()函数刷新员工列表。

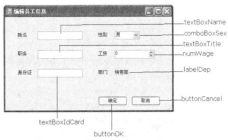

图 14-15　FormEmpEdit 窗体

FormEmpEdit 窗体的界面如图 14-15 所示。

单击"确定"按钮的代码如下：

```
private void buttonOK_Click(object sender, EventArgs e)
{
    if (textBoxName.Text.Trim() == "")
    {
        MessageBox.Show("请输入姓名");
        return;
    }
     empobj.Emp_name = textBoxName.Text;
    empobj.Sex  = comboBoxSex.Text;
     empobj.Title = textBoxTitle.Text;
     empobj.Wage = numWage.Value;
    empobj.Idcard  = textBoxIdCard.Text;
    if (empobj.Emp_id == 0)
        empobj.sql_insert();
    else
        empobj.sql_update(empobj.Emp_id);

    DialogResult = DialogResult.OK;
    Close();
}
```

程序将用户输入的数据赋值到 empobj 对象，如果 empobj.Emp_id 对于 0，值则表明添加数据，此时调用 empobj.sql_insert()函数插入数据；否则调用 empobj.sql_update()函数更新数据。

（4）编辑员工

单击"编辑"按钮的代码如下：

```
private void buttonEdit_Click(object sender, EventArgs e)
{
    int empid = 0;
    int depid = 0;
    if (dataGridView1.SelectedCells.Count < 8)
    {
        MessageBox.Show("请选择要修改的员工");
        return;
    }
    FormEmpEdit form = new FormEmpEdit();
    try
    {
        empid = int.Parse(dataGridView1.SelectedCells[0].Value.ToString());
        depid = int.Parse(dataGridView1.SelectedCells[6].Value.ToString());
        form.empobj.Wage = decimal.Parse(dataGridView1.SelectedCells[4].Value.ToString());
    }
    catch (Exception)
    {
    }

    if (empid == 0)
    {
        MessageBox.Show("请选择要修改的员工");
        return;
    }

    form.empobj.Emp_id = empid;
    form.empobj.Dep_id = depid;
    form.labelDep.Text = dataGridView1.SelectedCells[7].Value.ToString();
    form.empobj.Emp_name = dataGridView1.SelectedCells[1].Value.ToString();
    form.empobj.Sex = dataGridView1.SelectedCells[2].Value.ToString();
    form.empobj.Title = dataGridView1.SelectedCells[3].Value.ToString();
    form.empobj.Idcard = dataGridView1.SelectedCells[5].Value.ToString();
    if (form.ShowDialog() == DialogResult.OK)
        treeView1_AfterSelect(null, null);
}
```

程序从 dataGridView1 控件中读取选择的员工数据，并赋值到 FormEmpEdit 窗体 form 的 empobj 对象中。打开 FormEmpEdit 窗体，编辑员工信息。如果用户在 FormEmpEdit 窗体中单击"确定"按钮（DialogResult.OK），则调用 DataRefresh ()函数刷新员工列表。

在 FormEmpEdit 窗体中将 empobj 对象的内容显示在控件中，代码如下：

```
private void FormEmpEdit_Load(object sender, EventArgs e)
{
    if (empobj.Emp_id == 0)
    {
        comboBoxSex.SelectedIndex = 0;
    }
    else
    {
        textBoxName.Text = empobj.Emp_name;
```

```
        comboBoxSex.Text = empobj.Sex;
        textBoxTitle.Text = empobj.Title;
        numWage.Value = empobj.Wage;
        textBoxIdCard.Text = empobj.Idcard;
    }
}
```

（5）删除员工

单击"删除"按钮的代码如下：

```
private void buttonDelete_Click(object sender, EventArgs e)
{
    int empid = 0;
    int depid = 0;
    if (dataGridView1.SelectedCells.Count < 8)
    {
        MessageBox.Show("请选择要删除的员工");
        return;
    }
    try
    {
        empid = int.Parse(dataGridView1.SelectedCells[0].Value.ToString());
        depid = int.Parse(dataGridView1.SelectedCells[6].Value.ToString());
    }
    catch (Exception)
    {
    }

    if (empid == 0)
    {
        MessageBox.Show("请选择要删除的员工");
        return;
    }
    if (MessageBox.Show("是否删除当前员工", "系统", MessageBoxButtons.YesNo) ==
DialogResult.Yes)
    {
        CEmployees obj = new CEmployees();
        obj.sql_delete(empid);
        treeView1_AfterSelect(null, null);
    }
}
```

程序同样需要判断是否选择了要删除的记录。在删除数据前，程序通过调用 MessageBox.Show()函数要求用户确认删除操作。如果用户单击"是"按钮，则程序调用 CEmployees.sql_delete()函数删除数据。

### 9. 设计录入日考勤信息窗体

录入日考勤信息窗体的名称为 FormCheckIn。窗体用于显示、生成和编辑员工日考勤记录，如图 14-16 所示。

下面分别分析窗体的部分代码。

（1）显示部门信息

窗体中使用 TreeView 控件显示部门信息，显示部门信息的代码与员工管理窗体中相同，请读者参照理解。

图 14-16　录入日考勤信息窗体

（2）显示考勤信息

DataRefresh ()函数的功能是根据条件设置数据源，在 DataGridView 控件中显示指定日期、指定部门的考勤信息，代码如下：

```
private void DataRefresh(int depid)
{
    CADOConn m_ado = new CADOConn();
    String sql;      // 定义 SELECT 语句,
    sql = "SELECT e.Emp_id AS 编号, e.Emp_name AS 姓名, c .qqDays AS 出勤, c.ccDays AS
出差,  c.bjDays AS 病假, c.sjDays AS 事假, c.kgDays AS 旷工, c.fdxjDays AS 法定休假, c.nxjDays
AS 年休假, c.dxjDays AS 倒休假, c.cdMinutes AS 迟到,c.ztMinutes AS 早退, c.Jb1Days AS 法定节
假日加班, c.Jb2Days AS 周末加班, c.Jb3Days AS 日常加班, c.Memo AS 备注 FROM CheckIn c  INNER JOIN
Employees  e ON c.Empid=e.Emp_id INNER JOIN Departments d ON e.[Dep__id]=d.[Dep__id] WHERE
c.CheckDate='"+ dateTimePicker1.Value.ToString("yyyy-MM-dd")+ "'";
    if (depid > 0)
        sql += "AND e.[Dep__id]=" + depid.ToString();
    // 使用 SqlDataAdapter 对象执行 SELECT 语句
    SqlDataAdapter da = new SqlDataAdapter(sql, m_ado.conn);
    da.SelectCommand.CommandType = CommandType.Text;     // 设置命令的执行类型为 SQL 语句
    m_ado.conn.Open();
    // 使用 DataTable 对象提供数据源
    DataTable table = new DataTable();
    da.Fill(table);              // 将结果集数据填充到 DataTable 对象中
    m_ado.conn.Close();
    dataGridView1.DataSource = table;
    dataGridView1.Refresh();
    dataGridView1.Columns[0].Width = 0;
}
```

参数 depid 指定要显示员工信息的部门编号。在 TreeView 控件中选择不同的部门时，调用 DataRefresh ()函数显示该部门下的员工，代码如下：

```
private void treeView1_AfterSelect(object sender, TreeViewEventArgs e)
{
    DepartmentTreeNode node = (DepartmentTreeNode)treeView1.SelectedNode;
    DataRefresh(node.id);
}
```

（3）生成新表

单击"生成新表"按钮会生成指定日期的考勤数据，代码如下：

```
private void buttonNew_Click(object sender, EventArgs e)
{
    if (MessageBox.Show("生成新表会删除当前日期所有部门的现有数据，是否确定？", "",
MessageBoxButtons.YesNo) == DialogResult.Yes)
    {
        CCheckIn.sql_delete(dateTimePicker1.Value.ToString("yyyy-MM-dd"));

        List<int> idlist = CEmployees.loadallid();
        for (int i = 0; i < idlist.Count; i++)
        {
            CCheckIn obj = new CCheckIn();
            obj.EmpId = idlist[i];
            obj.CheckDate = dateTimePicker1.Value.ToString("yyyy-MM-dd");
            switch (comboBoxStatus.SelectedIndex)
            {
                case 0:
                    obj.qqdays =1;
                    break;
                case 1:
                    obj.ccdays =1;
                    break;
                case 2:
                    obj.fdxjdays =1;
                    break;
                case 3:
                    obj.nxjdays  =1;
                    break;
                case 4:
                    obj.dxjdays =1;
                    break;
                case 5:
                    obj.jb1days =1;
                    break;
                case 6:
                    obj.jb2days =1;
                    break;
                case 7:
                    obj.jb3days =1;
                    break;
            }
            obj.sql_insert();
        }
        DepartmentTreeNode node = (DepartmentTreeNode)treeView1.SelectedNode;
        DataRefresh(node.id);
    }
}
```

程序根据用户选择的考勤状态为每个员工生成考勤数据，并保存到表 CheckIn 中。

（4）编辑考勤记录

单击"编辑"按钮的代码如下：

```
private void buttonEdit_Click(object sender, EventArgs e)
{
    if (dataGridView1.SelectedCells.Count < 16)
    {
        MessageBox.Show("请选择要修改的考勤记录");
```

```
        return;
    }
    FormCheckInEdit form = new FormCheckInEdit();
    try
    {
        form.checkobj.EmpId = int.Parse(dataGridView1.SelectedCells[0].Value.ToString());
        form.labelName.Text = dataGridView1.SelectedCells[1].Value.ToString();
        form.labelDate.Text = dateTimePicker1.Value.ToString("yyyy-MM-dd");
        form.checkobj.CheckDate = dateTimePicker1.Value.ToString("yyyy-MM-dd");
        form.checkobj.qqdays = float.Parse(dataGridView1.SelectedCells[2].Value.ToString());
        form.checkobj.ccdays = float.Parse(dataGridView1.SelectedCells[3].Value.ToString());
        form.checkobj.bjdays = float.Parse(dataGridView1.SelectedCells[4].Value.ToString());
        form.checkobj.sjdays = float.Parse(dataGridView1.SelectedCells[5].Value.ToString());
        form.checkobj.kgdays = float.Parse(dataGridView1.SelectedCells[6].Value.ToString());
        form.checkobj.fdxjdays = float.Parse(dataGridView1.SelectedCells[7].Value.
ToString());
        form.checkobj.nxjdays = float.Parse(dataGridView1.SelectedCells[8].Value.ToString());
        form.checkobj.dxjdays = float.Parse(dataGridView1.SelectedCells[9].Value.ToString());
        form.checkobj.cdMinutes = float.Parse(dataGridView1.SelectedCells[10].Value.
ToString());
        form.checkobj.ztMinutes = float.Parse(dataGridView1.SelectedCells[11].Value.
ToString());
        form.checkobj.jb1days = float.Parse(dataGridView1.SelectedCells[12].Value.
ToString());
        form.checkobj.jb2days = float.Parse(dataGridView1.SelectedCells[13].Value.
ToString());
        form.checkobj.jb3days = float.Parse(dataGridView1.SelectedCells[14].Value.
ToString());
        form.checkobj.Memo = dataGridView1.SelectedCells[15].Value.ToString();
    }
    catch (Exception)
    {
    }

    if (form.checkobj.EmpId == 0)
    {
        MessageBox.Show("请选择要修改的考勤记录");
        return;
    }
    if (form.ShowDialog() == DialogResult.OK)
    {
        DepartmentTreeNode node = (DepartmentTreeNode)treeView1.SelectedNode;
        DataRefresh(node.id);
    }
}
```

程序从 dataGridView1 控件中读取选择的员工数据，并赋值到 FormCheckInsEdit 窗体 form 的 checkobj 对象中。打开 FormCheckInEdit 窗体，编辑考勤信息。如果用户在 FormCheckInEdit 窗体中单击 "确定" 按钮（DialogResult.OK），则调用 DataRefresh()函数刷新考勤列表。FormCheckInEdit 窗体如图 14-17 所示。

在 FormEmpEdit 窗体中将 checkobj 对象的内容显示在控件中，代码如下：

```
private void FormCheckInEdit_Load(object sender, EventArgs e)
{
    if (checkobj.qqdays > 0)    // 全勤
    {
```

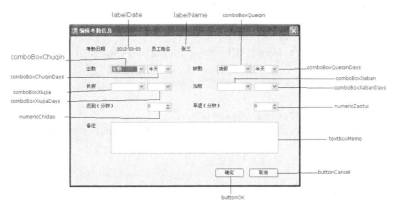

图 14-17　FormCheckInEdit 窗体

```
    comboBoxChuqin.SelectedIndex = 0;
    comboBoxChuqinDays.SelectedIndex = (int)(checkobj.qqdays * 2);
}
if (checkobj.ccdays > 0)    //出差
{
    comboBoxChuqin.SelectedIndex = 1;
    comboBoxChuqinDays.SelectedIndex = (int)(checkobj.ccdays * 2);
}
if (checkobj.bjdays > 0)    // 病假
{

    comboBoxQueqin.SelectedIndex = 0;
    comboBoxQueqinDays.SelectedIndex = (int)(checkobj.bjdays * 2);
}
if (checkobj.sjdays > 0)    // 事假
{
    comboBoxQueqin.SelectedIndex = 1;
    comboBoxQueqinDays.SelectedIndex = (int)(checkobj.sjdays * 2);
}
if (checkobj.kgdays > 0)    // 旷工
{
    comboBoxQueqin.SelectedIndex = 2;
    comboBoxQueqinDays.SelectedIndex = (int)(checkobj.kgdays * 2);
}
if (checkobj.fdxjdays > 0)  // 法定休假
{
    comboBoxXiujia.SelectedIndex = 0;
    comboBoxXiujiaDays.SelectedIndex = (int)(checkobj.fdxjdays * 2);
}
if (checkobj.nxjdays > 0)   // 年休假
{
    comboBoxXiujia.SelectedIndex = 1;
    comboBoxXiujiaDays.SelectedIndex = (int)(checkobj.nxjdays * 2);
}
if (checkobj.dxjdays > 0)// 倒休假
{
    comboBoxXiujia.SelectedIndex = 2;
    comboBoxXiujiaDays.SelectedIndex = (int)(checkobj.dxjdays * 2);
}
```

```
        if (checkobj.jb1days > 0)// 法定节假日加班
        {
            comboBoxJiaban.SelectedIndex = 0;
            comboBoxJiabanDays.SelectedIndex = (int)(checkobj.jb1days * 2);
        }
        if (checkobj.jb2days > 0)// 周末加班
        {
            comboBoxJiaban.SelectedIndex = 1;
            comboBoxJiabanDays.SelectedIndex = (int)(checkobj.jb2days * 2);
        }
        if (checkobj.jb3days > 0)// 日常加班
        {
            comboBoxJiaban.SelectedIndex = 2;
            comboBoxJiabanDays.SelectedIndex = (int)(checkobj.jb3days * 2);
        }

        numericChidao.Value = (decimal)checkobj.cdMinutes;
        numericZaotui.Value = (decimal)checkobj.ztMinutes;
        textBoxMemo.Text = checkobj.Memo;
    }
```

在 FormEmpEdit 窗体中单击"确定"按钮，会保存考勤数据，代码如下：

```
private void buttonOK_Click(object sender, EventArgs e)
{
    checkobj.qqdays = 0;
    checkobj.ccdays = 0;
    switch (comboBoxChuqin.SelectedIndex)
    {
        case 0:
        checkobj.qqdays = (float)(comboBoxChuqinDays.SelectedIndex * 1.0 /2);
            break;
        case 1:
            checkobj.ccdays = (float)(comboBoxChuqinDays.SelectedIndex * 1.0 / 2);
            break;
    }
    checkobj.bjdays = 0;
    checkobj.sjdays = 0;
    checkobj.kgdays = 0;
    switch (comboBoxQueqin.SelectedIndex)
    {
        case 0://病假
            checkobj.bjdays = (float)(comboBoxQueqinDays.SelectedIndex * 1.0 / 2);
            break;
        case 1://事假
            checkobj.sjdays = (float)(comboBoxQueqinDays.SelectedIndex * 1.0 / 2);
            break;
        case 2://旷工
            checkobj.kgdays = (float)(comboBoxQueqinDays.SelectedIndex * 1.0 / 2);
            break;
    }
    checkobj.fdxjdays = 0;
    checkobj.nxjdays = 0;
    checkobj.dxjdays = 0;
    switch (comboBoxXiujia.SelectedIndex)
    {
```

```
case 0://法定休假
    checkobj.fdxjdays = (float)(comboBoxXiujiaDays.SelectedIndex * 1.0 / 2);
    break;
case 1://年休假
    checkobj.nxjdays = (float)(comboBoxXiujiaDays.SelectedIndex * 1.0 / 2);
    break;
case 2://倒休假
    checkobj.dxjdays = (float)(comboBoxXiujiaDays.SelectedIndex * 1.0 / 2);
    break;
}
checkobj.jb1days = 0;
checkobj.jb2days = 0;
checkobj.jb3days = 0;
switch (comboBoxJiaban.SelectedIndex)
{
    case 0://法定节假日加班
        checkobj.jb1days = (float)(comboBoxJiabanDays.SelectedIndex * 1.0 / 2);
        break;
    case 1:// 周末加班
        checkobj.jb2days = (float)(comboBoxJiabanDays.SelectedIndex * 1.0 / 2);
        break;
    case 2://日常加班
        checkobj.jb3days = (float)(comboBoxJiabanDays.SelectedIndex * 1.0 / 2);
        break;
}

checkobj.cdMinutes = (float)numericChidao.Value;
checkobj.ztMinutes = (float)numericZaotui.Value;
checkobj.Memo = textBoxMemo.Text;
checkobj.sql_update(checkobj.CheckDate, checkobj.EmpId);
DialogResult = DialogResult.OK;
Close();
}
```

**10．设计月考勤统计窗体**

月考勤统计窗体的名称为 FormCheckInTongji。窗体用于显示、生成和编辑员工日考勤记录，如图 14-18 所示。

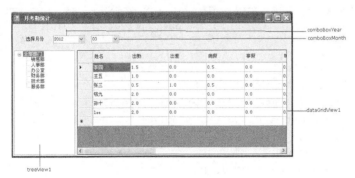

图 14-18　月考勤统计窗体

下面分别分析窗体的部分代码。

（1）显示部门信息

窗体中使用 TreeView 控件显示部门信息，显示部门信息的代码与员工管理窗体中相同，请参照理解。

（2）初始化统计月份

程序可以统计最近 10 年 1 月～12 月的考勤数据，加载窗体时将可以统计的年份和月份，代码如下：

```
private void FormCheckinTongji_Load(object sender, EventArgs e)
{
    int year = DateTime.Now.Year;
    for (int i = 0; i < 10; i++)
    {
        comboBoxYear.Items.Add((year -i).ToString());
    }
    comboBoxYear.SelectedIndex = 0;
    for (int i = 1; i < 13; i++)
    {
        if (i < 10)
            comboBoxMonth.Items.Add("0" +i.ToString());
        else
            comboBoxMonth.Items.Add(i.ToString());
    }
    comboBoxMonth.SelectedIndex = 0;
// 加载部门
......
}
```

（3）显示考勤信息

DataRefresh ()函数的功能是根据条件设置数据源，在 DataGridView 控件中显示指定日期、指定部门的考勤信息，代码如下：

```
private void DataRefresh(int depid)
{
    CADOConn m_ado = new CADOConn();
    String sql;     // 定义 SELECT 语句,
    sql = "SELECT e.Emp_name AS 姓名, SUM(c .qqDays) AS 出勤, SUM(c.ccDays) AS 出差,
SUM(c.bjDays) AS 病假, SUM (c.sjDays) AS 事假, SUM(c.kgDays) AS 旷工, SUM(c.fdxjDays) AS 法
定休假, SUM(c.nxjDays) AS 年休假, SUM(c.dxjDays) AS 倒休假,  SUM(c.cdMinutes) AS 迟到,SUM(c.
ztMinutes) AS 早退, SUM(c.Jb1Days) AS 法定节假日加班, SUM(c.Jb2Days) AS 周末加班, SUM(c.Jb3Days)
AS 日常加班 FROM CheckIn c  INNER JOIN Employees  e ON c.Empid=e.Emp_id INNER JOIN Departments
d ON e.[Dep__id]=d.[Dep__id] GROUP BY e.Emp_Name,  LEFT(c.CheckDate,7), e.[Dep__id] HAVING
LEFT(c.CheckDate,7)='" + comboBoxYear.Text + "-" + comboBoxMonth.Text + "'";
    if (depid > 0)
        sql += "AND e.[Dep__id]=" + depid.ToString();
    // 使用 SqlDataAdapter 对象执行 SELECT 语句
    SqlDataAdapter da = new SqlDataAdapter(sql, m_ado.conn);
    da.SelectCommand.CommandType = CommandType.Text; // 设置命令的执行类型为 SQL 语句
    m_ado.conn.Open();
    // 使用 DataTable 对象提供数据源
    DataTable table = new DataTable();
    da.Fill(table);                 // 将结果集数据填充到 DataTable 对象中
    m_ado.conn.Close();
    dataGridView1.DataSource = table;
    dataGridView1.Refresh();
}
```

　　程序使用 SELECT 语句对考勤数据进行统计，分组依据为员工姓名、部门和考勤日期的前 7
位，即 LEFT(c.CheckDate,7)，得到的数据格式如 2012-03。在 SELECT 语句中使用 SUM()函数对
考勤数据进行合计。

### 11．用户管理模块设计

　　根据用户类型的不同，用户管理模块的功能也不相同。可以包含以下情形：

- Admin 用户可以创建其他用户、修改用户的密码、删除其他用户；
- 其他用户只能修改自身的用户信息。

（1）设计用户管理窗体

　　用户管理窗体的名称为 FrmUserMan，窗体的布局如图 14-19 所示。

　　RefreshData()函数用来从数据源中读取数据，刷新表格中
显示，代码如下：

图 14-19　窗体 FrmUserMan

```
private void DataRefresh()
{
    CADOConn m_ado = new CADOConn();
    int iUserType;
    if (cmbUserType.Text == "系统管理员")
        iUserType = 1;
    else
        iUserType = 2;
    String sql;      // 定义 SELECT 语句
    sql = "SELECT UserName AS 用户名 FROM Users WHERE
UserType = " + iUserType + " ORDER BY UserName";
    // 使用 SqlDataAdapter 对象执行 SELECT 语句
    SqlDataAdapter da = new SqlDataAdapter(sql, m_ado.conn);
    da.SelectCommand.CommandType = CommandType.Text;      // 设置命令的执行类型为 SQL 语句
    m_ado.conn.Open();
    // 使用 DataTable 对象提供数据源
    DataTable table = new DataTable();
    da.Fill(table);                // 将结果集数据填充到 DataTable 对象中
    m_ado.conn.Close();
    dataGridView1.DataSource = table;
    dataGridView1.Refresh();
    dataGridView1.Columns[0].Width = 360;
}
```

　　程序执行 SELECT 语句，根据查询条件从表 Users 中读取用户数据，并显示在表格控件中。
在 SELECT 语句中，使用 ORDER BY UserName 子句按用户名排序。

　　单击"密码复位"按钮的代码如下：

```
private void btnPwdReset_Click(object sender, EventArgs e)
{
    if (dataGridView1.RowCount <= 0)
    {
        MessageBox.Show("请选择用户");
        return;
    }
    String cName = dataGridView1.SelectedCells[0].Value.ToString();
    if (MessageBox.Show(this, "是否将此用户密码设置为", "请确认", MessageBoxButtons.YesNo)
== DialogResult.Yes)
    {
```

```
        CUsers obj = new CUsers();
        obj.ResetPassword(cName);
        DataRefresh();
    }
}
```

程序将调用 CUsers:: ResetPassword ()函数，将当前用户的密码恢复为"111111"。

（2）设计编辑用户信息的窗体

编辑用户信息的窗体可以用来添加和修改用户信息，窗体名称为 FormUserEdit，如图 14-20 所示。

单击"确定"按钮的代码如下：

图 14-20　FormUserEdit 窗体

```
private void btnOK_Click(object sender, EventArgs e)
{
    if (txtUserName.Text.Trim() == "")
    {
        MessageBox.Show(this, "请输入用户名");
        txtUserName.Focus();
        this.DialogResult = DialogResult.None;
    }
    else
    {
        // 对 CUsers 对象赋值
        CUsers user = new CUsers();
        user.UserName = txtUserName.Text.Trim();      // 用户名
        user.UserPwd = "111111";                       // 默认密码是
        if (cmbUserType.Text == "系统管理员")
            user.UserType = 1;
        else
            user.UserType = 2;
        // 根据 cId 决定是插入记录还是编辑记录
        if (user.Exists(txtUserName.Text.Trim()))
        {
            MessageBox.Show("同名用户已经存在!");
            this.DialogResult = DialogResult.None;
        }
        else
        {
            if (cUserName == "")
                user.sql_insert();
            else
                user.sql_update(cUserName);
            Close();
        }
    }
}
```

程序调用 CUsers:: Exists ()函数判断用户名是否已经存在，因为系统不允许存在同名的用户。

（3）设计修改密码窗体

修改密码窗体的名称为 FormChangePwd，窗体的布局如图 14-21 所示。

图 14-21　窗体 FormChangePwd

单击"确定"按钮的代码如下：

```
private void btnOK_Click(object sender, EventArgs e)
{
    if (txtOldPwd.Text.Trim() == "")
    {
        MessageBox.Show("请输入原密码");
        txtOldPwd.Focus();
        this.DialogResult = DialogResult.None;
    }
    else if(txtNewPwd1.Text.Trim() == "")
    {
        MessageBox.Show("请输入新密码");
        txtNewPwd1.Focus();
        this.DialogResult = DialogResult.None;
    }
    else if (txtNewPwd1.Text.Trim() != txtNewPwd2.Text.Trim())
    {
        MessageBox.Show("新密码与确认密码不一致，请重新输入！");
        txtNewPwd1.Focus();
        this.DialogResult = DialogResult.None;
    }
    else
    {
        CUsers user = new CUsers();
        user.GetData(txtUserName.Text.Trim());                   // 获取用户信息
        if (user.UserPwd != txtOldPwd.Text.Trim())
        {
            MessageBox.Show("密码不正确，请重新输入！");
            this.DialogResult = DialogResult.None;
        }
        else
        {
            user.UserPwd = txtNewPwd1.Text.Trim();
            user.sql_updatePassword(cUserName, user.UserPwd);  // 保存密码
            Close();
        }
    }
}
```

程序将对用户输入的密码进行验证，包括：

- 旧密码是否为空；
- 新密码是否为空；
- 两次输入的新密码是否相同；
- 旧密码是否通过密码验证。

通过上述验证后，程序将调用 CUsers::sql_updatePassword()函数，更新用户密码。

（4）在主界面中增加用户管理代码

在主窗体中，系统管理员用户选择"系统管理"→"用户管理"菜单项，可以打开"用户管理"窗体，代码如下：

```
private void mi_userman_Click(object sender, EventArgs e)
{
    if (curUser.UserType != 1)
```

```
    {
        MessageBox.Show("非系统管理员，不能使用本功能！");
        return;
    }
    FrmUserMan form = new FrmUserMan();
    form.ShowDialog();
}
```

curUser 对象中保存了当前登录用户的信息。因为只有系统管理员才能打开用户管理窗体，所以在 curUser.UserType 不等于 1（系统管理员用户的类型编号）时不能打开此窗体。

（5）在主界面中增加修改密码代码

当选择"系统管理"→"修改密码"菜单项，可以打开"修改密码"窗体，代码如下：

```
private void mi_pwdchange_Click(object sender, EventArgs e)
{
    FrmChangePwd form = new FrmChangePwd();
    form.cUserName = curUser.UserName;
    form.ShowDialog();
}
```

程序将当前用户（CurUser）的用户名赋值到 FormChangePwd 窗体中，然后打开窗体，要求用户修改自己的用户密码。

# 练 习 题

## 一、选择题

1. 下面不属于 ADO.NET 常用 SQL Server 访问类的是（　　）。

    A. SqlConnection　　B. SqlCommand　　C. SqlDataReader　　D. SqlAdoAdapter

2. （　　）类以一种只读的、向前的、快速的方式访问数据库。

    A. Command　　　　B. DataReader　　　C. DataSet　　　　D. DataAdapter

3. 下面不属于数据库连接字符串中属性的是（　　）。

    A. UserName　　　　B. Password　　　　C. Initial Catalog　　D. Data Source

4. Command 对象中用于执行 INSERT、UPDATE、DELETE 等语句的方法是（　　）。

    A. ExecuteQuery　　B. ExecuteReader　C. ExecuteNonQuery　D. ExecuteUpdate

## 二、填空题

1. _____是 ADO（ActiveX Data Objects）的升级版本，它为.NET Framework 提供高效的数据访问机制。

2. SqlCommand 类的默认执行命令方式为_____。

3. SqlDataAdapter 类提供_____、_____、_____和_____ 4 种数据库访问方式。

4. _____类是 ADO．NET 中最复杂类，它可以包括一个或多个 DataTable，并且还包括 DataTable 之间的关系、约束等关系。

## 三、上机练习题

1. 参照例 14-1 练习使用 SqlConnection 类连接 SQL Server 数据库。

2. 参照例 14-2 和例 14-3 练习使用 Command 类访问 SQL Server 数据库。

3. 参照例 14-4、例 14-5 和例 14-6 练习 DataSet 类、SqlDataAdapter 类和 DataView 类的使用。